# 若返るクラゲ 老いないネズミ 老化する人間

# CRACKING THE AGING CODE

Josh Mitteldorf
&
Dorion Sagan

ジョシュ・ミッテルドルフ
ドリオン・セーガン
矢口誠——訳

集英社インターナショナル

CRACKING THE AGING CODE

by Josh Mitteldorf & Dorion Sagan

# 日本の読者のみなさんへ

ジョシュ・ミッテルドルフ

日本の読者のみなさんに本書をお届けできることを、心から嬉しく思います。年齢を重ねていくことが人間にもたらす恩恵や悲しみについて、日本のみなさんはわたしたち西欧人よりも深い知識と理解をお持ちです。長寿は伝統的な日本文化の一部であり、古くからさまざまな長寿法が伝わってきました。こうした長寿法を、西欧の科学は最近になってようやく実証したばかりです。また、日本の科学者は分子科学を応用した老化研究の最先端に位置しています。

「西欧の進化生物学者たちは道を誤ってしまった」というのが本書のテーマです。こうしたあやまちを、長い伝統を持つ日本の人たちは決して犯さないでしょう。なぜそんなことが起こったのか、理解に苦しむはずです。あやまちの原因は、「集団にはそれ自体の生命がある」という考えを否定したことにありました。利己的な遺伝子という概念に縛られ、集団選択の可能性を受け入れようとしなかったのです。

寿命を延ばすうえでいちばん効果があるもの、それは社会における人と人のつながりです。西欧において、この発見は驚きとともに迎えられました。しかし、豊かな文化を持つ日本では、遠い昔から知られています。日本人は老いた家族を敬い、大切に面倒を見ます。それに対してアメリカでは、子供は両親や祖父母から独立して生活するのが普通で、年老いた親をほったらかしにしたり、施設に入れて会いにも行かない人たちがすくなくありません。日本では老齢者をしっかりと守る政策や医療制度が確立しています。さらに重要なのは、多くの場合、老齢者が日々の家族生活においてなんらかの役割を担いつづけていることです。老いた人たちが面倒をみてもらうだけでなく、誰かの面倒を見ているのです。

西欧では、長寿には粗食が重要であることが一九三〇年に発見されました。しかし、九〇年代に入るまで、一般には知られていませんでした。それに対して日本では、ずっと昔から「腹八分」の原則が知られています。

こうしたことを考えれば、日本が世界でも有数の長寿国であることに不思議はありません。総人口に対する一〇〇歳以上の人間の比率が、日本は世界でもっとも高いのです。史上最長寿者一〇人のうち、三人は日本人です。

ノーベル賞を受賞した山中伸弥氏のすばらしい業績に触れることなく、この短い序文を終えることはできません。たった四つの因子があらゆる成熟細胞を多能性幹細胞に変えるという発見は、誰もがまったく予期していなかったもので、幹細胞研究とアンチエイジング薬の分野を一変させました。

どうかのこの本をお読みになり、長い人生をお楽しみください。みなさんのご意見やご質問をお待ちしています。

# 生命と長寿の秘密――日本版に寄せて

ドリオン・セーガン

この文章を書いている現在、史上最長寿者一〇人のうちの三人――三〇パーセント――は日本人です。現在の日本の人口が一億二五〇〇万であることを考えると、この三〇パーセントという数字は驚くべきものです。最長寿者が二番目に多い国はアメリカですが、最新の調査によるとアメリカの人口は三億二五〇〇万人ですから、いかに日本の長寿率が高いかがわかります。さらに驚くことに、現在存命の最長寿者一〇人に目を向けると、そのうちの半分は日本人。ちなみに全員が女性です。

こうした数字を見ただけでも、日本が飛び抜けた長寿国なのがわかります。日本人の長寿の秘訣はなにかと問われたら、本書の著者であるわたしたちは、ライフスタイルと食事と陽気な人づきあいを挙げるでしょう。長生きするためにもっとも重要なものは、よりよい人間関係、すなわち仲のいい友人同士のネットワークです。ただし、ライフスタイルと食事も非常に重要です。ライフスタイルに関していえば、ユーモアを忘れないようにしましょう。世界最長寿を記録したフランス人女性のジャンヌ・カルマン（一八七五〜一九九七。一二二歳没）は、溌剌としたユーモアのセンスを持っていました。ジャンヌは風光明媚な南フランスで自転車を乗りまわし、毎日ワインを飲み、タバコを片手に一〇〇歳の誕生日ケーキのロウソクを吹き消し、年齢を訊かれると「わたしにはしわなんかぜんぜんないわよ。お尻のまんなかに一本あるだけ」と答えました。

ジョークはさておき、本書『若返るクラゲ 老いないネズミ 老化する人間』は、人間の老化の問題にまったく新しい角度から光を当てています。世の中には大げさなダイエット法や健康本があふれています。一方、わたしたちの本に派手さはありません。簡単に長生きできる方法を伝授できるふりをするつもりもなければ、極端に単純化された健康法（たとえば、厳格なベジタリアンになれとか）をお勧めするつもりもありません。日本人の長寿の理由のひとつは、魚を食べることでしょう。魚は抗炎症効果があります。本書で詳しく述べるように、免疫システムの一部である炎症は、体に敵対的な働きをすることもあるのです。実際、炎症は老化の原因のひとつと考えられています。老化のもうひとつの原因が過食です。日本には「腹八分」という言葉がありま す。この格言は、日本では広く一般に浸透しています。標準的な日本人は一日に一八〇〇から三四〇〇キロカロリーしか摂取しません。本書ではこの格言を正しいものと考え、その裏にある進化の理由を探っていきます。人間は老化しますが、まったく老化しないように見える動物もいます（ただしこうした動物とて、もちろん病気にもなれば、事故で命を落とすこともあります）。老化は熱力学的な必然などではなく、集団を守るためのサバイバルモードらしいのです。より詳しいことをお知りになりたいかたは、本書をお読みください。

日本版の読者のみなさんに、幸福と、健康と、長く充実した人生がありますことを。

若返るクラゲ
老いないネズミ
老化する人間

# 目次

*Index*

# 序章

*Prologue*

## 幼い頃からの不安と妄想が、いまのわたしをつくるまで

第一章

*chapter.1*

## あなたは車ではない——体に〝ガタ〟はこない



第二章

*chapter.2*

## 肉体の遍歴——老化のさまざま

## 第三章

*chapter.3*

## 拘束衣を着させられたダーウィン――現代の進化論を俯瞰する

# 第四章

*chapter.4*

## 老化の理論と理論の老化

第五章

*chapter.5*

## 老化が若かった頃――複製老化



第六章

*chapter.6*

## 老化がさらに若かった頃――アポトーシス

# 第七章

*chapter.7*

## 自然のバランス——人口のホメオスタシス

## 第八章

*chapter.8*

### 全員が一気に死ぬことがなくなる——黒の女王の策略



## 第九章

*chapter.9*

### 長生きをするには

## 第一〇章
*chapter.10*

## 老化の近未来

第一一章
*chapter.11*

明日の地球のために



本文中の〔 〕内は訳注を表す。本文横の注番号は巻末の原注を参照。

# はじめに――本書の内容について

## 老化とはなにか？

老化の基本的な意味は、「年齢を重ねるにつれ、多くの身体機能が劣化すること」である。これと並行して、人口統計学者による「時間の経過につれて死のリスクが増加すること」という定義が使われることもある。ちなみに、科学者によっては〝老衰〟という言葉を使う場合もあるが、意味はおなじだ。

一般的に、老化は普遍的なものであり、避けられないものと見なされている。ところが、そうではないのだ！

二〇世紀に入って医療テクノロジーは大きな進歩を遂げ、伝染病の多くが克服され、外傷の治療法も大きな進歩を遂げた。公衆衛生の向上、一九三〇年代における抗生物質の登場、さまざまなワクチンの開発などによって、多くの伝染病が過去のものとなった。ポリオ、梅毒、百日咳《ひゃくにちぜき》、ジフテリア、コレラ――こうした病気はかつて死刑宣告も同然に怖れられていたが、現在では死亡統計の脚注にしか登場しない。

いまだに克服できていない病気は、すべて老化と結びついている。糖尿病、関節炎、骨粗鬆《こつそしょう》症は増加している。死因の上位を占める病気には、心臓血管疾患、癌《がん》、そしてアルツハイマー病などが並んでいる。伝染病の根絶に効果のあったアプローチを応用してこうした病気を克服するため、この数十年間に一〇〇億ドルもの予算が医学研究に注ぎこまれてきた。

そのアプローチとは、「体に力を貸そう」というものだった。人間が生まれつき持っている抵抗力を刺激し、自然治癒力を高めようとしたのである。「生命現象は物理的にも化学的にも説明しつくされている」と考えている西欧の還元主義者でさえ、対症療法の薬をつくるにあたっては、自然の生薬を参考にし、テクノロジーや薬で病気を制圧するのではなく、体に力を貸すことをめざした。

しかし、こうしたアプローチは間違っている。じつはこれだと、自殺したがっている患者に力を貸そうとしているも同然なのである。

たとえば、海で溺《おぼ》れている人を助けようとする場合、事故で海に落ちたのか、自殺しようとして飛び込んだのかでは、アプローチの仕方がちがう。救うためには、まずどんな人間なのかを知る必要がある。なにが重要かを突きとめ、もし自殺しようとしているならば理由を理解し、生きることを選ぶように説得しなければならない。

現代の医師は、助けを求めていない体を助けようとしている。体のナチュラル・バランスをもとに戻そうとしてもうまくいかない。年をとるとともに、体の新陳代謝は自滅に向かう傾向があるからだ。自然治癒力も加齢にしたがってゆっくりと機能を停止していくため、いくら強化しようとしても失敗に終わる運命にある。

老化と結びついている病気に対して打つ手がないわけではない。加齢自体も進行をゆるやかにすることができる。しかし、それには違うアプローチが必要だ。体に力を貸すだけでなく、必要な場合にはうまく説きつけ、おだて、戦わなければならない。代謝を管理するホルモンやシグナル伝達の仕組みについてもっと学ぶ必要もある。わたしたちは「若さをたもて」というメッセージを、体の母国語――わたしたちにはいまだ完全に理解できていない生化学の言語――でささやかなければならない。人間が子宮のなかで成長し、やがては老化して死ぬまでの全生命プランは、この言語で詳細に設定されているのである。

## 利己的遺伝子と自殺遺伝子

本書の中心にあるのは、「老化はわたしたちの体のなかに組みこまれている」という考え方だ。「老化はたまたま起こるのではなく、遺伝子によって管理され、コントロールされている。人間の自己破壊は、幼児期の成長や思春期の性的な成熟と同様、あらかじめ予定されている。成長、性的成熟、老化――これらはすべて、DNAにプログラムされたスケジュールにのっとって進行するのだ」――以上が本書でわたしの主張している説である。

しかし、進化論を研究する専門家の目からすると、老化は成長や性的成熟とはまったく違うものである。たくましく成長した体は、厳しい環境を生き抜いて種を存続させるうえで役に立つ。性的発育は生殖のために必要不可欠だ。このふたつは人間にとって有益なものだし、遺伝子の目的にもかなっている。成長や性的発育は、遺伝子が次世代へと受け継がれ、広められ、伝わっていく手助けをする。これはダーウィン主義的進化（適応進化）の前提である「自然選択」の概念とも合致する。成長や性的発育を司る遺伝子がどのように進化してきたかは理解しやすい。これらは「利己的な遺伝子」なのだ。利己的遺伝子は自分たちの乗り物である体を助けることで、自分自身を助けているのである。

しかし、老化とはすなわち、衰えて死ぬことだ。体に有益ではありえない。老化を起こさせたのは遺伝子かもしれないが、老化は遺伝子の目的にかなっていない。それどころか、遺伝子そのものを殺してしまう。一般に知られている進化論の観点からすれば、これは筋が通らない。

利己的遺伝子が自分を殺そうとするはずがあるだろうか？　しかし、いくつもの証拠が、間違いなく殺そうとしていることを示している。人間が年をとると遺伝子は人間の体に敵対しはじめ、健康な神経細胞や筋細胞を殺し、胸腺《きょうせん》を収縮させ、免疫システムを蝕《むしば》む。

わたしたちはこの自己破壊をごく普通のことだと考えている。しかし実際には、すべての種が自己破壊をするわけではない。植物の多くは老化しないし、動物のなかにも老化しないものがいる。人間の体がなぜ自己破壊をするのか、利己的遺伝子の理論では説明できない。しかし、べつの理論――第八章で紹介する「人口統計学的老化理論」――ならできる。わたしたちが当然のことと考えている自己破壊は、実際には進化論のコントロール下にある。こうした進化の「自殺傾向」は、個体の長寿と繁栄には寄与しないが、進化上きわめて重大な機能を担っているのである。

こうした「自殺遺伝子」は、利己的遺伝子の対極にある。進化の過程において、老化遺伝子は自然選択を相手に苦しい戦いを展開してきたはずだ。老化はいったいどうやって進化してきたのか？

これまで何度もくりかえし問われてきたこの質問を、一五〇年ほど前、チャールズ・ダーウィンは最初避けて通った。実際、『種の起源』（一八五九）の初版には、寿命や老化の話がまったく出てこない。懐疑論者たちは、自然界における寿命には大きな幅があるという事実をダーウィンに突きつけた。なぜ寿命も進化して延びていかないんです？　あなたの理論が正しければ、延びていくはずでしょう？　『種の起源』の改訂版におけるダーウィンの回答は、彼らしくなく、あいまいで歯切れが悪い。以来、この問題に関しては、数多くの本や何万もの記事が書かれてきた。しかし、答えの種類はたった三つしかない。

## 老化はどうやって進化したか？

一番目の理論は、「自然界には、老化などそもそも存在しない」という説である。「野生の動物は老化で死ぬほど長生きしない。それより先に、ほかの原因で死んでしまうからだ」というのだ。野生の世界は血で血を洗う戦いに満ちた熾烈《しれつ》な競争の世界である。生物は捕食者や事故や飢えなどの危険につねにさらされている。老化現象が見られるのは、天敵から守られている家畜動物だけではないのか？　もちろん、人間は文明の発達によって安全な生活圏を手に入れている。これは人間の進化の歴史において、まったくはじめてのことだ。「老化は安全に保護されている人工的な環境でのみ起こる。進化が進行している自然界には存在しない――だから、説明すべきことはなにもない」というのが、この理論の考え方だ。

第二の理論は、「自然選択が交換条件を突きつけられ、妥協する」というものだ。体はダメージの防止や自己修復にベストをつくしている。しかし、ほかに優先事項があるため、完璧《かんぺき》な仕事をすることができない。若い時期の体は、たとえそれが最終的に致命的になるとわかっていても、ダメージが徐々に蓄積することを許してしまう。生きていくうえで基盤となる体を無視し、その分のリソースを生存と生殖にまわしている、というのである。

三番目の理論は、「老化は個体にとっては悪いことだが、コミュニティにとっては重要だ」とする説だ。老化は若い個体にチャンスをあたえ、適応変化のための人口移動を促進する。コミュニティにとって老化が重要なもうひとつの点は、人口の安定である。老化は死亡率を一定にするので、飢饉《ききん》や伝染病の流行があっても、個体がいっぺんに死んでしまうことがない。

一番目の理論（老化は安全な人工的環境の産物）は、野生動物の個体数調査によって完全に否定されている。こうした調査によって、動物は自然界においても老化現象が起こるまで長生きすることがあると立証されたのだ。二番目の理論（交換条件と妥協）は、「体はあるひとつのことに関して、一度にひとつのいいことしかできない」という仮定が前提条件になっている。これは特定の事例においては真実かもしれないが、ひとつの領域を強化することが、べつの領域の弱体化をかならず引き起こすと考える理由はない。実際、反例がいくらでもあるのだ。三番目の理論（コミュニティの利益）はわたしが本書で主張しているもので、これが正しいことを立証する遺伝学的証拠や実験的証拠はたくさんある。しかし、進化論は深い塹壕《ざんごう》で厳重に守られており、強い先入観に染まっている進化論者たちは、そうした証拠に目を向けようとしない。

進化論者たちがかかえている先入観は、人間社会のあらゆる個人競争文化に巣くっている。経済学における自由市場神話も、階級社会における「身分や地位は才能と勤勉の結果だ」というううぬぼれも、健康における「自然はなにがベストであるかを知っている」という信仰も、すべてはこの先入観である。
おなじ先入観が、進化の学術研究においても見られる。それは、「自然選択は個体間で起こるものであり、チームやグループやコミュニティでは決して起こらない」という仮定だ。本書を読み進めていけば、これらが科学ではなく先入観にすぎないことが、読者のみなさんにもわかっていただけると思う。たいていの場合、こうした先入観は、信頼性の疑わしい経済観や社会観に結びついている。

## 老化遺伝子

動物の品種改良の歴史は古い。犬は有史以前から家畜化されていた。しかし、ブリーダー技術が大きな進歩を遂げ、定量的科学の域にまで近づいたのは、一九八〇年代のことだ。DNAの小さな違いさえ分析できるほど技術が進歩し、どの遺伝子を操作しているかがはっきり確認できるようになったのである。

カリフォルニア大学アーバイン校のトム・ジョンソンは、シノラブディティス・エレガンスという実験用の線虫の老化を研究していた。線虫は繁殖のスピードが速い小さな線形動物で、実験によく使われる。寿命は二週間ほどしかなく、その老化は餌《えさ》や温度や遺伝子に応じて劇的に変化する。

ジョンソンは突然変異のせいで遺伝子のひとつが機能していない線虫を見つけた。欠陥のある遺伝子を持つ線虫は、正常な線虫の一・五倍長生きすることを発見したジョンソンは、その遺伝子をａｇｅ－１と命名した。

たったひとつの遺伝子が寿命にそれほど大きな影響をあたえるとは、それまで誰も想像していなかった。実際、進化論の権威たちは「すべてのものは同時に消耗するはずだ」という理論を立てており、たったひとつの遺伝子が飛び抜けた効果を持っているはずはないと思いこんでいたのである。

　ジョンソンの発見でとくに驚くべき点は、長生きに必要なのはなにか新しいものではなく、既存の遺伝子の欠損だったことだ。とすると、ａｇｅ－１遺伝子には線虫の生命を短くする効果があることになる。ゲノムのなかでａｇｅ－１遺伝子はなにをしていたのか？　いったいどうやってそこに入りこんだのか？　そして、自然選択はなぜその存在を許していたのか？

　ジョンソンには説明が用意されていた。彼は「老化の進化」の標準的な説明——さきほど紹介した二番目の理論（交換条件と妥協）——を信じていたのである（そして、たぶんいまも信じているはずだ）。ａｇｅ－１の欠損した線虫は、ほかの線虫の四分の一しか卵を産まない。ダーウィンの生存競争において、彼らが負け組なのは明らかだ。実際、ジョンソンの発見は「老化とは、生殖能力や個体適応度を高める遺伝子が持っている副次的作用である」という説をドラマティックに裏づけているように見えた。老化は、ダイレクトに進化してきたのでも、その効果を買われて選択されたのでもなく、より大きな生殖能力を得るための代価として進化してきたのだ——そう考えれば矛盾は生じない。

　しかし、数年後、この説は否定された。それまで二番目の理論を裏づけていた発見が、こんどは否定材料になってしまったのである。ジョンソンの研究の結果、突然変異を起こした線虫が、実際にはふたつの違う遺伝子が欠損していることがわかったのだ。[1] ａｇｅ－１の欠損にくわえて、異なる染色体にまったくべつの遺伝子欠損（ｆｅｒ－15）があった。異種交配によって、ジョンソンはそのふたつの分離に成功した。ｆｅｒ－15突然変異のある線虫は生殖能力が低いだけでなく、寿命も長くなかった。ａｇｅ－１突然変異のある線虫は、生殖能力の低下がなく、寿命が長かった。[2] これはダーウィン説と完全に矛盾している。自然界で見つかったａｇｅ－１遺伝子は、線虫の寿命を縮めた。線虫を長生きさせたのは〝欠陥のある〟ａｇｅ－１遺伝子だった。ａｇｅ－１はどう見ても利己的遺伝子ではなく、老化遺伝子だった。とすれば、自然選択が手際よく排除すべき対象であるはずだ。なのに、なぜこの遺伝子が生き残ったのか？　線虫のゲノムのなかでａｇｅ－１はなにをしていたのか？

　ａｇｅ－１は線虫から見つかった老化遺伝子の最初のケースにすぎなかった。いまでは、欠損すると寿命が延びる遺伝子が何百も見つかっている。[3] いいかえるなら、こうした遺伝子は欠損せずに存在したままだと、寿命を短くする働きがあるわけだ。そうした遺伝子のいくつかは生殖能力を高める傾向があるが、高めないものもある。生殖能力とはべつのプラス作用を持つものもあるが、現在知られている寿命短縮遺伝子の半数は、代わりになにも差しださない——すくなくとも、現在のところはなにか差しだすとは確認されていない。これは、伝統的な進化論を否定する三番目の理論に味方する直接証拠だ。

　老化遺伝子は線虫だけでなく、ほかの実験動物からも見つかっている。老化の研究によく使われているのは酵母、ショウジョウバエ、マウスなどだ。線虫を含めたこれら四つの種は、系統樹のまったく違う枝の出身である。にもかかわらず、彼らは共通の祖先を持っている。二〇億年もまえに生息した最初の真核生物（核とその他の細胞内小器官を持つ複雑な細胞）である。あなたとわたしとマウスと線虫とハエと酵母はすべて真核生物だ。そして、わたしたちはいくつかの遺伝子を——有害なものも含めて——共有している。これはなぜか？ 寿命を縮める「殺人遺伝子」を、なぜ自然は淘汰せずに生き残らせたのか？[4]

その答えは、生命の単一性を反映しているのにちがいない。細胞の中心的機能の数々は、はるか遠い昔に生まれ、はかりしれない年月にわたる進化を生き抜いてきたのだ。わたしたちはすべて、おなじ遺伝子コードを使って自分の遺伝子をタンパク質に翻訳している。わたしたちはすべて、クエン酸回路を使って糖を燃やすことでエネルギーを得ている。わたしたちはすべて、性行為と減数分裂（細胞の融合と分裂）によって繁殖する。わたしたちはすべて老化して死ぬ。

老化はほとんどすべての真核生物が共有する「核となる生命機能」のひとつである。これは注目すべきことだ。酵母のなかには老化を調節する遺伝子がいくつかある。これは線虫の老化遺伝子のいとこであり、ハエも哺乳《ほにゅう》動物もあなたもわたしもおなじものを持っている。老化は個体にとって災厄であるにもかかわらず、進化は老化遺伝子を宝石のように大切に保存してきた。これは老化が重要な生物学的機能にちがいないという決定的証拠である。

## 貴族遺伝子

生態学における人口循環と、欧米の資本主義社会に見られる景気循環のあいだには、自然の類似がある。

一九二九年に世界大恐慌が起きたことで、ルーズヴェルト政権は国家による管理と商業規制に関する広範囲な政策を通過させることができた。その後の四〇年にわたり、アメリカの中産階級はかつてない成長発展を遂げた。なんらかの経済システムが、裕福な生活をゆったりと送る大多数の市民を支えたのは、歴史上はじめてだった。

しかし、一九八〇年代にレーガン政権による揺り返し――規制緩和――がはじまり、抑制のない経済競争が戻ってきた。資本主義は略奪も同然になり、中産階級は縮小し、景気の波が大きくなり、裕福なエリートと生活に苦しむ一般市民を隔てる裂け目はどんどん広がっていった。規制緩和以降の三〇年間に、株式市場の大暴落が三度あり、そのたびに苦痛に満ちた大量失業と景気低迷がつづいた。

なんの規制もないため、競争は破壊的になった。「安定と好景気は純粋な競争から生まれる」という考えは、実際にやってみるとまったく信用に値しないことがわかった。しかし、ルールも規制もなければいくらでも儲《もう》けられる一パーセントの人間にとって、これはじつに便利な神話だった。強欲な企業の大物たちが自分たちの動機を正直に告白していたら、真実を知った一般国民に規制緩和を売りこむことはできなかっただろう。そこで企業の大物たちは、「自由市場」という教義を喧伝《けんでん》した。この教義を信じていたからではない。それどころか、彼らはいかなるイデオロギーも信じていなかった。企業の大物たちがこの教義を奨励したのは、ほかの者たちから略奪するための最大にして最強の自由をあたえてくれたからだ。

歴史的に見て、自由市場はすばらしい結果をもたらすという主張は、進化論を根拠にしている部分が大きかった（過酷な生存競争だけを使って大自然が成し遂げた驚異の数々を見ればいい、というわけだ）。これこそが社会ダーウィニズム――金持ちで成功した人間は、わたしやあなたよりも社会に貢献しているだけでなく、よりよい遺伝子を持っているという教義――である。これはダーウィンの学説を曲解したものでしかない。

しかし、そもそもの最初から、ダーウィンの筋道だった生物理論は、エリート主義の社会イデオロギーとリンクしていた。二〇世紀の初頭、こんにちまで支配的である進化論の解釈が誕生・形成されるうえで、社会ダーウィニズムは非常に重要な役割を果たした。

一部の人間が金と権力を持っているのは、親が金と権力を持っていたからだ――これほど不公平で不公正な話もない。しかし、社会ダーウィニズムは「世襲的なエリート階級による支配は自然界の秩序である」という作り話を広めつづけている。一世紀前のアダム・スミスの「見えざる手」と同様、ダーウィンの「生存競争」はその本質が誤解され、「純粋で無制限な競争が、調和のとれた社会を魔法のように生みだす」という神話の裏づけに使われている。実際には、「手段を選ばない決死の競争」は、経済においても生態環境においてもうまくいかない。たしかに競争は生命維持のために必要だが、きちんと規制すべきなのだ。さもないと、システム全体を不安定にしかねない致命的な危険を秘めているのである。

ダーウィン本人は英国の貴族だったため、進化における協力（生物学における〝協同〟）の重要性をしっかり認識できていなかった。後期の著作『人間の由来』においてさえ、進化のうえでその他大勢よりも優位に立つグループがいるとはっきり書いている。

二〇世紀のなかばには、協力＝協同作用の存在は進化論の主流派によって完全に否定された。わたしたちはいま、超利己主義の時代を生きている。こうした文化的状況を考えれば、現在主流となっているダーウィン理論の解釈が純粋な利己主義に立脚しているのは、偶然のことではない。

## この本はどこに向かって進んでいくのか？

老化は、ダーウィンが「適応度」と呼んだもの――生物の競争力と生殖能力――とは正反対のものだ。

「人間を脆弱《ぜいじゃく》にし、生殖能力を失わせ、死に至らしめる遺伝子が老化を支配しているのだとしたら、そうした遺伝子は進化の競争をいかに勝ち抜いてきたのか？　老化はどうやって進化したのか？」

これが本書の軸となる疑問である。そしてその疑問に対する答えは、「自然選択とはたんなる個体の生と死の問題ではなく、地域集団や全生態系の盛衰の問題でもある」というものだ。進化とは個体の利己的な活動であると同時に、個体同士の協力＝協同作用でもある。老化は「安定した生態系を共有するために個体が支払う料金の一部」として進化してきた。進化と生態学は、わたしたちの遺伝子のなかに死刑宣告を刻みこんでいる。わたしたちは生態系を守るために、文字どおり命を支払う。老化によって上昇した死亡率は、異常増殖などが引き起こす大規模な人口崩壊を回避する。

老化は明確な遺伝的プログラムによって引き起こされるらしい。そこから導きだされる予測のひとつは、「加齢が引き起こす病気に対して、医療科学はこれまでと違うアプローチをしなければならないであろう」ということだ。わたしたちは「自然薬品＝生薬」を使うことができない。体が癒えるのを助けることもできない。なぜなら体は癒えようとはしておらず――反対に自分自身を破壊しようとしているからだ。老化を回避したければ、わたしたちは自己破壊を引き起こす暗号を解読し、それを若々しい生命力のシグナルに置き換えなければならない。

もうひとつ導きだされるのは、「進化論の利己的遺伝子説ですべての説明がつくわけではない」という点だ。「母親は子供たちに、自分の面倒は自分で見るように教える。しかし同時に、他人の幸福にも心配りのできる人間になってほしいと願う。すべての母親と同様、母なる自然は自分の子供たちに、度を超えた利己主義はやめるように忠告する。自分の安全はしっかりと守りつつも、他人を思いやる気持ちで利己主義をやわらげ、この世界でうまくやっていくように教える」というわけだ。

直感的に考えて、これは真実であるように思える。進化生物学の学位を持っていない人でも簡単に理解できるはずだ（名誉のためにいっておけば、進化論の専門家のほとんどは、自分が学校で教わった利己的遺伝子説が、真実をねじまげたものだとは知らなかった）。

## 科学革命の機が熟す

老化の科学は非常に活気のある分野だ。研究領域は広がり、新しい研究所ができ、新技術が導入され、創造的な若い才能が流入してきている。この分野は停滞しているどころか、激しい変動に揺れている。さまざまな学会や学術論文では、実験結果と論理的予想がまごつくくらい食い違っている。研究者のなかには、つじつまの合わない欠陥だらけの説明で糊塗《こと》しようとする者もいた。しかし、ほとんどの者は正直にデータを提出した。正直な告白を添えて——

なんでこんなことになるのか、わたしたちにはわからない。
ここにはなんらかの異常があり、機能不全のせいで体が正常な働きをしていない。

おかしなことに、体がうけているダメージはいくらでも避けられるものなのだ。なのに……。

彼らが見たもの――もしくは見るのを拒否したもの――は、ある時期がくると体が自分自身を破壊しはじめる姿だった。

進化論者は、自分たちが学んできた理論の枠組みのなかで老化を理解しようとしてきた。彼らは職人的に仕事をこなし、新しい結果が出るたびに理論を拡張・修正し、基本的なテーマに関する予測や説明をじっくり練りあげた。しかし、この分野の専門家たちは近視眼的になりがちで、一歩後ろに下がって全体像を見ようとする者は少なく、理論の基本原則がもはや観察結果と合致していないことに気がつかなかった。

本質的な問題は、現代の進化論はまず理論ありきで、その説明に都合のいい動物や、進化の成功例を探してきていることにある（ダーウィン自身はこのあやまちを犯さなかった。進化論がこうなってしまったのは、二〇世紀に入ってからのことである）。コミュニティをたんなる個体の総和と考えたのでは、コミュニティが集団として機能していることの説明がさまざまな点でつかないことを、二〇世紀の進化論者たちは頭から無視した。[6]

現代の進化論は、視野の狭い利己的遺伝子説がスタンダードとなっている。進化論者たちは、自分たちのパラダイムが「個体の適応」に立脚しており、「コミュニティの適応」を視野に入れていないことを、はっきり認識している。集団よりも個体を重視しようとする方向に強いバイアスがかかっているのには理由がある。たとえばこれは、初期の時代に博物学者が「種にとっての利益」についてしゃべりすぎたことへの過剰な反動でもある。

しかし、生物数学者たちが集団選択に懐疑的であるのは理解できるにしても、彼らが間違っていることはいまや明らかだ。わたしは少数派に属している。しかし、おなじ主張をしている人間はわたしだけではない。ノーベル賞受賞者たちから、この分野の片隅で研究をしている専門家たちまで、頭の切れる科学者の多くは、現代の進化論にはなにか基本的なものが欠けていると認識している。おそらくあなたも、すでにおなじことを察しているだろう。もし察していないとすれば、これにつづく章でそれを目にすることになるはずだ。[*7]

## 進化の競争を演じるのは個体か、コミュニティか？

一定の寿命がある——予定どおりに死ぬ——ことは、個体にとっては悪いことだが、コミュニティにとってはいくつもの利点がある。老化とはなんであり、それがいかに形成されたかを理解するには、進化をコミュニティの視点から見る必要がある。あなたの視点が利己的遺伝子説に縛られていれば、老化はパラドックスでしかない。しかし、自然選択をもっと広いコンテクストでとらえ、複数の集団がダーウィンの唱えた古典的生存競争を演じるのだと考えれば、老化を理解することは可能である。ここ五〇年間における進化論は、個体の生存競争という視点からのみ研究されてきた。これこそが、科学界が老化の理解に失敗した根本原因だ。

ここまで書いてきたことを、わたしは科学フォーラムで発言し、生物学の専門誌に発表してきた。そしていま、専門家たちをさしおいて、良識ある読者のみなさんに意見を聞いてもらおうとしている。この一八年間、わたしは自分自身のアイディアも含めた「コミュニティ進化」という概念に対する学会の反応を観察してきた。わたしにとってそれは、深い満足をあたえてくれるものであると同時に、激しくいらだたしいものだった。

満足を得られたのは、科学界が正しい方向へ進んでいるからだ。いらだちを感じたのは、その動きがひどく遅いからである。「集団選択」は考慮の対象にしないという大きなバイアスがいまだにかかっている。研究者たちは実験結果を報告するにあたって、欠陥のある理論とつじつまが合うように手をくわえている。

数年前、わたしは母に会いにいき、科学の世界はほんとに保守的なんだと愚痴った（母は現在九三歳だが、頭の回転が速い）。科学的な意見交換をはじめたいと思っていたわたしはいらだっていた。

「世間に実情を訴えるんだよ」と母はいった。「本を書きなさい」

それからの二年間、このプロジェクトはときどき思い出したように前進するだけだった。しかしその後、わたしは大当たりを引き当てた。ドリオン・セーガンという協力者を見つけたのだ。彼は老化に関するわたしのアイディアをすばやく理解し、より広範な客観的証拠に基づいた進化論のコンテクストにそれを置くことで、よりわかりやすくしてくれた。本書はわたしたちが共作したはじめての本である。

＊代名詞の〝わたし〟はジョシュ・ミッテルドルフを指し、〝わたしたち〟はジョシュ・ミッテルドルフとドリオン・セーガンを指す。ただし、〝人間〟という一般的な意味で〝わたしたち〟が使われていることが文脈上明らかな場合はのぞく。

# 序章

*Prologue*

# 幼い頃からの不安と妄想が、いまのわたしをつくるまで

## 死そのものではなく、死に対する恐怖が怖い

わたしは三歳のとき、父から「おまえはいつか死ぬんだ」と聞かされた。わたしは震えあがった。何十年か生きたあとに待っている永遠の無のことが頭から離れなくなり、しょっちゅうパニックを起こしては、真夜中に両親のベッドにもぐりこむようになった。いまのわたしは、幼い子供がこうした恐怖を覚えることが珍しくないのを知っている。しかし、死の恐怖を抽象的な概念として認識する子供はそう多くないように思う。

わたしはむきだしの恐怖に襲われ、とんでもなく激しいパニックを経験した。自分を耐えがたいほど苦しめているものが恐怖そのものであること――死それ自体ではなく、死に対する恐怖であること――は、誰に教えられることなくわかっていた。しかし、まだ幼かったわたしは、恥ずかしさのあまりそれを人に打ち明けられなかった。恐怖にひどく敏感なのは自分がとくに弱虫だからだと考え、誰の助けも借りず、ひとりきりで恐怖と折り合いをつけなければならなかった。

やがてわたしは気をまぎらわすことを学び、死を頭か

ら締めだした。自分に対して、「いつの日か死と出合うことは間違いないにしても、いまのところはとんでもなく不安だというにすぎないじゃないか」と言い聞かせたのである。そして、自分自身と協定を結んだ。いまは死に対する恐怖を忘れる贅沢《ぜいたく》を自分に許す。その代わり、三五歳になったら死すべき運命の問題に立ち戻って解決策を考える——そう自分に約束したのだ。まだ小学校にもあがっていなかったが、わたしはその頃からかなり数字に強かった。三五歳なら恐怖を感じないですむくらい遠い未来であると同時に、父が教えてくれた人間の寿命の半分でしかなかった。

で、どうなったか？　予測は一〇年ずれていた。三五歳になったとき、わたしは養女に迎えた娘に夢中で、ほかのことなどなにも目に入っていなかった。しかし、四六歳になったとき、内なる準備が整ったところに外的な要因が重なり、わたしは死を真剣に見つめはじめた。それはまず科学的な研究としてはじまり、ほかのさまざまな研究へと発展し、最終的にこの本へと結実した。と同時に、わたしはより若々しい体を手に入れ、エネルギーを回復し、健康的になり、かつてわたしを麻痺《まひ》させた恐怖は安らぎと自信に取って代わった。

## 癌の不安と汚染パラノイア

わたしが成人を迎えた一九六〇年代は、ちょうど「自然派志向」という言葉が流行《はや》りはじめた頃だった。当時のわたしは「健康＝長生き」であると信じていた。たぶん多くの人は、いまもそう信じているはずだ。その頃のわたしが考えていた健康維持とは、体が必要としているものをすべてあたえることだった。ビタミン、ミネラル、完全タンパク質〔すべての必須アミノ酸を含むタンパク質」、じゅうぶんな休養、適度な運動、ストレスの少ないライフスタイル。多ければ多いほどいいはずだと考え、睡眠は九時間とるように心がけ、おなじ理由から、一日に一二〇グラムのプロテインの摂取――赤身の肉を五〇〇グラム近く食べること――を自分に課した。

わたしは不安に怯《おび》えていた。とりわけ癌《がん》が怖かった。ほんのわずかな放射線、ちょっとした偏食、農薬、空気中の汚染物質などがきっかけで、癌を発症するのではないか？　いまのわたしは、癌は全身性疾患だと考えている。しかし当時は、たった一回の不運な遺伝子変異から生まれた変異細胞があっというまに増殖し、すぐにも命を奪われるかもしれないと信じこんでいた。

この思いこみは、さらなるパラノイアを招き寄せた。現代生活によって自分が汚染されていると考えると、強迫観念がどんどん襲いかかってきたのだ。大気汚染に不安を覚え、タバコの煙には気も狂わんばかりになった。一九七〇年代には、誰もがいたるところでタバコを吸っており、カリフォルニアでさえ例外ではなかった。

わたしはカリフォルニア大学バークレー校で天体物理学を専攻し、コンピュータ・モデルを使って宇宙の研究をしていた。わたしは性格的にも職業的にも科学者だったが、老化の科学に目を向けることになるのはまだ何年も先だったし、ライフスタイルと長寿の相互関係について医療科学がどんな見解を持っているかにも、まだ興味を持っていなかった。

わたしはグラノーラと全粒粉パンを食べていた。乾燥酵母やレシチンやスピルリナを試し、健康と長生きの奇跡を伝える記事を見つけると、そのたびにむさぼるように読んだ。当時、菜食主義を信奉しているのは、まだ一部の健康マニアと安息日再臨派のキリスト教徒だけだった。一九七二年にわたしがバークレーでヨガをはじめたとき、毎週開かれているヨガ教室がある街は、アメリカにごくわずかしかなかったはずだ。長年にわたってヨガに鍛えられたわたしは、自分自身の体に対する感覚を研ぎすましていった。

ヨガをはじめてから半年後のある夜、わたしが床に横たわってサヴァサナ（完全に体から力を抜いた、いわゆる死体のポーズ）をしていると、誰からも敬愛されていた女性講師がクラスのみんなに声をかけた。

「これからは食事から肉を減らしていきましょう」と、彼女はいった。わたしはびっくりして目を開き、はっと起き直った。

数週間まえから、その女性講師はコーヒーとアルコールとテレビとマリファナ（当時のバークレーでは誰もがマリファナをやっていた）とタバコをやめようと提言していた。わたしはそれをすべて無理なく実践していた。そうしたものに執着がなかったからだ。しかし、酒やドラッグだけでなく肉まで我慢する？　いったいどういうことだ？　タンパク質がきわめて豊富な食事は体を強くし、健康維持に役立つ――わたしはそう信じて疑っていなかった。当時はまだ「ニューエイジ系のやつらのタワゴト」という表現は生まれていなかったが、わたしの心が探していたのはまさにその言葉だった。

六週間後、わたしは菜食主義者になった。以来、肉は一度も口にしていない。死体のポーズをとっていたときにうけた催眠暗示は、動物を殺すことに対する潜在的な嫌悪感を目覚めさせた。科学とはまったく関係がなかった。現在では、肉の摂取を抑えることが長生きにつながるというエビデンスがある。しかし、当時はそんなことなど知るよしもなかった。

一九八二年、わたしはハウイー・フルムキンと友人になった（現在、フルムキンはワシントン大学公共健康医学専攻の学部長になっている)。気取らない温かさときらめく瞳の持ち主であるフルムキンは、医大を出たばかりだったが、堂々とした知性を感じさせる人物だった。わたしはペンシルヴェニア大学病院のオフィスで彼と会い、ものごころついてからずっと癌が心配で眠れないと告白した。

「癌は高齢者の病気だよ」と、フルムキンはいった。彼はわたしをすわらせてグラフを見せた。小児白血病をべつにすれば、若者が癌を発症する危険性は非常に低い。発症率は七〇代から九〇代にかけて急激に高まり、ピークを迎える。そのことをまったく知らなかったわたしは、説明を聞いてホッとした。こうしてわたしは強迫観念から解放されたのである。

## アルファルファとアフラトキシン

一九八〇年代のなかば、わたしの「長生き計画」は新たな大転換を迎えた。きっかけとなったのは、ブルース・エイムスが『サイエンス』誌に連載した天然殺虫剤に関する記事だ。エイムスは食品に含まれている発癌性物質を研究していたときに「エイムス試験」を考案して有名になった。この試験は発癌性のある食品添加物をふるいにかける簡易な方法で、これが導入されたおかげで業界は何百万ドルも節約できたうえに、何千匹もの罪のないウサギが命を救われた。

わたしは典型的な自然志向派人間だった。食品に含まれる農薬と保存料が健康に対する最大の脅威だと信じていた。そこにエイムスが新しい知識をもたらした。殺虫剤を発明したのは人類ではないというのだ。この惑星に甲虫とバッタが登場して以来、植物は自分自身を守るために化学物質を製造してきた。こうした天然殺虫剤の一部は、マウスやラットを使った実験で発癌性があることが明らかになっている。しかし、食品医薬品局の管理方針によると、同局は禁止も規制もできないどころか、メーカーに表示を義務づけることさえできないのだという。こうした天然殺虫剤成分には、食品医薬品局合格証があたえられている。

エイムスの爆弾が投下されてから何年ものあいだ、わたしはさまざまな食材を食べることを拒否して家族をうんざりさせ、不便な思いをさせつづけた（もっとも我慢強かったのは妻だ）。黒胡椒《こしょう》、ビート、アルファルファ、ピーナッツバター（アフラトキシンを含むため）、パースニップ、ジャガイモ（ソラニンを含むため）、バジル、セロリ、マスタード、ホウレンソウ（蓚酸《しゅうさん》を含むため）――わたしが拒否したこうした食材は、エイムスが発癌性テストと摂取率から算出した「アメリカ食品危険度ランキング」の上位を占めていた。

そのリストにはブロッコリーも入っていた。しかし……ブロッコリーをあきらめることなどできるだろうか？

二〇一四年の春、それまでまったく交流のなかった遠縁の女性が、父方の祖母の家系図をメールで送ってきた。彼女によれば、ブルース・エイムスはわたしの一世代離れたまたいとこにあたるのだという。わたしは喜んだ。エイムスは八五歳になった当時もカリフォルニア大学バークレー校の研究室で精力的に研究を指揮し、これまで以上に目をきらめかせ、革新的なリサーチの成果を発表しつづけていた。

わたしはエイムスの仕事を深く尊敬してきた。しかし、食品に含まれる毒素に対する彼のアプローチには、それほど重きをおかなくなっていた。食品に含まれる適度な毒素は人間にとってよいものであり、毒素がまったくないよりもあったほうが長生きできるようなのだ。[1・2]

## 直感的に真実を見抜く

一九九六年一月、『サイエンティフィック・アメリカン』誌にカロリー制限と寿命に関する記事が掲載された。ウィスコンシン大学の生物学者リチャード・ワインドルッチ教授によるその記事には、食事量の少ない動物のほうが長生きするという調査結果が報告されていた。[3] これは実験用ラットの代謝作用がたまたま気まぐれを起こしたのではない。実験にはイヌ、クモ、酵母、トカゲも使われており、ワインドルッチ教授はさらにアカゲザルでも実験を行なっていたが、どの動物も飢餓療法を行なったもののほうが長生きだった。

この驚くべき事実を知ったわたしは考え方を方向転換し、「老化とはなにか」という問いに対する回答にたどりつくと同時に、老化の進化の起源や、健康との深い関係を理解するに至った。ワインドルッチ教授の記事を読んでからの数日間、わたしは公園を長々と散歩し、これまでの自分は間違った敵と戦っていたのだと考えながら、困惑のあまり頭をかきむしった。老化は内部の者の犯行であり、自己破壊のプロセスなのだ。わたしはこのメッセージを、「極端にカロリーが欠乏しているため、エネルギーを必死に節約しているとき、体は老化を出し抜くことができる」という事実から引きだした。ということは、食物が豊富にあるとき、体は老化を避けられるにもかかわらず、避けようとしないということだ。どうやら、老化はわたしたちの遺伝子のなかにプログラムされているらしい。

これに気づいたのは、まぐれ当たりかもしれない。もしくは、専門分野の人間ではないからこそ、全体的な眺望がつかめたのかもしれない。以来、老化は遺伝子にプログラムされているという説はわたしのリサーチの中心であり、この本の主要テーマにもなっている。

わたしは知らなかったが、一九九六年の時点においても、この説を立証するエビデンスはいくつもあった。現在ではさらに多くのエビデンスがそろっている。老化をコントロールする遺伝子がいくつか発見されているし、老化を起こすエピジェネティック・メカニズムのいくつかが姿を現わしはじめている（エピジェネティクス＝後世遺伝学とは、遺伝子発現の変異を研究する科学のことである）。

この理論上の新説に行きついたのは、ちょうど実際的なセルフケアが必要になってきたときだった。全粒粉パンとオーガニックの豆腐をたっぷり食べてきたおかげで、生まれてはじめて腰のまわりに贅肉《ぜいにく》がついてきたのだ。幸運なことにわたしは代謝がよく、体重を気にすることなく好きなものを食べてきたのだが、当時の体重は二〇代や三〇代の頃より五キロ近くも増えていた。わたしはすぐさまダイエットをはじめ、強い意志の力で減量した。体重を減らすのは思っていたよりもずっとたいへんだったものの、大きな達成感があった。エネルギーがありあまっていたのでランニングをはじめ、その年の秋にはハーフマラソンに挑戦した。同時に、子供の頃からわたしをがっちりつかんでいた死の恐怖が、ようやくやわらいでいった。

このときわたしは、自分が長生きの秘訣《ひけつ》を間違ったところに求めていたことに気づいた。それまでは、栄養の摂取を最大化し、毒の摂取を最小化することばかり考えていたのだが、それは間違っていた。健康維持の真理を見誤っていただけでなく、そもそも敵の本質を誤解していたのである。わたしの考えはすべて、「老化とはどんなもので、どんなふうに作用するか」という漠然とした理解に基づいていた。このときわたしのなかで、科学と健康と老化が、はじめてひとつにまとまりはじめた。

ここから浮かびあがってきたメッセージはひどく意外で、方向感覚を失わせるものだった。しかもこの物語には、わたしの知的興味をくすぐるべつの要素があった。わたしはカロリー制限効果をずっと不思議に思っていた。この効果はどのように進化してきたのか？　人間の細胞と器官の機能は、すべて進化の過程で形づくられたもので、その文脈においてのみ理解できる。飢餓への適応反応が、なぜ寿命が延びることにつながるのだろう？

カロリー制限をすると寿命が延びる動物種は多い。とすれば、食物が不足すると長生きすることに、普遍的な価値があるとしか考えられない。非常に多くの種が進化の過程でこの力を身につけたのなら、そこにはなにか目的があるはずだ。しかもその目的はとても普遍的で、酵母にもイヌにも適用できるにちがいない。

しかし、いったいどういう目的なのか？

飢えた動物が特別な力を身につけるべき理由を、わたしはいろいろ考えた。飢饉を生き延びるためだろうか？　そのときのわたしは、なぜ老化が遺伝子にプログラムされているのか、まだはっきりわかっていなかった。しかしなんらかの理由で、自然は偶然の変動に左右される寿命よりも、安定した予想のできる寿命を好むのではないか。長すぎも短すぎもしない寿命を自然選択が好むのなら、飢饉があったときに、老化現象が一時的にとまるのは筋が通っている。非常に多くの生命がすでに飢えによって短縮されているからだ。逆にいえば、食べものが豊富にあるときには、老化は寿命をガツガツ食べなければならない。さもないと、状況が悪くなったときに、寿命を延ばす余地がなくなってしまう。

## スパム以前の時代から

老化とカロリー制限の関係をめぐるこうした推理に、わたしはすっかり夢中になってしまった。実際のところ、一〇年前に壮大な宇宙論に出合ったとき以来、最大の知的興奮だった。わたしは簡潔で、稚拙で、ちょっとばかり尊大なエッセイを書きあげ、それをオンライン上で見つけたメーリングリストで一〇〇〇人ほどの進化生物学者に送った。まだワールド・ワイド・ウェブの草創記だったから、テキストベース通信だった。Eメールは政府と大学から広まり、一般の利用へとつながっていった。その頃はスパムなど存在していなかった。インターネットがまだ汚れていなかった時代を覚えているだろうか？　そこには紳士協定があり、大多数のEメールは基本的に無料だったけれど、当時のわたしたちは求められてもいない広告メッセージでインターネットが汚されるのを許すつもりはなかった。おかげでわたしのメールは、削除も無視もされなかった。

返信は三〇ほどあり、そのうちのいくつかはとても寛大で気づかいに満ちていた。返信をくれた進化生物学者たちはみな、「あなたの考えは間違っている。進化は個体にのみ働くもので、コミュニティには働かない」といっていた。彼らはわざわざ時間を割いて説明してくれた。あなたはよくあるミスを犯している。ほかの科学者たちも以前にそれとおなじミスを犯したが、進化論者たちは一九七〇年代に自分たちの考えを修正した。この世に「集団選択」などというものは存在しない。自然選択はあくまで個体にのみ働く。ジョージ・C・ウィリアムズの『適応と自然選択』を読んでみるといい――。

こうして、わたしの膝《ひざ》の上に純粋な科学上の謎が落ちてきた。わたしはすみやかにそれを拾いあげ、その探究にだんだんと打ちこみはじめた。

「動物が苦境に陥ったときに備えて、進化はなんらかの力をあたえようとするはずだ」というのがわたしの考えだった。この説は集団選択理論でなければ説明がつかないのか？　もし説明がつかないとして、集団選択のどこが非科学的なのか？　わたしには学ぶべきことがたくさんあった。質問に丁寧に答えてくれたその道の専門家たちのほうが自分より知識が豊富であることを疑うほど、わたしは傲慢《ごうまん》ではなかった。しかし、明白なパラドックス——飢えた動物は、必要な栄養をすべて手に入れた動物よりも、より長く健康的な生を享受できること——に対して、彼らのうちの誰ひとりとして納得のいく説明を提供していないことが、わたしの好奇心を刺激した。専門家たちのいうように、わたしの考え方に欠陥があるのか？　それとも、自分は専門家たちが見逃しているものを見ているのか？　わたしは偏見のない心で見定めようと決心した。

## 専門家たちは正しかった

科学者としてのわたしは、読むことより考えることに重きをおいている。新しい問題に直面したときは、長い散歩をして深い思索にふけったり、ノートに等式を殴り書きしたりする。ときには、メモ用紙に書きこんだ数字だけを相手に格闘することさえある。グーグルで答えを検索するのに較べ、このプロセスはとんでもなく効率が悪い。しかもすぐ道に迷ってしまい、正しい答えにたどりつくのとおなじくらいの頻度で間違える。それでもわたしは、まずはこの方法をつづけてみる。こうした時間の非効率的な使い方を、わたしはこう考えて合理化している。間違ったアイディアをいくつも試し、それを最後までたどっていくことは、自分の得た知識に確信をあたえてくれるだけでなく、この世界の仕組みをより深く理解する助けになるのではないか、と。

しかし、公園を何度も散歩したあとで、わたしは納得せざるをえなかった。「もし進化が老化を選ぶとすれば、集団選択以外に方法は考えられない」とする専門家たちは正しい。個体選択の理論で考えた場合、長寿な個体と短命な個体が生存競争をすれば、長寿な個体のほうがより多くの子孫を残すから、彼らの遺伝子が短命な個体の遺伝子を押しのける結果になるはずだ。とすれば、生命の寿命はどんどん延びていかなくてはおかしい。

しかしこれは、老化は絶対に進化できないということではない。寿命が一定した個体の集団は、寿命の長さがてんでばらばらな個体の集団よりも、いろいろな意味で適応力が高いという可能性は残っている。ただし、長寿が進化の要因になるためには、ひとつの集団とべつの集団の競争が必要となる。それが専門家たちのいうところの「集団選択」だ（読者のみなさんは、これをいますぐ理解する必要はない。わたしがこれからじっくり説明していくので、すこしずつわかってくるはずだ）。

その夏、わたしは散歩をたっぷり楽しんだものの、明確な答えは得られなかった。集団選択はなぜそこまで否定されるのか？　集団選択は進化の道具箱に入っていないと、専門家たちはなぜあれほどまでに確信しているのか？　その問題をひとり考え抜いた末に、わたしは多くの進化論者が推薦するジョージ・C・ウィリアムズの本をようやくのことで読んでみた。それは刺激的で、示唆に富んでいた。ウィリアムズの本によって目を開かれたわたしは、より具体的かつ本格的な方法で進化について考えるようになった。しかし、わたしは集団選択のどこが悪いのかまだわからなかった。専門家たちはすべて、たんに科学的な偏見にとらわれているのではないか？

## 古いダーウィンと新しいダーウィン

わたしはペンシルヴェニア大学生物学科の会員になった。自宅から近くて便利だったからだ。わたしは教授たちと話をし、進化の講義を受講し、進化論者たちがどのような考え方をするのか知るために本を読んだ。こうしてわかったのは、過去七〇年間、この分野は「集団遺伝学」として知られている方法論に支配されているということだった。これは「現代の総合」とも呼ばれるが、わたしは本書で三番目の名前を使うことにする――「ネオダーウィニズム」だ。

ネオダーウィニズムはダーウィンの進化論とおなじものではない。ダーウィンはナチュラリストで、自然に学び、自分の見たものを記述すると同時に、さまざまな観察結果を自然選択と結びつけようとした。彼の考え方は漠然としていて（わたしは正しい姿勢だと思う）、ときにはいささか自己矛盾気味でさえあった。ダーウィンの同時代人であるサミュエル・バトラーは、それを〝ピクピク動くイヌの鼻〟と揶揄《やゆ》した。自然選択が当てはまるものを、ダーウィンがそこらじゅうに嗅《か》ぎつけたからだ。

ネオダーウィニズムは一九三〇年代に起こった。これはダーウィンの理論をより厳格で計量可能なものにしようという試みだった。実際、ネオダーウィニズムは生物学の知識がほとんどない数学者によって確立されたものだ。物理学者であるわたしは、ネオダーウィニズムの考え方と方法論にすぐさまなじんだ。それはまっすぐで、論理的に説得力があった。

しかし、その理論にのめりこめばのめりこむほど、ネオダーウィニズムは現実の生物の諸相をうまく説明できていないことに気がついた。生物にとってごく普遍的な重大事項のいくつかは、ネオダーウィニズムのコンテクストにおいてはつじつまが合わない。たとえば老化と死だ――わたしは以降の章で、ネオダーウィニズムの枠組みのなかでは、老化に関する基本的事実を説明できるとは思えない理由を示したいと思う。さらにいえば、ネオダーウィニズムは有性生殖を説明できないし、進化を可能にするために〝設計された〟としか思えないゲノムの構造も説明できない。また、ネオダーウィニズムには、エピジェネティクスや遺伝子の水平伝播〔遺伝ではなく他個体や他種による遺伝子の取り込み〕といった、近年になって立証された現象をうけいれる場所がない。

ある日、わたしはペンシルヴェニア大学の生物医学図書館で、進化生物学の分野でもっとも尊敬されている学者のひとり、ジョン・メイナード＝スミスの論文に目を通した。[4] 論文のタイトルは「集団選択」。おそらく、メイナード＝スミスの文章が、それまでに読んだどの論文よりも明快だったのだろう。さもなければ、わたしがようやくのことで、権威者に対して公平な気持ちで接したのかもしれない。このときわたしは、向き合ったふたつの顔を描いた絵が、突然、壺の絵に見えた瞬間のように理解した。進化生物学の分野における最高の理論のどれもが、自然選択は集団に影響をあたえるという考えをなぜ認めないのかを。

進化的新奇性は、偶然によって引き起こされる突然変異に依存している。突然変異は最初たったひとつの個体に現われ、それ以降、集団に広がっていくときもあるし、ことわざにあるように「一回限りの成功者」として死んでいくときもある。

個人の成功のためにはマイナスでしかないが、もしすべての個人がその特性を身につければ、共同体にとってはプラスとなる特性について考えてみよう。仲間同士の協力がいい例だ。この特性はたったひとりが身につけても意味がない。仲間に協力する個人がひとりしかおらず、ほかの全員はそいつの助けでおいしい目を見ているだけで、見返りになにも差しださないとしたら、この特性は個人を不利な立場に押しやるものでしかない。もちろん、個人が自分のためにしか働かない集団に較べ、仲間同士が協力する集団は、グループ作業においてずっと効率的である。しかし、わたしたちはどうやってそこに至るのか？　仲間同士で協力しあう遺伝子が誰かひとりのなかに生まれたとして、それがグループ全体に広がっていくと考える理由はなにひとつない。実際、自然選択はそもそもの最初からそれに反対する働きをする。そうした遺伝子がグループ内に広がっていけないのであれば――すくなくとも苦戦を強いられることは明らかだ――それがグループのためになるかならないかは、決してわからないで終わるだろう。

わたしははじめて、専門家たちが集団選択に懐疑的である理由を理解した。図書館から自転車で家に帰るときの胃のむかつきを、いまでも覚えている。

## 挑戦のしがいがある科学パズル

これまでの説明でおわかりのように、わたしは楽々と勝利を手に入れたわけではない。それどころか、進化論の専門家たちには見えていないものを、自分が一瞬にして見てとったと知って、ひとりよがりの満足を得ることさえできなかった。しかし、しばらくするうちに、自分の手にしているものが純粋な難問であることがわかってきた。挑戦のしがいがある科学パズルだ。進化が寿命を短くすることを選び、大多数の動物種のゲノムに老化をインストールしたことは、以前からはっきりわかっていた。しかし、いまやわたしはパラドックスを正しく認識していた。老化は個体にとっては有害だが、集団にとっては有益だ。老化をコントロールしている遺伝子が集団全体にとってプラスとなる効果を発揮するには、まずはすべての個体に広がり、集団を乗っ取らなければならない。では、老化をコントロールしている遺伝子はいったいどうやって広がったのか？　突然変異で長寿化した個体が新しい支配者となり、老化遺伝子を持つほかの個体を駆逐してもおかしくないのに、老化はどのようにしてゲノムのなかで存続してきたのか？　このパズルにわたしは深くのめりこみ、挑戦のしがいと満足を見出した。もし運がよければ、物理学の研究に役に立った数学モデリングの技術を、新しい分野に応用できるかもしれなかった。

それとおなじ年、わたしは『ニューヨーク・タイムズ』の科学欄の特集記事に行き当たった[5]。その記事は集団選択の研究に生涯を捧げてきたビンガムトン大学の教授に関するもので、こんなふうにはじまっていた。

デイヴィッド・スローン・ウィルソンは博士号を得たばかりの二〇代前半に、進化生物学を代表する理論家のところへ行き、ローマ教皇に無神論を売りつけるも同然のことをした。「彼のオフィスに入っていって言ったんだ。『わたしはあなたに、集団選択が正しいことを納得させてみせますよ』とね」とドクター・ウィルソンは回想する。しかし、この試みは失敗に終わった。ドクター・ウィルソンが標的に選んだニューヨーク州立大学のジョージ・C・ウィリアムズは、ほんの数年前の一九六六年に発表した『適応と自然選択』で、まさにその考えを知的地図からすっぱり消し去ったことで有名になった人物だったのだ。

わたしはデイヴィッドに手紙を書いた。デイヴィッドは親切にも、ビンガムトンにきて午後をいっしょに過ごさないかと誘ってくれた。つづく数ヵ月、わたしたちは緊密な共同作業を行なった。わたしにとってそれは、故郷に帰ってきたかのような経験だった。[6] やがて彼は、友好的で協力的な進化生物学者コミュニティの左翼（集団選択のプロセスを研究、擁護している人たち）を紹介してくれた。わたしは探究すべき魅惑的なパズルを手に入れ、自分を導いてくれる師を持った。こうしてわたしは、老化研究の世界へと足を踏み入れたのである。

# 第１章

*chapter.1*

# あなたは車ではない
## ——体に〝ガタ〟はこない

### そもそも老化とはなんなのか？

わたしは誰かに老化の話をするとき、いつも「あなたは老化をどんなものだと思っていますか？」と質問する。老化については誰もが考えたことがあるはずだ。すくなくとも、家族や自分自身の老いを意識したことがない人はいないだろう。老化とはなにか？　そして、それはいったいどこからやってくるのか？

進化生物学者たちを相手に講演をするときにこの質問をすると、たいていの場合は「老化とは生殖に関わる遺伝子の多面発現性が原因である」という答えが返ってくる。これは序文で挙げた老化の謎に対する二番目の理論（交換条件と妥協）にあたる。

しかし、大学で進化生物学を研究している専門家以外に、そんな答えをする人はいない。基本的に、老化に対する一般的な認識はふたつある。教養のある一般人の半分は、老化の意味を（わたしが唱えているように）正しく認識している。この章は、残る半分の人たちに向けて書かれたものだ。

正しい認識とは「老化は進化によって遺伝子にプログラムされている」というものだ。つぎの世代が成長する場所を確保するための、自然選択による適応である。老化によって、コミュニティは民主化し、多様性と回復力を維持する。そしてなにより、老化はなにかひとつの種が極端に成長することを防ぎ、生態系を安定させる。

これに対するふたつめの認識は、「機械とおなじように、体にもガタがくる――だんだんと錆《さ》びてきて、傷やへこみが増えてくる」という間違った考え方だ。もしあなたが老化をそう認識しているとしたら、この章におけるわたしの目的は、あなたにそれとは正反対の認識を持ってもらうことである。

すべてのモノは消耗する。永遠に衰えないものはない。これは老化に対する説明のなかでもっとも古く、いまだにもっとも広く信じられているものだ。この老化観が人を惑わすのは、老化のいくつかの性質が、こうしたイメージとぴったり重なるからだ。しかし、この説明にはひどい欠陥がある。基本的な自然界の法則を誤って適用しているだけでなく、老化に関してよく知られている事実の数々を説明することができない。

## 体VS.機械

車のジョイントやベアリングは、経年劣化によってすり減ったり錆びたりしてくる。動きはするものの、柔軟性が失われ、キーキーと軋《きし》むようになる。これは、軟骨が摩滅して関節炎になった膝や肩に起こることとまったくおなじではないだろうか？　ナイフは切れ味が落ちるし、カミソリの刃は――人間の歯のように――すこしずつ欠けてくる。家屋の配管用パイプは何十年もすると腐食し、内壁に沈着物がへばりつき、水の流れを妨げる。これはアテローム性動脈硬化症――冠動脈性心疾患――によく似ている。古い車のエンジンはたいてい燃費が悪くなる。ピストンリングが摩耗し、シリンダー内の排気ガスが漏れてしまうためだ。同様に、わたしたちの運動能力は年齢とともに低下する。これを古いエンジンとおなじだと考えてしまうのはごく自然なことだろう。

それぞれの細胞のなかにあるミニ発電所ともいうべきミトコンドリアの話をするとき、生化学者は「電子伝達連鎖における漏れ」という言い方をする。また、積雪が多いアメリカ北東部では凍結防止のために塩をまくため、車のシャーシが年月とともに錆びて腐食してしまうが、ニューイングランド地方の人たちはこれを「車が癌《がん》にかかった」という。可動部品のないコンピュータでさえ、年月とともにパフォーマンスが低下する傾向がある。アプリケーションがいくつもバックグラウンドで動作し、それぞれがプロセッサーの〝注意〟を引いてしまうからだ。わたしたちの免疫システムも同様の機能不良を起こす。血液中にメモリーT細胞（過去に襲ってきた病気に応酬するエキスパートの白血球）が蓄積されると、はじめて襲ってきた病原体に反応することのできるナイーブT細胞がしばらくのあいだ不足してしまうのである。

人間の体と機械の類似性がもっとも強く意識されるのは、突然大きな故障が起こって、車を修理工場に持っていったときだ。ギアが壊れた。ブレーキが利かなくなった。錆びた排気管が破れて排ガスが車内に入ってきた。こうした問題がより頻繁に起こるのは、新車よりも古い車である。だからこそわたしたちは、古い車を手放して新車を買うのだ。

同様に、人間の体も年とともに弱くなってくる。八〇歳で心臓発作を起こす確率は、四〇歳のときの一五倍。八〇歳で癌にかかる確率は四〇歳のときの二〇倍（死亡する確率は一〇倍）になる。ありきたりな感染症の発病率も、年齢とともに上昇する。上昇率はそれほど劇的ではないが、おなじ病気でも高齢者にとってはずっと深刻なものになる。肺炎とインフルエンザで命を落とした人の数を合わせると、アメリカ合衆国における死因の第八位になる。このふたつが原因で亡くなった人のほとんどは七〇歳以上、多くは八〇歳以上だ。

こうした表面的な類似は、もっと大きな相違からわたしたちの目をそらしてしまう。もしあなたが車をほとんどガレージから出さず、一年間に三二〇〇キロしか運転しなければ、車はずっと長持ちする。しかし、あなたがほとんど家から出ず、筋肉を使わないでいると、急激に老けて早死にする危険がある。寿命を延ばすには運動がいちばん大切だ。車は頻繁に乗ると劣化するのに、体は運動しても劣化しないのはなぜなのか？

ここには、体の老化と機械の劣化はどこか決定的に違っていることの、最初の手がかりがある。機械と違って、体はある程度の自己修復ができる。体がこうむったダメージと、複雑に進化した生理機能によって内部的かつ自動的になされた修復——このふたつの差が、体の「修理の仕上がり具合」を決定することになる。

Column

## 車に新陳代謝はない

もしも、異星人が宇宙から地球を観察したら、硬いボディの車を見て、外骨格生命体（回転する足を持つ巨大な甲虫のようなもの）だと思うだろう。なかに乗っている体の柔らかい存在のことは、ある種の奇妙な共生生物だと考えるかもしれない。

しかし、さらにじっくり観察すれば、車には新陳代謝がないことがわかるはずだ。車は動くために燃料を分解する。しかし、車体を継続的に維持するために燃料を使ったりはしない。車からタイヤやハンドルやボンネットやエンジンが生えてくることもない（もちろん、再生もしない）。車はフェンダーの手入れのために防錆剤を常備しておいたりはしないし、なんらかの道具を使って自殺したりもしない。生物はそうしたことをする。

## 食物エネルギー

エネルギー収支を考えれば限界があるにしても、「体は自分を治すとき、つねにベストをつくしているはずだ」と誰しも考えるだろう。傷やダメージが手に負えるレベルなら、体の自動修復サービスが保守管理してくれる。しかし、体の状態がひどい場合、修理は遅れを取り、ダメージが蓄積されていく。

これは想定内だといえるかもしれない。しかし、考えてみてほしい――人間の体はそれとは違った反応をする場合もある。

たとえば、もしあなたが運動をまったくせずに一日じゅうすわりつづけ、骨にストレスをあたえたり、筋肉を痛めつけたりしないと、筋肉は萎縮し、骨は弱くなってしまう。反対に、走ったりジャンプしたりウェイトリフティングをしたりすると、骨には顕微鏡レベルのひびが入り、筋肉は小さく裂ける。こうしたストレス要因に対して、体はより強靱《きょうじん》になることで応える。たとえばこの場合には、骨に含まれるカルシウム分を増やし、筋力を強化するわけだ。

体を使えば使うほど、修復メカニズムがより強く働く。これは驚くことではない。進化がシステムエンジニアのように行動し、すべてがもっともうまく働くようにリソースを配分するとしたら、そうなって当然だ。しかし、奇妙なことに、体は「過剰補償」をする。激しい運動をすると体はよりよい状態が維持され、長生きができる。反対に、カウチポテトの体はまったくストレスを感じない代わりに、急速にダメージをうけ、若くして死んでしまう。

システムエンジニアがわたしたち人間の体をデザインしたのなら、こうはならなかっただろう。合理的なシステムエンジニアなら、体がへとへとに疲れているときには、より多くのリソースを体力回復に計上して当然だが、体力回復がそれほど必要とされない状況だからといって、体を無視して荒廃するにまかせたりはしないはずだ。リソース（食べものなど）が豊富で、（運動からの）体力回復の必要が最小限のとき、体は修復をおろそかにし、早死にを招く――これはつじつまが合わない。

食物エネルギーは体の通貨だ。体は食物エネルギーを使って機能を維持し、生存競争を生き抜き、繁殖しなければならない。広く一般に受け入れられている老化の理論（第四章で説明する「使い捨ての体」[1]理論）は、「動物の体は限りある食物リソースを合理的に配分する」という仮定に基づいている。リソースが乏しいとき、人間の体は最優先課題にまず取り組み、長期投資は切りつめる。最優先課題とは生存と繁殖、長期投資とは体をよい状態にたもつための修復である。

ごく当然のことながら、食物が豊富にあり、食物エネルギーをほかの目的に使う必要が最小限であるとき、体は自己修復に最大の力をそそぐはずだ――「使い捨ての体」理論はそう主張する。

もしこの理論が正しいとすれば、人間がたくさん食べ、ほんのすこししか運動せず、子供をつくらないとき、わたしたちはいちばん長生きすることになる。同時に、女性は男性よりもずっと早死にするはずだ。女性は男性よりも生殖にずっと多くのエネルギーを使うからだ。

ところが、実際にはすべてがその反対である。女性の平均寿命は男性よりも長い（ほとんどの動物種においても、雌のほうが雄よりも長生きする）。また、子供をたくさん産んだ女性は平均寿命がほんのわずかに長い。運動をすればするほど、長く生きることができる。そして、食物欠乏は長寿と健康への近道である。

動物の寿命を延ばす実験のなかで、もっともよく研究され、もっとも効果があるとわかっている方法は、餌をあまりあたえないことである。たいていの場合、動物は食べる量が少ないほど長生きする。なかでももっとも長生きするのは、すっかりやせ衰え、餓死寸前になった動物だ。踏み車で（一日に何マイルも！）走る飢えたマウスは、運動をしない飢えたマウスよりも長生きする。

ここでわたしたちはひとつの謎に直面する。食物エネルギーがもっとも豊富で、そのエネルギーをほかの目的に使う必要が最小限であるとき、なぜ寿命は短くなるのか？　こうした状況にあるとき、なぜ体は長生きするためにベストをつくさないのか？　ダメージがもっとも蓄積するのは、ダメージがもっとも生じそうにないときなのである。そういう意味で、老化はつむじ曲がりとまではいわないまでも、理にかなってはいないようだ。

## 運動はエネルギーの浪費か

ＳＦテレビシリーズ『スター・トレック』の「おかしなおかしな遊園惑星」というエピソードで、ミスター・スポックは休暇をとるように勧められ、遊園惑星でほかの乗組員たちと走ったり騒いだりするようにいわれる。しかしスポックは、「わたしには必要ありません、船長。わたしの惑星では、休みとはエネルギーを使わずに休むことです。わたしにいわせれば、エネルギーを蓄える代わりに草の上を走りまわるのは、非常に非論理的です」という。ごくありふれた事実なので見過ごしてしまいがちだが、きわめて奇妙なことに、運動は健康を促進し、寿命を延ばす。スポックの態度はまさに論理的だが、有機体にとっては経験主義的ではない。運動は力を高め、健康と寿命を促進するのである。

ちなみに、ヴァルカン人のスポックを演じたレナード・ニモイ（一九三一〜二〇一五）の最後のツイートは「ＬＬＡＰ」——長寿と繁栄を《リヴ・ロング・アンド・プロスパー》——だった。これはヴァルカン人の挨《あい》拶《さつ》の言葉で、脚本を担当したＳＦ作家のシオドア・スタージョンの造語である。

## 年をとらない植物と動物

奇妙なことに、動物の一部（と植物の多く）は、「加齢とともに死亡率が上昇する」という純理論上の意味においては、まったく年をとらない。この事実もまた、「老化は損耗の避けがたい結果である」という説では説明がつかない。

ハマグリやロブスターのなかには、毎年大きくなっていくにもかかわらず、加齢にともなって体の一部が故障することがまったくないものがいる。ポプラの木立のなかには、たったひとつの根から繁殖して一万年以上も生きているものがある。成長に長い年月がかかるサケやタコや一七年ゼミは、その成長期間に老化することがない。しかし、いったん生殖活動を行なうや、一気に年をとって死んでしまう。

じっくり観察すると、死因は生殖のストレスではなく、生命プランに組みこまれている自己破壊――計画的旧式化（買い換えをうながすためにつぎつぎとモデルチェンジをすること）の一種――によるもののようだ。なかでももっとも奇妙なのは、成長過程をまた一からはじめることのできる動物たちだ。こうした動物たちは老化とは反対のプロセスをたどってライフサイクルの初期段階へと戻り、ふたたび若くなって新たな一生をはじめるのである（一〇三ページ「逆向きの老化」参照）。

Column

### 老化の見えない動物

インドの動物園で飼育されていたアドワイタという名前のアルダブラゾウガメは、二〇〇六年に肝臓の病気で死んだとき、若いアルダブラゾウガメとまったく同年齢に見えた。しかし、甲羅を放射性炭素年代測定にかけたところ、生まれたのは一七五〇年であり、じつは二五〇歳以上だったことがわかった。生物のなかには年齢が若返っていくものがある。年月を経るにしたがってより強く、より多産になっていくのである。ハマグリとロブスターの一部には、年をとっても死に近づく気配がないものがいる。ホンビノスガイ（種名アイスランドガイ）は、生きているあいだ毎年大きくなり、それが貝殻に年輪のような模様を残す。これを数えると、通常四〇〇年近く生きることがわかる（なかには五〇七歳だと確認された例さえある）。軟骨魚綱の大きな歯を持つ魚——つまりサメ——は、野生では一般的に二〇年から三〇年しか生きないが、その体には老化現象が見られない。木は何千年も生きることができる。カゲロウは成虫になってから一日しか生きない。もし老化が避けられないものなのだとしたら、なぜこれほど多様性があるのだろう？　カゲロウが持っていないないなにをサメは持っているのか？

## 古い車を修理に出すか、新しいモデルに買い換えるか？

小さな故障なら修理に出すが、大きい故障の場合には車そのものを買い換えるのは、筋が通っている。バッテリーやタイヤは交換するとしても、エンジンのオーバーホールが必要になったときには、古い車に金をかけるより、新車を買ったほうがずっと経済的なこともあるからだ。

母なる自然は、生物の体をこれとおなじように見ているのだろうか？——小さなダメージなら修復するが、年をとった個体が大きなダメージを負った場合には、修復するより卵からもう一度やり直すほうがいいと考えているのか？

車の場合、経済的な選択ポイントとして考えられるのは、新車がとんでもなく安い場合（低賃金のアジアで生産された激安商品だったりした場合）か、車の部品がとんでもなく高い場合（客に選択の余地がないのをいいことに、修理屋が料金を吹っかけてきた場合）だろう。さらに、ボルトをひとつひとつはずして車を分解し、エンジンの心臓部のガスケットを交換するための工賃も、なかなか馬鹿にならない。体にはこのような問題は発生しない。なぜなら、修復は個々の細胞においてその場で行なわれ、分解や再組み立ての必要はないからだ。

母なる自然にしてみれば、古い体を捨ててふたたび精子と卵子からはじめるのは、決して安くつくわけではない。受精卵の成長には、膨大なリソースが必要になる。しかも、卵から成体への成長が失敗に終わる確率は非常に高い。体の経済性は車の経済性とは大きく違う。試練に耐え抜いて能力を証明した勝利者を放り捨て、小さくて無防備な新生児にいちかばちかを賭《か》けるようなことを、なぜ進化がしなければならないのか？

## 損耗VS.自己破壊

加齢が原因で体がどんどん損耗していくように見えるとしたら、老化というものがいくつかの点で非常に受動的なものだからだ。若いときにはしっかり働いていた修復機能が加齢とともに減速し、ダメージがどんどん蓄積していくのである。ところが、老化にはこうした受動的な面がある一方で、自己破壊的としか思えない面もある——体は実際に自分自身を攻撃しているのである。

受動的なダメージをうける例のひとつが皮膚だ。皮膚細胞はつねにダメージにさらされている。いちばんの原因は太陽光線である。若い人間の皮膚幹細胞（幹細胞の説明は六六ページ）は、みずみずしさを維持できるペースで新しい皮膚を生みだすことができる。しかし、年をとると幹細胞が減るうえに、まだある幹細胞も働きが低下してしまう。

能動的な自己破壊の例は炎症である。これは高齢者に多い癌、心臓病、アルツハイマー病の大きな原因と考えられている。自己破壊の第二モードは、アポトーシスと呼ばれる細胞自殺だ。アポトーシスは生命の重要な機能のひとつである。細胞はウイルスに感染すると、自ら命を絶ち、酵素のなかに溶けていく。体のほかの細胞がウイルスに感染するリスクを避けるためだ。同時に、アポトーシスはプログラム細胞死にも関与している。人間が老いると、健康的で機能的な細胞のいくつかは、自分自身を排除する。これは、加齢による筋力の低下（サルコペニア）などを引き起こす。

わたしはこれまで、関節炎をたんなる損耗の例として挙げてきた。数年前まで、医師は関節炎には二種類あると説明していた。関節への炎症性攻撃によって引き起こされた自己免疫疾患である慢性関節リウマチと、加齢によって単純に軟骨がすり減る変形性関節症である。しかし近年では、このふたつを分ける境界線はあいまいになってきている。

変形性関節症は摩損ではなく炎症である。体にとって重要な自己防衛反応が、自己破壊のために利用されているのだ。要するに、膝《ひざ》がギシギシいうようになる理由は、車のベアリングが摩滅する理由とは違うのである。

## エントロピーとあれこれ

「実際にはたしかにそうなのかもしれない。しかし、理論としてきちんと成り立つのか？」

体と機械が違うことは、これまでの説明で納得いただけたのではないかと思う。体は古くなったから壊れるのではない。なぜなら、体には自己修復能力があるからだ。実際、人は成長しているとき、どんどん強くなっていくのであって、弱くなっていくわけではない。

　しかし、理論的にはどうだろう？　すべてのものは時間とともに劣化するという物理法則があったのでは？　永久機関はありえないという自然の法則があることは、おそらくみなさんもご存じのはずだ。これはエントロピーの法則といい、物理学者は「熱力学の第二法則」と呼んでいる。生物はそのほかのすべての物質と同様、物理法則の支配下にある。とすれば、成長と発達が熱力学の第二法則に反しているのはどういうことなのか？　自己修復能力は第二法則のどこに矛盾なくおさまるのか？

　生物も無生物もどちらもエントロピー（無用なエネルギー）を生じる。生物が無生物と違う点は、エントロピーを自分自身の体に蓄積せず、排泄《はいせつ》物とともに周囲の環境に捨てることにある。生物はエネルギーを摂取し、体の成長や修復に使うことができる。熱力学の第二法則は、閉鎖された系に適用されるものだが、生物は開放系なのだ[2]。科学者にとって、このことは熱力学の第二法則が最初に公式化された一九世紀の時点で明らかになっていた。

「損耗」という概念は、正確な物理量で表わすことができるのか？　一八五〇年にそう考えたのが、物理学者のルドルフ・クラウジウスだ。これと時をおなじくして、エネルギーを有用なものと無用なものに分けるという考え方が生まれた。この理論が定式化されたとき、つねに念頭におかれていたのは熱機関である。当時、蒸気機関がヨーロッパ全土の輸送手段と産業を変容させていたからだ。有用なエネルギーは「自由エネルギー」と呼ばれ、無用なエネルギーは「エントロピー」と呼ばれた。

　ある系のまわりを四角い線で囲み、系のべつべつの場所のエントロピーが化学反応などによってどう変化するかを図にした場合、エントロピーはつねに増大する。有用なエネルギーは役に立たないものへと劣化していく。反対のことは起こりえない。摩擦は力学的エネルギーを排熱に換える。電気抵抗は電子の摩擦のようなもので、同様の結果をもたらす。外部ソースから有用なエネルギーをくわえることが、劣化（エントロピーの増大）を避ける唯一の方法であり、これが不正な経理操作であることはいうまでもない。

こう考えると、生物と無生物の本質的な違いがはじめて理解できる。無生物はつねにより高いエントロピー状態へと――スピードの速い遅いはあっても――衰えていく。エネルギーがつねに通りすぎているにもかかわらず、蒸気機関でさえ（機械にガタがきたり、錆びついたりするなどの原因で）衰えてしまう。蒸気エンジンはそのエネルギーを修復に利用する内部メカニズムを持たない。それができるのは、生きている細胞だけだ。生きている細胞は自由エネルギーを取りこみ、エントロピーを外部環境へと捨て去る。自由エネルギーの一部は細胞の新しい構成要素へと変わり、修復と成長に提供される。

こうなると、生命は熱力学の第二法則に抜け穴を見つけたのではないかと考えたくなる。しかし実際には、話はもっと深い。わたしたちは生物の自己修復能力をごく当たり前のものと見なしているが、これは生物以外にはいっさい見られないことなのだ。無生物は、恒星も惑星も岩も機械も、自己修復ができない。物理学者にとって、成長や修復のために外部エネルギーを利用する能力は、まさに生命の定義そのものなのだ。

どれくらいうまく修復ができるかに、物理的限界はない。じゅうぶんな努力と注意を傾ければ、復元したピアノやエンジンは、新品のときよりも高い能力を発揮することさえある。筋肉に小さな裂けが生じたときや、骨にひびが入ったとき、自己修復後のほうが強くなるのはごく普通のことだ（だからこそ運動すると体は強くなるのだし、体重負荷運動は骨折を防ぐ助けになる）。育ち盛りの若い体は、より強く、健康で、病気に対する抵抗力があり、死を寄せつけにくい。となれば、自由エネルギーの供給源を確保し、老廃物を捨てる場所があるかぎり、生物がこのトリックを無限につづけていくことができない理由はない。

なら、なぜつづけていかないのか？　その答えを知るには、物理学ではなく、進化に目を向けなくてはならない。

Column

## 最初の生物学者アリストテレス

博識で知られるアリストテレスにとって、生命の最高のメタファーは「自分を手術する外科医」と「森に住む造船家がつくった船」だった。生命をつぶさに研究したことから「最初の生物学者」と呼ばれることもあるアリストテレスは、同時に、師であるプラトンの「イデア＝理想的な範型」の概念の影響下にもあった。アリストテレスにとって生物とは、「テロス＝究極の目的」を持ち、独自の方向づけと計画にしたがって成長していく存在だった。まるで、遺伝学が科学として確立する二〇〇〇年前に、遺伝学の説明を直感的に理解していたかのようだ。しかし、ダーウィンの進化論と違い、アリストテレスの生物学は中世のあいだも教会に認められていた。植物や動物の「テレオロジー＝目的論」という概念も、全能の神の存在と矛盾しなかった。

アリストテレスにとって、生物が加齢で死ぬのは、体から火（四大元素のひとつ）が失われた結果だった。体が燃やしているものは食物であることに、アリストテレスは気づいていなかった。新しい薪《まき》を投げ入れているかぎり、火は消えることがない。なら、食べつづけていても体が持続しないのはなぜだろう。

## 誤り導かれたふたつの老化理論

老化が物理的必然ではないことは、一九世紀から知られている。議論はここでおしまいだ。しかし、老化研究の分野には、基本的な誤解と混乱が浸透している。

二〇世紀のなかば、老化に関するふたつの説が提唱された。これはどちらも、生物学というよりも物理学に基づいており、提唱した人たちにはしかるべき知識が欠けていた。

そのうちのひとつは非常に有名になり、老化研究の分野にサブフィールド（研究分野の細分化された一分野）をまるまるひとつもたらした。何千もの学術論文が書かれ、さまざまなサプリメントや健康食品が考案された。これが「フリーラジカル説」である。ファッショナブルな抗酸化食品産業は、そこから枝分かれしたものだ。

ふたつめは「オーゲルの仮説」と呼ばれるもので、フリーラジカル説ほどには評判にならなかった。これは「細胞は自己複製しなければならず、その際にときどき複製エラーが生じ、加齢とともにこのエラーが蓄積していく」という事実に基づいている。

このふたつの説はどちらも正しくないことが明らかになった。しかし、食品会社は抗酸化食品の効能をいまだに触れ歩き、誇大宣伝をくりかえしている。ここではまず、二番目のオーゲルの仮説から見ていこう。

## オーゲルの仮説

この説には英国の化学者レスリー・オーゲル（一九二七～二〇〇七）の名前がついているが、実際に考案したのはハンガリー生まれのアメリカの物理学者レオ・シラード（一八九八～一九六四）である。シラードは核爆弾開発の端緒となった核連鎖反応の研究で有名になった人物で、彼の老化の仮説も、ある種の連鎖反応に基づいている。

シラードは「細胞は自己複製をするときに、ときたま複製エラーを起こす」と推論した。エラーのなかには些細《ささい》なものもあるが、重大なものもある。しかし、エラーがあるたびに情報が失われることには間違いがない。ということは（とシラードは推論した）、そのプロセスは逆戻りのきかない性質のものであり、エラーを修正することもできない。シラードの説では、複製エラーは時間とともに増加し、古典的な指数曲線を描く。一個の細胞から二個、四個、八個、一六個……スタートはゆったりしているが、その後は急速に上昇する。まさに、核爆発の連鎖反応のように。

物理学者が老化を理論的プロセスとして考えるとき、まず目が向くのは「種にはあらかじめ決まった寿命があり、個体の死はその寿命年齢の前後に集中している」という点だろう。それとは反対に、大量生産された製品の場合、使い古されていつダメになるかはもっとランダムであり、長い期間のあちこちに分散している。なかには、平均の何倍も長持ちするものもある。たとえば、アメリカ車の耐用年数は平均して一二年だが、二〇年過ぎても公道を走っているものもあるし、なかには三〇年を超えても現役の車さえある。アメリカ人の最近の平均寿命は七八歳になった。しかし、その二倍の年齢に達した人間はゼロだ。シラードの説が注目を集めたのは、「老化による死亡率は低年齢のうち低く、加齢とともに上昇し、最後には死の壁になる」という事実の説明になっていた点だろう。

しかし、幹細胞が発見されると、シラード／オーゲル仮説は存在価値を失った。幹細胞は根拠がはっきりしていて、その説明も筋が通っている。そこで科学者たちは正しいことをした――もはや意味をなさなくなった説は捨てたのだ。

一九六〇年代、シラードとオーゲルが自分たちの説に取り組んでいた頃、人体の組織は細胞ごとに成長するのだと考えられていた。皮膚細胞が新しい皮膚細胞を生みだし、筋肉細胞が新しい筋肉細胞を生みだし、肝細胞が新しい肝細胞を生みだすと考えるのは、当時としては論理的だった。ふたりはこれを根拠に、「あらゆる複製エラーは、細胞の世代が進むごとにどんどん広がっていく」と仮定したわけだ。

ところが、一九七八年に幹細胞が発見された。これによって、新しい筋肉細胞は古い筋肉細胞から生まれるのではないし、新しい皮膚細胞は古い皮膚細胞から生まれるのではないことがだんだんとはっきりしてきた。実際には、すべての細胞は幹細胞から生まれるのだ。

皮膚や筋肉や肝臓などといった機能に特化した細胞があるように、幹細胞は再生・複製に特化した細胞だ。幹細胞は体のなかで女王バチの働きを果たしている。幹細胞が生んだ細胞は、自分がなりたいものに成長できる。幹細胞の説明で、「多能性」という言葉を聞いたことがある人もいるだろう。これは、幹細胞がたくさんの違ったタイプの子供を生む潜在能力を持っていることを意味している。

幹細胞を使うことで、体はエラーの蓄積から解放される。細胞の複製は、世代が進むにつれてエラーの数がどんどん増大していくコピーのコピーのコピーではないのだ。体は幹細胞を初期状態のオリジナルとしてキープするため、エラーは蓄積されない。まるで、シラードが発見した問題を進化が予測していて、それを避けるシステムを何億年もまえに組みこんでおいたかのようではないか。

オーゲルの仮説は優雅な死を迎え、その墓所は一九八〇年に封印された。[3] カル・ハーリーという若い科学者が、初期のDNA塩基配列決定法を使い、ある世代の細胞がつぎの世代と入れ替わるときの複製エラーを実際に数えたのだ。ハーリーの検証では、感知できるほどの蓄積は見つからなかった。[4] 生物学上の複製は、驚くほど正確なのである。人間のDNAが次世代に複製されるとき、複製エラーは一〇〇億ユニットにひとつしかない。

Column

**レオ・シラード**

その名前を知る人は少ないが、レオ・シラードはもっとも才能のある科学者のひとりだった。ハンガリー生まれのアメリカの物理学者で、核分裂が自動継続的な連鎖反応を起こしえる可能性を最初に思いついた。いいかえるなら、ひとつのウラン原子がふたつの原子に分裂することが引き金となり、刺激をうけたほかのウラン原子がおなじように分裂し、その連鎖反応がウランの塊に一気に広がり、膨大なエネルギーの放出を引き起こすことを最初に思いついたのが、ほかならぬシラードだったのだ。

ヒトラーの支配下にあったヨーロッパから亡命してきたユダヤ人のシラードは、アメリカに対して恩義を感じており、第二次世界大戦中、マンハッタン計画で中心的な役割を果たした。しかし、自分が開発に手を貸したこの超兵器を日本に対して使用するのをやめるよう、個人的にトルーマン大統領に進言し、東京湾でデモンストレーションするだけにとどめるよう訴えた。戦後、シラードは軍備縮小推進を掲げた団体の先駆的存在である「カウンシル・フォー・ア・リヴァブル・ワールド」の設立に協力し、晩年は物理学ではなく、生化学を研究して過ごした。

## フリーラジカル説

老化に関するもうひとつの理論であるフリーラジカル説も、進化の研究とはべつの分野から登場した。これもまた抽象的思考と物理学から生まれたもので、生物学は最小限しか関与していない。

この説の最大の成功は、抗酸化サプリメントのマーケットを生んだことにある。一九五六年は原爆実験と放射性降下物の時代であり、核戦争に対する一般大衆の恐怖が現実味を帯びていた。カリフォルニア大学バークレー校の医療実験室で働いていたデナム・ハーマンという若い理論化学者は、放射線がマウスにおよぼす影響を研究しているときに、放射線を浴びた若いマウスの外見が老いて見えることに気がついた。[5]放射線が繊細な分子にあたえるダメージをリストアップしたハーマンは、細胞のなかの高エネルギー化学物質（フリーラジカル＝遊離基）が、生物の体に同様のダメージをあたえるのではないかと考えた。実験を行なってみると、抗酸化物質がマウスを放射線のダメージから守るという結果が出た。そこでハーマンは、抗酸化物質は老化のプロセスを遅らせると提唱したのである。

　老年学を研究する者たちはこの説をいまだに信奉している。しかし、これからご説明するとおり、フリーラジカル説は大きな挫折に直面し、信頼性の多くを失った。この説は〝どのように〟老化するかについての理論であり、〝なぜ〟老化するのかに関する理論ではない。そのため、そもそもの最初から疑惑を生んでいたのである。フリーラジカル説は体がこうむるダメージのひとつを説明しているが、体が修復に失敗する理由や、このダメージが蓄積していくことをなぜ種が進化の過程で許したかについては、なにも答えていない。

　フリーラジカル説は熱狂的な抗酸化食品ブームを生みだした。しかし、抗酸化物質は臨床試験の数々で効果がないことが明らかになり、フリーラジカル説の信頼性は大きく傷ついた。にもかかわらず、「抗酸化食品やサプリメントをとれば長生きできる」という広告や宣伝にはほとんど影響をあたえなかった。

　人間の体の細胞のなかには、ミトコンドリアと呼ばれる何百もの細胞小器官が散らばっている。細胞の活動に必要なエネルギーを供給するため、ミトコンドリアは糖の化学エネルギーを処理している。驚くことではないが、ミトコンドリアはエネルギーを効果的に保存できる分子を使う。

こうした高エネルギー反応の副産物が、ラジカルと呼ばれる不安定な分子である。フリーラジカルは電子的に安定しようと、結合できる分子をやみくもに探している。

〝フリーな〟ラジカルとは、簡単にいえば、結合相手の分子をまだ見つけていないラジカルのことである。細胞内の生化学的に秩序だった文明世界で、フリーラジカルは手に負えない問題児のようにふるまう。生きている細胞のために仕事をしている、複雑で、繊細で、完璧に配列した分子を攻撃し、傷を負った役に立たないものに変えてしまうのである。

「ダメージをうけた生体分子がだんだんと蓄積していき、老化を促進する」というのが、ハーマンのフリーラジカル説だ。たしかに、細胞はグルタチオン（GSH）、スーパーオキシドジスムターゼ（SOD）、ユビキノン（コエンザイムQ10）などといった抗酸化物質の軍隊を展開し、フリーラジカルが被害を出すまえに鎮圧しようとする。しかし、ダメージを負った生体分子は、それでも老化した細胞に蓄積され、ミトコンドリアは年齢とともに効率が悪くなる。人が「昔より元気がなくなった」と感じるとしたら、細胞のなかのエネルギー工場が弱まっているからだ。

フリーラジカルは強力な酸化剤であり、周囲にあたえるダメージは酸化である。このフリーラジカルを中和する化合物が抗酸化剤だ。一九七〇年代、フリーラジカル説に刺激をうけた研究者たちが、抗酸化剤には長命効果があるのではないかと色めき立った。

しかし、そもそもの最初から失敗ばかりだった。酸化によるダメージが若い動物より老いた動物に多く見られるのは事実だったが、抗酸化剤に細胞を守る気配はないし、実験動物は長生きしなかった。[6] しかし、フリーラジカル説は支持を集めつづけた。実験による確証が得られなかったにもかかわらず、「酸化を防ぐ」というイメージが世間に強くアピールするものだったからだ。

動物実験は失敗に終わったものの、抗酸化ビタミンは臨床実験を行なっても問題がないくらい安全で有望だと考えられていた。一九八〇年代から九〇年代にかけて、フィンランドを中心に「アルファ・トコフェロール・ベータ・カロテン（ＡＴＢＣ）癌予防研究」の大規模な実験が行なわれ、何万人もの男性喫煙者が、抗酸化剤と偽薬を無作為に投与された。一九九四年、実験者たちは最初の報告を行ない、癌の罹患率も死亡率も、偽薬を投与された者より、抗酸化剤を投与された者たちのほうが高かったと発表した。実験者たちはすっかり困惑してしまった。説明はまったくつかなかった。統計上の誤差にしては大きすぎたため、実験手順になにかミスがあったのではないかという疑いさえ持ちあがった。その後、実験は一九九六年に中止された。抗酸化剤が被験者たちの命を奪っていることがはっきりしてきたからだ。しかし、その理由は相変わらずわからずじまいだった。[7]

ふたつの限定的な例外はあったものの、抗酸化剤を使って寿命を延ばそうとする何十もの研究はすべてが失敗に終わった。例外はグルタチオンを使ったものと、ＳｋＱというニックネームがつけられた、ロシアで開発された分子を使ったもので、どちらもミトコンドリアをターゲットにしていた。

線虫から見つかった初期遺伝子のひとつは、この遺伝子を抹消すると線虫が四〇パーセント長生きすることから、ｃｌｋ－１と名づけられた。ｃｌｋ－１とは「クロック１」という意味だ。つづく何年ものあいだ、ｃｌｋ－１と同タイプの初期遺伝子を持つ動物が、ほかにもいくつか見つかった。ショウジョウバエと酵母だけでなく、実験用マウスまでもが、clk-1と同一の性質を持つ遺伝子を奪うと長生きすることがわかった。

この遺伝子はコエンザイムQ10——ミトコンドリア自身にとってもっとも重要な抗酸化剤——をつくるうえで必要なものだ。何十年ものあいだ、コエンザイムQ10はアンチエイジング・サプリメントとして宣伝されてきた（同時に、これは心臓病患者にも一定の効果がある）。しかし、驚くことに、コエンザイムQ10が遺伝的に不足している動物は長生きする傾向があるのだ。

Column

**酸化とはどういう意味なのか？**

すべての分子は、化学結合した原子からできている。この結合にはふたつの種類がある。低エネルギー共有結合は、似たもの同士の分子が電子対を共有している。高エネルギーのイオン結合は、まったく種類の違う原子のあいだに起こる。片方の原子がもう一方の原子の電子を盗み、負電荷を持つ。反対に、電子を盗まれたほうは正電荷を持ち、ふたつの原子はしっかりと結びつく。電子共有は低エネルギーの結びつきである。電子移動（もしくは〝電子泥棒〟）は高エネルギーの結びつきだ。酸素は電子を盗み、高エネルギーのイオン結合の代わりに、低エネルギーの共有結合で分子を配列し直すことができる。これが起こると、多くのエネルギーが放出される（酸化）。生体細胞はエネルギー代謝のときだけイオン結合を使い、ほかの場合には共有結合を使う。

## 抗酸化物質はなぜそこまで壮大な期待外れに終わったのか?

哲学者のニーチェはかつて、「神は死んだ。しかし、その知らせが人間に届けられるまでには長い時間がかかる」といった。同様のことが抗酸化物質の研究についてもいえる。こうした失敗を二〇年もつづけながら、〝なぜ〟という疑問はいまだに解明されていない。

反対に、この理論における基本的かつ意外な事実に目が向けられるようになった。ダメージの源にほかならぬ、まさにそのフリーラジカルが、代謝作用において細胞間情報伝達物質として使われているのだ。フリーラジカルは歩哨《ほしょう》となり、厳戒態勢を呼びかけ、生体防御を過剰に稼働させ、それがわたしたちの長生きにつながっている。

運動は膨大なフリーラジカルを発生させる。にもかかわらず、長生きにつながる。事実、抗酸化物質は運動の効果を低下させるという調査結果も出ている。

驚くことに、秩序正しい細胞世界を乱す野蛮人のフリーラジカルは、なんと配達人にリクルートされていた。彼らが運ぶメッセージはただひとつ、「長寿と健康のために体の基盤を修復しよう!」なのである。

### 第一章のまとめ

人間の体も車のようにガタがくるという考えは誘惑的だ。しかし、生物と無生物のあいだには決定的な違いがある。生物は機械に運命づけられている劣化に支配されていない。なぜなら、生物はエネルギー源を持ち、修復能力を持っているからだ。地球上の生命は、摩耗することなくこの四〇億年を持ちこたえ、拡大してきた。古い体が若い体よりも強く健康になれないことに、物理的な理由はない。事実、いくつかの動物（そして多くの植物）はまったく年をとらず、限界なく大きく強くなりつづける。わたしたちの体は、自分を最良の状態にしておくためにはできるかぎり長生きするために——ベストをつくしていない。それがわかるのは、体がうけたダメージが最小限で、そのダメージの修復に使えるエネルギーが最大限のとき、平均余命が短くなるからだ。しかも、体は自己メンテナンスを怠るだけでなく、人生の後半においては、さまざまな方法で自分自身を積極的に破壊する。要するに、老化をたんなる「摩耗に至るプロセス」と考えることはできないということだ。そして、以上の知識を身につけたことでまず最初にわかるのは、化学的に繊細なわたしたちの体をダメージから守るといって売られている抗酸化サプリメントは、体にいいどころか、害をなしているということである。

# 第２章

*chapter.2*

# 肉体の遍歴
## ——老化のさまざま

人間はだんだんと年をとる。しかし、動物のなかには、死に際に一気に老化するものがいる。また、まったく老化しないものもいるし、ごく少数だが、逆に若返っていくものさえいる。自然界における老化のパターンの多様性は、すべてを一般化したがる人間に対する警告であるというべきだろう。ある種の生物には老化が起こらないのであれば、現在は老化する生物であっても、いつかはしなくなるかもしれない。

バクテリアはたんにふたつに分裂し、左右対称に増殖する。増殖後、親と子のあいだにはなんの違いもない。だとしたら、バクテリアにとって「老化」が意味するものはなんなのか？　単細胞原生生物（たとえばアメーバ）もまた、左右対称に増殖する。しかし奇妙なことに、彼らはあえて老化する方法を身につけた。これは「細胞老化」と呼ばれるものである。さらに、肉眼で見える生物においても寿命は非常に多様で、その生物が生きている生態系と繁殖率によって細かく調整されている。とすれば、老化が「普遍的で曲げることのできないプロセスの結果」とは考えられない。事実、環境に合わせた微妙な調整は、適応の大きな特徴のひとつなのである。

## 生物の寿命

偉大なるメトセラ〔旧約聖書の人物でノアの祖父。九六九年間生きたとされる〕から、受精できずに死んでいくカミカゼ精子まで、寿命には大きな幅がある。生殖をした直後に死ぬ生物もいれば、力強く広がっていく生命もある。これはなぜなのだろう？

カゲロウは幼虫として何ヵ月も過ごし、水中でゆっくりと成長する。しかし、成虫になると、交尾して数時間で死んでしまう。ハコヤナギの木は、土のなかで何千年も繁殖することができる。酵母は数日しか生きないが、ホッキョククジラは何世紀も生きる。しかし、老化をコントロールする遺伝子のいくつかは、酵母とクジラで共通しているのだ。

これは寿命の長さだけの問題ではない。生きているあいだの劣化パターンもばらつきが大きい。全人生のあいだ、老化が一定のペースで起こることもあるし（トカゲや鳥のほとんど）、何十年もまったく老化せず、突然死するもの（セミ、海鳥、アオノリュウゼツラン）もある。

遺伝子的に制御された死は、多くの場合、生殖とリンクしているが、すべての種においてそうというわけではない。パンジーは学術名をヴィオラ・トライカラーといい、さまざまな種類がある。通常、パンジーは花が咲いたあとで枯れてしまう。「全力を出しきったんだ」という者もいるだろう。エネルギーの最後の一オンスを生殖に注ぎこみ、疲弊のあまり死んだのだと。

しかし、園芸家は知っている。花の部分をハサミで切っておけば、その場所に新しい花が咲くのである。新しい花をさらに切ると、さらに花が咲く。一夏じゅう、ずっとパンジーを楽しむことができるのだ。しかし、花を切らずに種子の莢《さや》ができるまでそのままにしておくと、パンジーはしおれて死んでしまう。これは「疲弊理論」にそぐわない。パンジーは何世代にもわたって花を咲かせるだけのエネルギーを（遺伝子的なノウハウとともに）たっぷり持っているのだ！　パンジーの死は、種子の莢ができたことが引き起こしたように――疲弊したのではなく、シグナルをうけただけであるように――見える。

ここから導きだされるのは、植物は死を迎える必要はないのではないか、という可能性だ。この件に関しては、母なる自然（別名「自然選択」）に選ぶ権利があり、自然はあえて生ではなく死を選んだのではないか？

生物のなかには寿命がはっきりしないものもいる。そうした生物は、なにかに殺されるまで生きている。体が衰えたり、時とともに死ぬ可能性が高くなったりはしない。たとえば、ブランディングガメ（アメリカの北東部によくいるヌマガメの一種）とウマノミツバはこれにあたる。さらに奇妙なのは、時の経過とともに死ににくくなっていく動物や植物が存在することだ。サメ、ハマグリ、ロブスター、そしてほとんどの木は、年を経るにつれ、一年ごとにどんどん大きく、強くなっていく。

しかし、もしかすると、これはそれほど奇妙なことではないのかもしれない――老化は当たりまえの生命現象だという先入観がなければ、生物がリソースの配分順位を決め、時とともに力を強化できることを、わたしたちはごく普通のことと考えていただろう。かつて生物学者のスティーヴン・ジェイ・グールドは、「もしわたしたちがタコだったら、八本の手を持つ神を崇《あが》めていただろう」といった。同様に、もしわたしたちがタコなら、ゆるやかだが避けがたい老化も信じなかっただろう。なぜならタコは（九八ページで説明するように）卵を産んだあとは食物を摂取することができないからだ。

わたしたち人間の体に潜む「内なる殺人者」は、夫をゆっくりと毒殺する邪悪な女王のようにこっそりと仕事をする。しかし、任務をもっとすばやく実行する内なる殺人者を持っている種もいるし、遺伝子に死がプログラムされていないらしい種もいる。こうした多様性は、老化の特徴を形づくったものが普遍的なエントロピーの法則ではなく、活動的な自然選択であるという明らかな証拠である。

Column

## 不老の木

ギリシア神話に出てくるヒュペルボレイオス人は、北風（ボレアス）の彼方（ヒュペル）に住む種族で、年をとらず、病気にならない。髪に黄金の月桂樹の葉をつけ、一日じゅう浮かれ騒いでいる。彼らは年をとって死ぬことはないが、不死ではない。時がくれば、ひとりまたひとりと死んでいく。

不老なのに、それはちょっとおかしいのではないか？　しかし、現実の植物のなかにおなじ例を見ることができる。ウマノミツバはスウェーデンの草地に生える低木で、ある調査区は六五年間にわたって継続的に観察されている。ウマノミツバは年をとらない。七〇本ある木のうち、毎年約一本が枯れる。ということは、この木の平均寿命は七〇歳だということになる。しかし、枯れる確率はどの木もまったくいっしょで、樹齢七〇年の木も一〇年の木も、死のリスクは変わらない。七〇本の木のうち一本が毎年枯れていけば、五〇年後には約半分が残っている。しかし、その半分に残った木は、どれもこれまでどおり若く瑞々《みずみず》しい。さらにもう五〇年すぎると、残りは四分の一。一五〇年後には八分の一。この率でいくと、スウェーデンのウマノミツバの一〇〇〇万本に一本は、一〇〇〇年生きることになる。

## 人口統計学者の定義する「老化」

ある特定の種には、急速に年をとったり、ゆっくりとしかとらなかったり、まったくとらなかったりするものがいることとは、いったいなにを意味するのか？ わたしたちが「あの人は年のわりに若く見えるね」とか「彼女は離婚して、一気に一〇歳老けたね」というとき、それはどういう意味なのか？

老化のバイオマーカー（生体指標）は種によって――それどころか、実際には個体によっても――ばらつきが大きいため、ひとつの普遍的な定義に行きつくのはむずかしい。若白髪の人間もいるし、ハダカデバネズミの赤ん坊はしわだらけであることを考えれば、白髪やしわを指標にすることはできない。しかし、保険計理人からすると、この質問に対する答えは――たとえ統計学者にしか愛せない答えだとしても――非常に明確である。老化とは「死亡率が増加すること」だ。言葉をかえれば、動物は年をとると、より高い死亡リスクにさらされるのだ。

**■1年間で死亡する確率**

| 年齢（男性） | 死亡確率 |
|---|---|
| 20歳 | 0.001 |
| 40歳 | 0.002 |
| 60歳 | 0.01 |
| 80歳 | 0.06 |
| 100歳 | 0.36 |

たとえば、二〇歳の若者は、生きて二一歳の誕生日を迎えられる可能性が九九・九パーセントある。いいかえると、二〇歳の若者が一年間に死ぬ確率は一〇〇〇分の一だということだ。もしこの確率が変わらなければ、四〇歳の人間が四一歳の誕生日前に死ぬ確率も一〇〇〇分の一ということになる。わたしたちはこれを「不老」と呼ぶ。現実には、四〇歳の人間は、四一歳の誕生日のまえに死ぬ確率が一〇〇〇分の二になる。二〇年経過したことで死亡リスクが倍になったのは、徐々に老化している証拠だ。

この確率はさらに高くなっていく。おなじ死亡リスクが六〇歳では一〇〇〇分の一〇に、八〇歳では一〇〇〇分の六〇になる（これらの数字はすべて、アメリカ社会保障保険数理表の二〇一〇年版による）。

死亡リスクは年齢とともに上昇するだけでなく、上昇率がどんどん急激になっていく。これは「老衰加速」と呼ばれている。しかし、人間以外の種では、違うパターンも見られる。死亡リスクが上昇したのち、やがて横ばい状態になる例。これは「老衰減少」もしくは「老衰減速」とさえいえるかもしれない。つぎに、死亡リスクが上昇しない例。これは、その種がまったく年をとらないことを意味する。最後に、ある年から翌年にかけての死亡リスクが下がる例。これはその種が逆向きに老化しているということであり、たしかに奇妙ではあるものの、「老衰否定」と呼ぶことができる。

## 老化のもうひとつの定義

老化の度合いを示す二番目の客観的尺度は、生殖能力の低下である。死亡リスクが「どれだけの数の人間が死ぬか」によって定義されているように、生殖能力は「どれだけの子供を産めるか」で定義される。男性は成人後にだんだんと生殖能力を失う。女性はもっと急激に失い、閉経とともに生殖能力はゼロになる。しかし、べつの種では、違うパターンも見られる。

種のなかには、生殖能力が生存期間のほとんどを通じて上昇していくものがある。これは「老衰否定」のもうひとつの形である。たとえば、ブランディングガメは、何十年もかけてゆっくりと大人になっていく。体が成長しつづけるわけではないが、生殖能力は上昇しつづける。死亡リスクもまた、年とともに減っていく。

進化の視点からすると、生殖能力の喪失は最重要である。自然選択の視点からすると、生殖ができなくなれば、それはもはや死んだも同然だからだ。

## ハミルトンの証明

偉大な生物学者のウィリアム・D・ハミルトンが、いまのわたしたちの目からすれば滑稽《こっけい》でしかない老化の法則に固執したことも、彼の名声を――科学者としての名声も人間としての名声も――傷つけるものではない。ハミルトンは客観的真実ではないこと――すべての有機体は年をとること――を証明したのだ。しかし、ハミルトンの名声が（正しい根拠に基づいて）非常に高かったため、「老化は存在する」という彼の誤った〝証明〟は、五〇年間にわたって絶対的真理と考えられつづけた。

一九六六年、ハミルトンは「人間によって経験されているゆるやかな老化は、進化の法則の要求するもので、自然選択がどう働くかに関する一般的で妥当と思われる仮定のいくつかに基づいている」という論文を発表した。頭脳明晰《めいせき》で勇気のあった若き日のハミルトンは、この論文で数理論理学に基づいた大胆な予想を展開した。ハミルトンの名誉のためにいっておくと、彼は晩年、自説の間違いが証明されたときには、見解を変えるだけの正直さと度胸をそなえていた。

ある学術論文の冒頭で、ハミルトンは「老衰は進化の避けがたい結果」であり、「どんな生物も逃れることができない」と主張している。その〝証拠〟は、ハミルトンの時代には一般的だった理論から導きだされたものだった。

当時、老化の原因は「一生のある時期だけ活動する遺伝子のなかにある」と考えられていた(遺伝子発現の科学が生まれる以前、もしくは「エピジェネティクス」以前は、これが一般的な考えだった)。ハミルトンは一生のさまざまな段階における自然選択の作用を比較した。自然選択は、一生の早い段階に活動する遺伝子に強く作用する。ハミルトンは、「人間の死が避けられないものだとすれば、早死にするより長生きしたほうがいい。とすれば、進化がより大きな注意を払うのは、まだ若いときの人間の命を奪う危険因子であるはずだ」と考えた[1]。

ハミルトンは自然界に存在する明白な証拠に目を向けず、ただ数学的に考えている。彼はサイズがどんどん大きくなっていく動物を見逃していたのだ。ハミルトンが老化について考えたときに念頭においていたのは、人間やイヌやネコ（さらにはアリやゾウや多くの陸生動物）など、一定のサイズまで成長すると成熟し、それ以降は大きくならない動物だった。しかし、ウニやハマグリやロブスターやサメを見逃していたのはまだわかるとして、なぜ木に気づかなかったのだろう？　木と同様に、動物のなかにも固定サイズがないものがいる。* こうした木や動物は、生きているあいだじゅう成長をつづける。より大きくなると、種子をつくる能力も大きくなる。当然、生殖能力も上がっていく。より大きくなると、捕食動物からの脅威が減るし（カワウソはウニが好物だが、サイズが大きなものには歯が立たない）、木の場合には強風や悪天候に耐える力が強くなる。こうして、加齢とともに死亡率が下がっていく。標準的な定義を当てはめれば、これは逆向きの老化であり、まさにハミルトンがありえないと結論づけたものなのである。

等式や三段論法をたっぷり詰めこんだ三四ページにわたる難解な論文のなかで、ウィリアム・D・ハミルトンは「既知の生物が老化を避けることなどまったく考えられない」と結論づけた。しかし、生物はハミルトンの理論を楽しげに嘲笑《あざわら》いつづけた（木に嘲笑うことができるとしての話だが）。

*動物の体が大きくなりすぎないのは、物理的な理由がある。極端に重い体を運んでまわるのは効率が悪いからだ。ゾウの脚の相対比率をガゼルのそれと較べてみればいい。水中生物の場合は、巨大なシロナガスクジラの例を見れば明らかなとおり、体重は大きな問題にならない。

## 現代のダーウィンと呼ばれたハミルトン

ウィリアム・D・ハミルトン（一九三六〜二〇〇〇）は気性の激しい人物で、血縁選択の数式で高く評価されたが、エイズウイルスの起源はポリオワクチンだとする説の証拠を求めてアフリカに赴いたときには、周囲から無視された。エジプトに生まれて世界中を旅した勇敢なナチュラリストで、有性生殖が細菌に対する防御力を集団にもたらしたという説を唱えた。晩年には、雲は微生物のための流通システムかもしれないと考えたほか、ガイア説（有機体は相互に力を合わせて行動することで、環境を生理学的に統制することができるとする説）を擁護した。「ハミルトンの法則」として知られる不等式が利己的遺伝子説の標準公式になってからずっとのちに、ハミルトンは協同の重要性を理解し、進化の歴史において集団選択が重要な役割を果たしていると考えるようなった。ハミルトンの唯一の著書である『遺伝子の国の細道』の第二巻には「セックスの進化」という副題がついており、「赤の女王仮説」にあてられたこの巻において、自然選択が有性生殖によるゲノムの組み換えを――そのゲノムの持つ遺伝情報が個々の利己的遺伝子にとっては不利益であろうとも――いかに強く求めるかが説明されている。この『遺伝子の国の細道』は、血縁選択説の研究から、生存のために集団がいかに力を合わせるかという考察に至るまで、ハミルトンの知的な旅をたどったものである。ハミルトンはフィールド調査の際に罹患《りかん》したマラリアと鞭毛《べんもう》虫症に何十年も苦しんだ末、最後のアフリカ旅行のあとで大出血にみまわれ、生涯現役を貫いて亡くなった。

## ファウペルのインチキ

ドイツのロストックにあるマックス・プランク人口統計研究所の所長ジェイムズ・ファウペルは、一般的な知名度こそないものの、現代最高の人口統計学者である。ファウペルは先進国における人間の寿命の着実な延びを記録していることで知られている。人間の寿命は過去一六〇年間にわたって驚くほど一定のペースで延びている。

ファウペルは学生のアネット・ボーディッシュと共同で、ハミルトンの証明とは正反対の証明を(パロディーとして)でっちあげたことがある。二〇〇四年に発表されたこの挑発的な記事のなかで、ふたりは「老化は起こりえない」というパロディー理論を展開している。[2] ハミルトンが四〇年前に使ったのとおなじ仮定から、死亡する確率は加齢とともにつねに下がっていくと茶化したのである。ファウペルはわたしたちに、集団生物学は実験科学であることを思い出させてくれる。実験科学において、理論はつねに仮のものであり、現実に即しているかチェックしなければならない。

ファウペルとボーディッシュの証明の前提になっている仮定の数々は、筋が通っているだけでなく、ハミルトンの証明の論法とぴったり対応している。ファウペルとボーディッシュのふたりが証明したのは、「未来に投資することは動物にとってつねに価値がある」ということだ。より強靱《きょうじん》な筋肉、より大きな体、より強い免疫システムといったものを持つことが利益につながるのは、どんなときにも真実である(「成長」とは、こうしたことすべてを意味する普遍的な言葉だ。現在においても、未来においても、成長とは環境の脅威に対してより強く抵抗するための投資である)。

ハミルトンの証明によれば、老化はつねに進化していかなければならないことになっていた。ファウペルとボーディッシュの証明によれば、老化が進化することは不可能だという。ハミルトンは「生殖能力はつねに衰えていくものであり、死亡する確率は加齢とともにつねに上がっていく」と証明した。ファウペルとボーディッシュは、「生殖能力はつねに高くなっていき、死亡率は加齢とともに下がっていく」と証明した。このじつに皮肉な面白さこそ、まさにファウペルとボーディッシュが狙ったものなのだろう。

経歴から見ても性格から見ても、ファウペルはれっきとした人口統計学者だ。人口と死亡率の統計データを収集・分析している。多くの進化論者とちがい、数学にひるんだりしない。しかし、ハミルトンの流れをくむ理論家ではない。進化を理解するための大きな統一的枠組みをつくろうとしているわけではない。だから、ハミルトンの証明に疑念を抱かせ、わたしたちの目をパラドックスに向けさせるだけで満足している。

もしそうしたければ、ハミルトンの証明とファウペルたちの証明をしっかり検証し、それぞれの証明のどこに問題があったかを考えてみることもできる――なぜなら、明らかにどちらの証明も誤っているからだ。加齢とともに弱くなる生物もいるし、強くなる生物もいる。そしてどちらの生物も、自然選択のプロセスを経て形成される。老化は適応に反するものなのに、なぜ自然選択は多くの生命設計に老化を組みこんだのか？　なぜ自然界には、老化するものと、老化しないものと、逆向きに老化するものがあるのだろう？

## 老化の軌道

人間の加齢速度はどんどん速くなっていく。一〇代の終わり頃には、すでに適応力のいくつかは蝕《むしば》まれている。しかし、七〇代に入ると変化はもっと加速し、それ以降は若さが滝のようにこぼれ落ちていき、どんどん脆弱《ぜいじゃく》になっていく。ただしこれは、老化スケジュールのほんの一例にすぎないどころか、動物界においてもっとも一般的な例でさえない。

老化はゆるやかに進む場合もあるし、突然進行することもある。死への脆弱さは、時間とともに減少もするし、増加もするし、おなじレベルがずっと維持される場合もある（無視できるほどわずかな老衰）。老化は加速する場合もあるが、横ばいのときもあるし、減速していくときもある。アホウドリやハダカデバネズミは生きているあいだじゅう完璧な健康を維持し、あらかじめ定められた時がくるといきなり死ぬ。さらには、成体段階から、そもそもの出発点である幼生形へと戻っていく動物もいる。周囲の環境が厳しく、「ここで成長していくのはむずかしいぞ」と体が察知すると、プロセスを逆向きにして幼生形にもう一度戻るのだ。これは単純に「若返り」もしくは「逆向きの老化」と考えられている。

このように、「老化の軌道」はさまざまなパターンが考えられる。さらに、老化が展開するタイムスケールは、たった数時間のときもあるし、数百年にわたるときもある（長寿な動物の場合）、数千年単位の場合もある（長寿な植物の場合）。いかなる老化の理論も、まずはこのタイムスケールの多様性と、老化曲線が描くカーブを説明しなくてはならない。

現在、ニューイングランドで獲れるロブスターはレストランの高級料理で、サーロインステーキよりも高価だ。こうしたロブスターは生きたまま日本に空輸され、さらに高い値段で提供される。しかし、一九世紀のニューイングランドでは、ロブスターは豊富に獲れたため、価値がないと見なされて廃棄処分になっていた。マサチューセッツ州は過剰に獲れたロブスターを刑務所食として供給していたが、ついには囚人たちがストライキを起こし、食べるのを拒否した。現在では、ニューイングランドのロブスターは乱獲がたたり、重さが一ポンド（四五四グラム）を超えるものはめったにいなくなってしまった。しかし、一〇ポンドを超えるものがいまもたまに獲れる（たいていの場合は海に返される）。記録にあるものでは、四四ポンドが最高だ。

大きなロブスターが海に返されるのは、食材には向かないという理由からだけではない。ロブスターは大きくなればなるほど生殖能力が増すうえに、そうした親から生まれてくる子供は生存力が高いのである。大きなロブスターのなかには、種畜として広い地域に子孫を残せるものもいる。かつて水揚げされたロブスターのなかでもっとも高齢なものが何歳だったかは記録がない。ロブスターには年齢を明確に示す年輪や年層がないからだ。四四ポンドのロブスターは一〇〇歳以上だろうと推定されるが、確証はどこにもない。

際限なく大きくなっていくと同時に、生殖能力を増していく生物のひとつに、ハマグリがある。しかもハマグリは年輪を持っているので、年齢を知ることができる。記録にあるうちでもっとも高齢だったハマグリ（ホンビノスガイとも呼ばれるアイスランドガイ）は五〇七歳とされている。小さなハマグリには天敵がいる。たとえばヒトデはハマグリの貝殻にへばりつき、とてつもない力で口をこじ開けてしまう。しかし、いったんヒトデの腕よりも大きくなったハマグリは、あとは無限に成長していくことができる。

ハマグリは足が一本と口がひとつあるだけで、目も耳も胃も脳もない。巨大なハマグリは七五

○ポンドまで成長するが、ライフスタイルは小さなハマグリとまったく変わらない。海水を吸いこみ、自分の体重の三万倍の重量の水を毎日摂取し、プランクトンや藻《も》を濾過《ろか》する。プランクトンや藻はハマグリのなかで成長と生殖をつづける。そうしたハマグリは金色がかった茶色、黄色、緑色をしており、自分の内側に宿っている光合成生物から栄養を得ている。巨大なロブスターと同様、巨大なハマグリは地域社会全体に卵を供給する。こうしたハマグリは、一日に五億個の卵を産むことで知られている。

ラフアイ・ロックフィッシュ（メバル属の一種）は、サンディエゴからアリューシャン列島にかけての北アメリカ西海岸沿岸、および日本までのアジア沿岸の、深くて水温の低いところに生息している。海底は光が届かず、食べものや酸素が欠乏しており、温度が低い（水圧や塩分濃度が高く、水温は通常だと水が凍りはじめる摂氏○度を下回ることもある）。そこではすべての速度がゆったりしており、ロックフィッシュのライフサイクルもまたゆったりしたペースで進んでいく。なかには二○○年以上生きるものもいる。乱獲の犠牲となったほかの生物と同様、現在ロックフィッシュは絶滅危惧種になっている。ライフサイクルが非常に長いので、最高の環境下でも個体数が回復するには何十年もかかる。現代の海は一般的に荒廃しているため、回復の見込みはない。進化に時間のかかる生き物としての本質的な価値はさておき、ロックフィッシュの絶滅は、老化の秘密の手がかりが奪われることを意味する。

## なんでもひとつの型にはめこもうとする

ギリシア神話に登場するプロクルステスは盗賊で、旅人を客用の寝室に招き入れ、「あなたにぴったりのサイズのベッドがある」と請け合う。そして、もし旅人の背が高すぎる場合には脚を切ってしまい、低すぎるときには架台にかけて伸ばす。まさに万能サイズのベッドというわけだ。

違う種を寿命の長い短いで区別することを、わたしたちは自然だと考える。一日しか生きない虫をひとまとめにし、何百年も生きる樹木やクジラと区別する。しかし、そうした違いのほとんどは、サイズの違いに起因している。成長、生殖、老化までの過程は、巨大な生物ほどよりゆっくりになる。代謝がゆっくりで、滋養をあたえるべき組織も膨大だからだ。だからこそ、二〇年生きるヘラジカよりも、二〇年生きるミツバチのほうが驚きなのだ。

しかし、さまざまな種を較べるときには、寿命の長さを考慮から完全にはずし、ライフヒストリーの持続期間よりも、その形態に基づくべきである。これに対し、「寿命はどれくらいか」「個体数がだんだん減っているかどうか」「幼いときにたくさん死に、その後は死亡率が下がっていくか」「すべての死がライフサイクルの最後期に集中しているか」などといった点に着目するのが、アネット・ボーディッシュの考えついた方法である。

「老化は起こりえない」というパロディー理論に関するトピックですでにご紹介したが、ボーディッシュは人口統計学者ジェイムズ・ファウペルの教え子である。この優秀な教え子は「老化の比較生物学」を考えるための新しい方法を紹介しつづけた。

このやり方が新しい窓を開き、さまざまな種の老化を見るための新しい方法が確立された。二〇一四年の『ネイチャー』誌に掲載された論文に添付されている表（一二のグラフを集めたもの）は、数年前にボーディッシュが確立した方法論を適用したものだった。

このグラフからわかるのは、自然の創意・発明の才の幅の広さである。[3] 急速な老化から、不老、逆向きの老化まで、考えうるすべての組み合わせが提示されているほか、寿命も数週間から数年、数十年、何百年と多岐にわたっている。

この表（次ページ）では、奇妙な仲間がお隣り同士として並んでいる。これはまったく思いがけない組み合わせだ。たとえば、表の最上段に並んでいる四つのグラフを見れば、死亡率が寿命の終わりにさしかかると急激に上昇するという点で、人間は実験用の線虫や熱帯魚（グッピー）に近いことがわかる。実際、老化のグラフの観点からすると、わたしたち人間はチンパンジーよりも実験用の線虫に近いのである。


この表を見れば、野生の動植物の老化がいかにバリエーションに富んでいるかがおわかりいただけると思う。それぞれのグラフの右肩下がりの細い線は生存曲線で、太い線は生殖能力を示している。生存曲線が右肩下がりなのは、時間の経過とともに個体の生存率がどんどん下がっていくことを示している。

このグラフの構成を考えると、右肩下がりの斜めの直線（＼）はニュートラル――もしくはヒドラやヤドカリのようにまったく年をとらないことを示す（ヒドラは池などに生息している体長六ミリほどの淡水性クラゲのようなものだ）。右上に膨らんだ右肩下がりの四五度の斜線（⌒）は、正常な老化を示している。一方、左下に向かってくぼんでいる斜線（︶）は逆向きの老化、

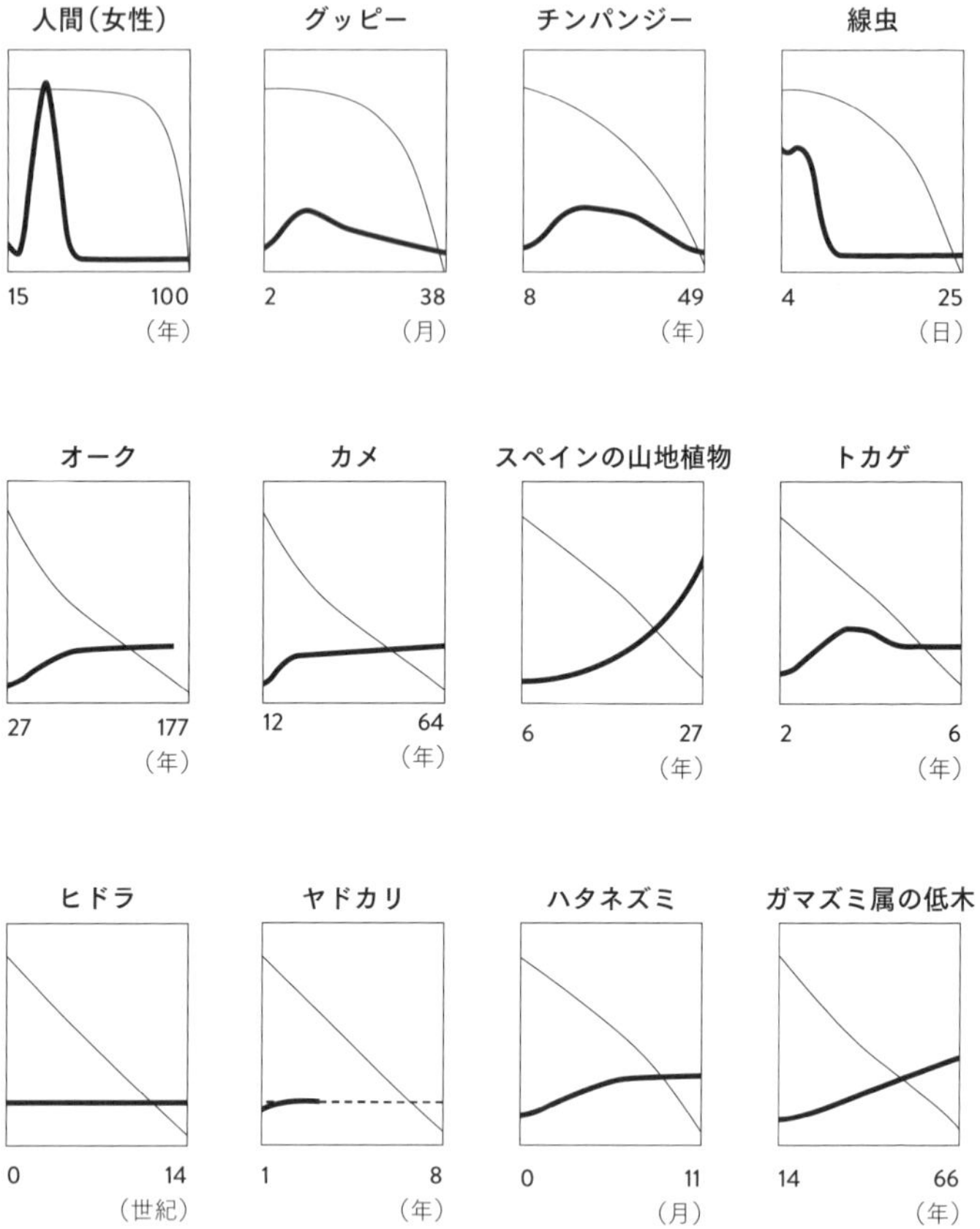


**■生物の老化と生殖能力をグラフ化したもの。**
太い線は生殖能力を示しており、加齢とともに上昇していくものもある。細い線は生存曲線で、加齢とともに生存率が下がっていくことを示している――しかし、ときには（たとえば、カメやオークの後半生などの生存曲線は）まっすぐに下がっていかず、左下に向かってくぼんでいる。これは、生存率が若いときよりも上昇することを意味する。

もしくは「反老化」を示している。

最上段の動物はすべて「通常の老化」をたどっており、年齢とともに死亡率が高くなっている。その下の二段は、年をとらないか、逆向きに老化している動植物である。逆向きに老化する動植物の場合、年をとるにつれて死亡率が低くなっていく。ほとんどの樹木はこれにあたる。カメをはじめ、ハマグリやサメもおなじ曲線を描く（この表には掲載されていない）。

しかし、下の二段の動植物は、死亡率がより一定している。カメとオークの木にいたっては、曲線が左下に向かってくぼんでいる。これは若いときよりも年をとってからのほうが死亡率が低下していることを意味する。すなわち逆向きの老化ということだ。

生殖能力を示す太い線はまっすぐに伸びている。生殖能力は、動物もしくは植物がより大きくなるとともに増していき、生殖機能の老化——たとえば閉経など——とともに落ちていく。

最上段の動物はどれも、死ぬずっと以前に生殖能力を失っていることがわかる。これはそれ自体が、進化に関する難問を提起する。自然選択の唯一の目的が生殖を最大化することにあるのなら、なぜ進化は寿命がまだまだあるうちに生殖能力をゼロにするのか？

上昇する生殖曲線は、加齢とともに生殖能力が高くなることを示している。これもまた一種の不老だ。年を経るとともに大きく成長していく木を思い浮かべてみれば、年をとるにつれてより多くの種子を実らせるようになるのは驚きでもなんでもない。

表の二段目にあるスペインの山地植物とはボルデレア・ピレナイカのことで、ピレネー山脈の岩だらけの崖《がけ》に繁殖する。もし周囲の環境が穏やかなら、この植物は老化の気配を見せることなく三〇〇年生きる。しかし、樹齢二〇年を超えないと生殖能力は発現しない。だからこそ、この植物は深刻な絶滅の危機にさらされているのだろう。

この表からなにが読みとれるかは、『ネイチャー』誌の本文記事で説明されている——ひとことでいえば、「老化（もしくは不老）に関して、自然は自分のやりたいことをなんでもできる」ということだ。どんなタイムスケールも可能だし、どんな形も可能だし、どんな種もその生態学的環境にぴったりと適応している。そこにはいかなる制約もない。にもかかわらず、現在受け入れられている老化理論はすべて「制約がある」という仮定に立脚している。

## 劇的な老化、突然の死

オスカー・ワイルドの有名なゴシック小説『ドリアン・グレイの肖像』の主人公は、一時的に老化をまぬがれることに成功する。魔法の肖像画が代わりに年をとってくれるからだ。ドリアン・グレイはどんちゃん騒ぎをし、女遊びにふけり、関わった人間をすべて破滅させる。小説の最後で、放蕩《ほうとう》のかぎりをつくしたグレイは一気に老人となって死ぬ。一方、彼の老化を食いとめていた肖像画は、もとの若々しい姿に戻っていく。

一九三七年に公開されたフランク・キャプラ監督の映画『失はれた地平線』（原作ジェイムズ・ヒルトン）は、シャングリラ伝説ブームのきっかけとなった。谷に住んでいるマリアは何百年も生きているが、若さと美しさをたもっている。しかし、英国人の恋人に説得されて谷を出ると、醜い老婆に変わってしまい、すべての力を失って数時間で死んでしまう。

オスカー・ワイルドがいうとおり、自然は芸術を模倣する。自然において、死に至る老化は、生殖サイクルの終盤に速度を増す。生殖能力を失うといきなり死を迎えることも珍しくない。カゲロウ、タコ、サケなど、例はいくつもある。毎年花を咲かせる何千もの植物はいうまでもない。生物学者はこうした生命の物語を「セメルパリティ」と呼んでいる。セメルパリティは「一回だけの子づくり」を意味するラテン語が語源だが、誰もが連想するのはセメレーが登場するギリシア神話のエピソードだろう。

全知全能の神ゼウスはひそかに人間の姿をとって地上に降り、人間の女性セメレーと愛を交す。セメレーはゼウスに「天上での神々しい姿をわたしにも見せ、ご自分がゼウスであることを証明してください」と懇願する。するとゼウスは、雷を持ったまま地上に現われる。哀れなセメレーはその光に耐えきれずに死んでしまう。ただし、まだおなかのなかにいた息子のディオニュソス（酒と豊穣の神）は死ななかった。ゼウスはセメレーの黒焦げになった子宮から胎児を取りだし、自分の太ももを切り開いてなかに入れ、傷口を縫い合わせる。かくして、ディオニュソスの呼称は「二度生まれた神」となった。

一回繁殖型の生物の死因には、じつにさまざまなものがある。タコは食べるのをやめる。カマキリの雄は生殖のための究極のいけにえとなり、自分の体を交尾相手の雌に餌《えさ》として提供する。サケは体内にステロイド（糖質コルチコイド）をどっと分泌し、体を破壊する。こうしたさまざまな死に方が遺伝子的にプログラムされているのは明らかであり、もっとも保守的なネオダーウィニストでさえ、「プログラムされた死など進化上ありえない」という主張の例外と見なすことを強いられている。

一部のオポッサムや魚は、生殖のあとでさまざまな臓器不全を同時に起こす。チヌークサケ（キングサーモン）は、海から何百マイルも川を遡《さかのぼ》ったところで卵からかえる。生まれてからの一年か二年を、彼らは川の安全な環境で過ごす。ここでの生活は穏やかで、大きな捕食動物はまれだ。競争ができるくらい体が大きくなると、川を下り、出世をめざして海へと泳ぎだす。その旅は、河口から二五〇〇マイルにもおよぶ。それからの二年から七年は、海の好きなところで過ごし、大きくなる。ただし、弱ったり、加齢で虚弱になったりはしない。生殖活動を行なう準備ができると、ふたたび故郷をめざす。どこでもいいから手近な川というわけではなく、自分が孵《ふ》化《か》したまさにその川へ向かう。彼らは猛然と旅を急ぐ。目的地では、生殖と死が同時に待っている。

大人になったサケが産卵場所に着くと、代謝が最後の崩壊を起こす。副腎がステロイドを大量に送りだし、急激な——ほとんど一瞬の——老化を引き起こす。彼らは食べるのをやめる。さらに、ステロイドが免疫システムを破壊するため、体が真菌《しんきん》感染症で覆われる。腎臓が萎縮し、近接した細胞（空位期間細胞と呼ばれ、ステロイドと関係がある）がとてつもなく肥大化する。急激に衰えていく魚の循環系も影響をうけ、動脈が機能障害を起こす。興味深いことに、これは年をとった人間の心臓病の原因となる機能障害に似ている。川を泳いで遡っていくのは困難で苦しい。しかし、サケの体を致命的なまでに傷つけるのは、機械的な尾びれの動きではない。生化学的変化の連鎖反応のせいだ。産卵のすぐあとに死がやってくるように、遺伝子的に時間設定されているのである。症状は雄にも雌にも現われる。ただし、雌は不公平なほど大きな身体的負担を負っている。旅の最後の行程において、卵は雌の体重の三分の一に達するのだ。

サケはセックスの相手選びに細心の注意を払うが、実際の肉体的な接触はない。これは「並行プレー」と呼ぶのが当たっている。雌がパートナーとなる雄を選び、川底の砂利に溝（産卵床）を掘る。体をすこしだけ傾け、尾びれをショベル代わりに使うのである。カップルは横並びになり、産卵床に卵と精子を産み落とす。サケは卵をすべておなじひとつのカゴに入れておくほど軽率ではない。最初の交配が終わると、二匹はいっしょに移動してべつの場所を選び、さらにいくつか産卵床を掘り、ダンスと並行プレーをくりかえして産卵と射精を行なう。雌が運んでいる卵は、雄の精子細胞よりもずっと大きい。そのため、雄よりも先に疲弊してしまう。そこで、雄はべつの相手を探し、一夫多妻制を楽しむ。最後に、雄と雌はどちらも卵と精子を使い果たし、自分が生まれた場所で死んでいく。

サケがステロイドで自らを死に至らしめることは、はっきり証明されている。それでもわたしたちは、なぜなのか不思議に思う。「サケは自分が卵からかえった川に戻って産卵し、そのあとで死ぬことによって生態系に養分をあたえ、その養分で小さな虫たちが育ち、やがて卵からかえったサケの幼魚がその虫を食べる」という理論もある。しかし、サケの死骸《しがい》が窒素とリンの重要な供給源になっていると生物学者が証明しているにもかかわらず、それに基づいて「プログラムされた死」が進化してきたと想像するのはやはりむずかしい。問題は、こうした化学的資源は広く共有されるということだ。サケの死の恩恵をうけるのは子孫のサケだけではない。それに対し、標準的な進化論は「自然選択の背後にある原動力は、自分自身の子孫の利益である」と規定しているのである。

## サケの突然死

生殖後にサケが死ぬ原因は、産卵をうながす性ホルモンの奔流にあるのか、プログラム死のほうにあるのか、実際にはどちらとも判断しがたい。しかし、管理実験はプログラム死だと示している。第一に、サケが産卵をしたあとで副腎組織――糖質コルチコイド・ホルモンの供給源――を摘出すると、サケは死なない。第二に、サケを捕らえて飼育すると、産卵に向けてきちんと性的に成熟していくものの、川を必死に遡るプロセスがないと産卵をしない。しかも、産卵しないにもかかわらず死んでしまう。原因はおなじ糖質コルチコイド疾患だ。第三に、太平洋サケの近縁種である大西洋サケは、おなじくらい困難な産卵回遊を行なうが、死なずに川を下って海に戻り、「食べて、大きくなって、生殖する」というサイクルを二度、もしくは三度もくりかえす。

## タコの無食欲

生物のなかには、生殖活動後にものを食べないように遺伝子プログラムされているものもいる。結果として、その生物は餓死してしまう――普通の老化よりも早く、確実に死に至るわけだ。カゲロウの成虫は口もなければ消化器もない。ゾウは生きているあいだ大量の茎や葉をムシャムシャ食べてすりつぶし、歯が六回生え替わる。しかし、六回目の歯がだめになると、もう生えてくることはなく、そのまま死んでしまう。

タコの生態はさらに面白い。タコの寿命は種によって違うが、数ヵ月から数年しか生きない。そして、生殖活動を一回すると死ぬ。雌は自分の産んだ卵を守り、世話をする。しかし、環境や状況が子供たちのためによくないと判断すると、卵を食べてしまい、つぎのチャンスがやってくるのを待つ。そして、いまなら子供が生まれてもいいと判断すると、卵を食べないどころか、まったくなにも食べなくなってしまう。ドクター・スースの描いた児童文学の古典に出てくる誠実なゾウのホートンも、捕食動物から自分の卵を守るために何ヵ月もじっと動かないタコのおかあさんの誠実さにはかなわない。卵を守っているあいだ、雌の口は封印され、完全に閉じてしまう。彼女はこの宙ぶらりんの状態で何年も生き、卵を守りつづける。しかし、卵が孵化すると、数日のうちに死ぬ。餓死するわけではない。タコには「視柄腺」と呼ばれる内分泌腺（ただし目とは関係がない）がふたつあり、そこからの分泌物が配偶行動と母性行動と死をコントロールしている。視柄腺を外科手術で摘出すると、雌はより長生きする。ひとつだけ摘出した場合には、食べものを摂取しなくなるが、それでもさらに六週間生きる。両方とも摘出すると、口を失うことなく、卵が孵化してからも食べものを摂取しつづける。そして、徐々に力を取り戻し、体も大きくなり、さらに四〇週間生きることができる。

二〇〇七年、モントレー・ベイ水族館研究所のブルース・ロビンソンは、深海に生息するタコの母親が、カリフォルニア沿岸の低温水域で一六〇個の卵をしっかり見張っているのを発見した。ロビンソンは定期的におなじ場所を訪れ、おなじ岩でおなじ格好をしているタコを観察した。二〇〇七年から二〇一一年にかけ、その母親タコはなにも食べず、無機栄養素が卵につねに行き届くように周囲の水をゆっくりとかきまわす以外は動かなかった。四年半後、卵は孵化し、母親タコは消えていた。おそらく、数日のうちに死んだのだろう。その場に残っていたのは、空になった卵の殻だけだった。これはかつて観察された懐胎期間のなかでもっとも長い。

## 長寿記録保持者は植物

二〇一四年、写真家のレイチェル・サスマンが、古代から生きている生物を題材にした『世界の最長寿生物』という豪華写真集を出版した[4]。取りあげられているのはすべて植物だった。植物のほうが長寿である理由のひとつは、すくなくとも歩行動物に較べると、歩くのに必要な強い筋肉がいらないからだ。ひとつの場所から動かないので、動物よりも大きく、たくましく育つことができるし、より長く生き、より繁殖力を持ち、長寿の恩恵をより多く得ることができる。

植物の長寿には秘密がもうひとつある。動物の場合、成長の初期段階において、性細胞（もしくは生殖細胞）が体のほかの部分（体細胞）から分離する。子孫を残すためには、生殖細胞だけは無傷で保存しなければならない。一方、体細胞は杜撰《ずさん》に扱われ、生殖のときも簡易に再生される。

しかし、植物はシステムが違う。生殖細胞と体細胞は決して分離しない。動物と同様、植物は幹細胞を持っている。植物の幹細胞は、新しい個体の成長だけでなく、次世代につながる種子や花粉も生じさせる。樹木の幹細胞は分裂組織と呼ばれ、樹皮の下の薄い層に存在する。分裂組織はすべての枝や小枝まで広がっており、新しい葉だけでなく、つぼみや種子を生じさせる。イチョウのなかには、二億七〇〇〇万年前のペルム紀まで遡る木もある。この木の分裂組織は、何千万年も(セックスをすることなく)クローン繁殖をつづけることができるのだ。

要するに、「動物は個体として死ぬ運命にあるため、幹細胞が徐々に劣化しても問題がないが、植物の未来への遺産は分裂組織のなかに組みこまれているため、加齢によって劣化することが許されない」ということだ。

不老が動物よりも植物によく見られることには、進化上の深い理由がある。そしてそれこそが、わたしの提唱する「人口統計学的老化理論」(黒の女王仮説)の核である。これについて第七章で説明し、第八章で深く掘り下げる。老化は飢餓を避けるために進化したものであり、飢餓を心配しなくてはならないのは動物だけであって、植物はその必要がないのだ。

Column

## 八万歳の木、四〇〇〇歳のサンゴ

サスマンの写真集における長寿記録保持者はパンド・グローヴ――ユタ州にある一〇六エーカーのアメリカヤマナラシの林である。この林はたったひとつの種子から生まれたもので、いまだに根はすべてひとつにつながっている。樹齢は八万歳。この写真集に掲載されている生物のなかで、一万歳を超えているものはすべて、このアメリカヤマナラシのように、地上に伸びる樹木部分がつねに新しく生え替わっていく根系である。一本の木としてもっとも高齢なのは、タスマニアのナンキョクブナで、六〇〇〇歳を記録している。カリフォルニアのセコイアの木はサイズこそ印象的だが、もっとも年をとっているものでさえ三〇〇〇歳を超えない。この写真集に登場する唯一の動物は、トリニダードに生息する二〇〇〇歳のノウサンゴだ。パンド・グローヴと同様、これはたったひとつの卵から生まれたものだが、集団と考えられている。サンゴは移動をしないため、系統学的には動物であっても、移動動物（とくに陸生動物）とちがってサイズに制約がない。ハワイ諸島に生息するサンゴのなかには、四〇〇〇歳を超えるものもある。ただし成長は非常にゆっくりで、あまり大きくはならない。

## 樹木は年をとるか？

木には年をとるものもあれば、とらないものもある。もちろん、木立のなかで樹高がいちばん高くなると、サイズそのものがリスクを生む。雷がいちばん落ちやすくなるし、頭が重すぎてバランスが悪くなるため、乾いた大地に張った根が腐食のせいで弱くなると、強風で倒れる危険が大きい。

しかしそれにくわえ、ほとんどの木には特定の年齢というものがあるらしい。この年齢を過ぎると、年を追うごとに死亡率が高くなっていくのだ。若枝（休眠芽から発生した新芽）が樹皮から直接芽吹くようになり、枝の先からの発芽はゆるやかになってくる。カビや老齢が原因の病気による衰えも見られるようになる。しかし、たいがいの場合、老木は「大きくなりすぎた」という物理的な原因で倒れる。何十年にもわたって反老化の可能性を提供していた「成長しつづける能力」が、最終的には木を倒すことになるのだ。

のちほど詳しく説明するが、種が長期的なスパンで適応・変化していくには、集団内の世代がどんどん交代していく必要がある。動物の場合、若い動物が年上の動物と戦って勝つのはむずかしい。年上の動物のほうが大きく、環境に適応しており、自然のほぼすべての脅威に対する抵抗力を身につけているからだ。木にとって、この問題はさらに決定的だ。何百フィートもの高さがある巨大なオークの木に太陽光線を独占されてしまったら、ごく小さな若木が生き残るチャンスはどれくらいあるだろう？　おそらく、木は最終的に死ぬように進化してきたのだ。そうすることで、多様なゲノムを持つ若木が新しいスタートを切るチャンスが生まれるのである。

## 逆方向の老化

一九〇五年、オランダの生物学者F・ストッペンブリックは、渦虫《うずむし》の一種であるプラナリアのライフサイクルを研究していた。プラナリアは体長がわずか一インチしかなく、通常は淡水の池に生息している。研究の結果、この生物は食べものがじゅうぶんにないと、計画的に自分自身の体を食べていくことがわかった。まずは現状においてもっとも不要な器官（生殖器官）を食べる。つぎに、消化器官に進む（食物がない以上、消化器官は必要ない）。そして最後に筋肉を食べる。プラナリアはどんどん小さくなっていき、最後には体のもっとも重要な部分――脳と神経細胞――だけになってしまう。

　ストッペンブリックによれば、ここでふたたび餌をあたえはじめると、プラナリアは成長をはじめ、失ったすべての部分を急速に再生していく。さらに重要なことに、いったん飢えてから再成長したプラナリアは、見た目も活動ぶりも若返り、餌をあたえられつづけた仲間が年をとって死にはじめても、まだ元気でピンピンしている。このトリックは何度でもくりかえすことができる。ストッペンブリックが餌をあたえなかったりあたえたりをくりかえしているかぎり、プラナリアは老化の徴候を見せることなく生きつづけた。

ベニクラゲは二〇一〇年の科学ニュース記事で「不老不死のクラゲ」として紹介され、一五分間の名声を手に入れた。[6]ベニクラゲの成熟個体は、遺伝によって巧妙なトリックを受け継いでいる。卵を産んだあとで、自分もポリプ〔幼体〕に戻って新たな人生をはじめるのだ。これは成熟細胞を幹細胞に戻すことで達成される。幹細胞から成熟細胞へと変化する通常の成長とは逆の方向に進むのである――要するに、一方通行の成長過程を逆走するわけだ。ベニクラゲに関するこの記事の見出しは「海のベンジャミン・バトン」だった。

シデムシ（トロゴデルマ・グラブルム）もまた、おなじようなトリックを使う。ただし、飢えたときだけだ。森のなかで動物の死骸を餌に生きるシデムシには、六つの幼生段階がある。最初はウジのような形をしているが、つづいてヤスデ、さらにはアメンボのような形になり、最終的に六本足の甲虫（成虫）になる。一九七二年、ウィスコンシン大学で研究をしていたふたりの昆虫学者が、六番目の幼生段階（成虫になる直前）を試験管のなかで特定し、この六番目の幼体は餌がないと五番目の段階に戻ることを発見した。さらに何日も食べものをあたえないと、彼らは実際に縮んでしまい、生まれたばかりのウジのように見える段階にまで戻ってしまう。[7]その後、餌をあたえると、ふたたびそれぞれの幼生段階を追って成長していき、成虫となって正常な寿命をまっとうする。シデムシはこのサイクルを何度でもくりかえすことができる。第六段階まで進んでも、飢えると第一段階まで戻る。シデムシの寿命は八週間だが、このサイクルをくりかえした場合は、二年以上に延びる。

## 太古の老化

ヒドラは放射相称の無脊椎動物で、細い棒状の体の端に口があり、そこから数本の触手が伸びている。この触手は切られると――その名前の起源であるギリシア神話の怪物の首のように――再生する。この触手を使い、ヒドラはミジンコや小さな甲殻類を捕らえて食べる。なかには、半透明の皮膚の下に緑藻を共生させ、体が緑色をしているものもいる。

ヒドラの研究は一回につき四年間つづけられる。まずは野生で生きているさまざまな年齢の標本が採取される。彼らはなにもしなければ死ぬ気配を見せないし、捕食動物や病気に対する抵抗力が弱まるようにも見えない[8]。人間の体の場合、血球や皮膚、胃の内壁などといった細胞は、古いものが新しいものとつねに入れ替わっている。ヒドラの場合は全身でこれとおなじことが起こっている。数日ごとに幹細胞の最下位層から再生していくのだ。このとき、細胞の一部は死んで体から剝《は》げ落ちるが、剝げ落ちた部分にじゅうぶんな大きさがある場合は、ヒドラのクローンに成長する。細い棒状の部分から成長し、自立していくのだ。これは繁殖の古代スタイル――セックスなしの繁殖――である。ところがヒドラは有性生殖を行なうこともできる。ヒドラにとってセックスは自由選択であり、気が向いたときのお楽しみなのだ。

最近発表されたある記事は、じつはヒドラも年をとると主張している。クローン作成率の低下がその証拠だという。記事の執筆者は、「クローンは親の年齢を受け継ぐのではないか」と考えている。この仮説によると、有性生殖だけが老化の時計をリセットできるということになる。もしこれが正しければ、ヒドラの老化スタイルは原生動物（バクテリアよりも複雑な微生物）への逆行ということになる。アメーバやゾウリムシ属の微生物は、原生生物（太古に一〇〇万以上の種に枝分かれした生物で、すべての海藻、粘菌、繊毛虫《せんもう》など、さまざまな有機体を含む）の一種である。こうした生物の老化スタイルに関しては、第五章で詳しく説明しよう。

## 老化のスイッチを切ることのできるハチ

女王バチと働きバチはおなじ遺伝子を持っている。しかし、寿命はまったく違う。女王バチの場合、ローヤルゼリーが老化のスイッチを切る。新しいハチの巣ができると、保母群のハチは一匹の幼虫を選び、王族の液体食（ローヤルゼリー）をあたえる。ローヤルゼリーのなかには生理的活性化化学物質が含まれており、これが引き金を引くことで、幸運なハチは女王になる。ローヤルゼリーは女王バチに過剰なまでに発達した生殖巣をあたえる。このため、女王のサイズと形は、ほかのハチとまったくちがっている。女王は生涯の最初期段階で一回だけ飛翔《ひしょう》する。このとき、一〇匹以上の雄バチと生殖活動を行ない、その後の何年分もの精液を蓄える。

卵をはらんで体重が増えると、女王バチは重すぎて飛べなくなる。成熟した女王は生殖マシンと化し、一日に約二〇〇〇個という桁はずれなペースで卵を産んでいく。これは重量にすると、自分の全体重よりも多い。もちろん、これだけの生殖王国は、女王に食事をあたえたり、排泄《はいせつ》物を処理したり、女王のフェロモン（化学的なシグナル）を巣のほかの場所に伝達したりする、それぞれ専門の働き手が必要になる。

働きバチは数週間しか生きず、老いて死んでいく。体のどこかが傷ついて力尽きていくのではない。なぜそれがわかるのか？　働きバチの寿命の長さがゴンペルツ曲線（成人以降、年齢が上がるにつれて死亡率も上昇していく」と呼ばれるおなじみの成長曲線を描くからだ。これは生物学的老化のよく知られた特徴である。遺伝子は働きバチとおなじなのに、女王バチには老化の徴候が見られない。女王は何年も生きて卵を産みつづける。巣が健康的で安定している場合には、何十年も生きるときさえある。女王の不老は驚異だ。女王が死ぬのは、婚礼の飛翔のときに受けとった精子の蓄えが尽きたときだけである。精子が尽きても女王は卵を産みつづけるが、受精していないので、針のない雄バチにしかならない。すると、それまでは女王にかしずいていた働き手たちが、枯渇した女王を暗殺してしまう。

## 生殖後の寿命

なぜ閉経があるのか？　長いあいだ、これは進化生物学上の難問と見なされてきた。理論家はさまざまな回答を考えたが、どれも厳しい検証に耐えられなかった。

九二ページの表には、生存率を示す細い線とともに、生殖能力が太い線で示されている。「自然は生存と繁殖だけを望んでいる」と仮定するネオダーウィニズムの理論からすれば、生殖能力を示す太線は、その生物が生きているあいだずっとつづいているべきだ。しかし、表の左上にある人間の女性のグラフを見ると、生殖能力は一〇代でぐっと上昇し、二〇代でピークを迎え、四〇代で消滅している――しかも女性は、太線が下降してゼロになってからも生きつづける。

ネオダーウィニズムの理論はこれを、「生殖能力がなくなってからも生きつづけるのは、リソースの配分を誤ったせいだ」と解釈する。もはや生殖ができないのに生きつづけても、個体は進化上の利益を得られない。生殖能力を失ったあとの体を維持するために使われるリソースは無駄である。自然選択はそのような高くつく間違いを許さない。一回だけしか生殖活動をしない動植物が生殖活動後すぐに死ぬと知ってもわたしたちが驚かないのはそのせいだ。

しかし、人間はサケではない。若者や家族や親戚の面倒を見、自分の子供が大きくなって子供をつくってからも愛情をそそぎつづける。そのため、生殖能力がなくなってからも生命がつづくことへの標準的な説明は「お祖母さん仮説」と呼ばれている。これは「孫が健康に成長していくのを見守ることに対する興味が、女性には遺伝子的にプログラムされている」とするものだ。女性は六〇歳をすぎた頃になると、自分自身で赤ん坊をつくるよりも、孫の面倒を見ることで、先祖から受け継いできた遺産を次世代に伝えることにより貢献できるというのだ。これは筋の通った仮説のように思える。すくなくとも、人間にとっては。しかし人口統計学者たちは、計算上それはありえないと考えている。

しかもそれだけではない。ボーディッシュ式に動物の老化を量的に較べてみると、多くの動物では死ぬまえに生殖能力が落ちているのだ。生殖能力がなくなってからも生きる動物にクジラやゾウがいる。彼らも人間とおなじように社会的な群生動物だ。もしかしたら、わたしたちにわかっていないだけで、老いたクジラやゾウは、孫たちにとって非常に重要なのかもしれない。しかし、生殖能力がなくなってからも生きつづける動物はまだほかにもいる。グッピー、ミジンコ、線虫、そしてヒルガタワムシ。これらの動物は卵を産んだらそれでもうおしまい。生まれてきた子供たちを翼やひれで守ってやったりはしない。ましてや孫などもってのほかだ。それにもかかわらず、現代の進化論は「自然選択が彼らを生かしておくはずがない」といっている。かくしてわたしたちは、「現代の進化論は役立たずなのだ」と考えるしかない。

二〇一一年、チャールズ・グッドナイトとわたしは、「生殖能力がなくなってからの生存」がいかに進化してきたかに関するひとつのアイディアを思いついた。[9] そのアイディアは、理論的にはありえないように思えたが、実際に検証してみるとうまく当てはまった。わたしたちは、「集団における老いた〝引退者〟たちは、生活環境の善し悪しに波があったときに人口を安定させる役割を果たしている」と考えたのだ。生活環境が良好なとき、引退者たちは食物を過剰なほど摂取することで、個体数が増えすぎるのを抑える。反対に、生活環境が悪化して食物が少ないときには最初に死ぬ。このアイディアについては、第七章でふたたび取りあげ、より多くの実例を挙げて具体的に説明していきたい。

Column

## ヒルガタワムシとタンポポ

進化生物学者はセックスにずっと興味をそそられてきた。動植物がもっとも明快で効果的な方法――クローニング――で繁殖しないのはなぜなのだろうか？　なぜ自分の遺伝子の半分（そして自分の適応度の半分！）を喜んで犠牲にするのか？　ぎこちなくて非効率的で不安定なモードで生殖するために、なぜわざわざ人気コンテストに参加してパートナーを探すのか？

いくつかの矛盾する理論がある。しかし、どの理論――一般的には「赤の女王仮説」と総称されている――も、「セックスは多様性を維持する」という点では意見が一致している。これは重要だ。いや、絶対に必要不可欠な条件だ。そうでなければ、セックスがたんに生き残っただけでなく、クローン繁殖のシンプルな効率の高さと競合して打ち勝ったことの説明がつかない。
たいていの場合は生殖と直接の関係はないが、バクテリアにも独自の〝セックス〟があり、遺伝子を共有する。地下に繁殖する根を持つ植物（クローニングの一形態）もまた、花や種子をつける。おそらく、遺伝子をミックスするためだろう。ほとんどすべての動物が、なんらかの形でセックスをする。個体のほとんどが雌雄同体であるミミズは、おたがいに精子を交換して卵を受精させる。線虫は自分の卵に自分で精子をかけて受精させる。ただし、雄は一〇〇〇匹に一匹しかいない。このわずかな少数派がいるだけで、多様性をじゅうぶんに維持できるのである。

この流れで考えると、ヒルガタワムシは進化上のスキャンダル事件のようなものだ。三五〇種前後のヒルガタワムシのなかに、雄はまったく見当たらないのである。祖先は有性だったのかもしれないが、いまや繁殖に雄を必要としない。ヒルガタワムシは菌類に寄生されることが多いため、それを避けるために自ら干乾《ひぼ》し状態になるが、水滴のなかで蘇生《そせい》することができる。こうした行動は、セックスをしないことからくる多様性の不足を埋め合わせる。どこでもよく見かけるクローン植物のセイヨウタンポポは、永続的な無性生殖という点から見ると、これもちょっとした謎である。しかし研究によると、セックスはしないが、遺伝子の多様性はなんらかの形で維持しているという。

## 第二章のまとめ

自然界における老化のスタイルは——たった一日しか生きないカゲロウから、老化の徴候が見られないカメ、さらには何万年も生きる樹木まで——じつに多様である。多様性は寿命の長さにとどまらず、死に方や生存曲線の形にも見られる。こうした多様性はすべて、自然は意志の力で老化を進めたりとめたりできることを暗示している。このことを頭におけば、なぜ老化が存在するかを説明する理論に対して、極端に懐疑的になっても許されるだろう。わたしたちがこれからつくりあげる老化の理論がどんなものになろうとも、柔軟性や多様性や例外のための余地を残しておいたほうがいい。ネオダーウィニストたちは「自然はなんとしても老化を避けようとする。しかし、自然選択に利用できる遺伝子の多様性には限界があり、選択肢は制限される。この制限こそが、老化を避けえないものにしているのだ」と主張する。たんにうわべを観察しただけでも、この主張はいかにも疑わしい。老化のさまざまな形を見渡してみるとき、そこにはなんの制限もなく、多様性がどこまでも広がっているからだ。

# 第３章

*chapter.3*

# 拘束衣を着せられたダーウィン
## ——現代の進化論を俯瞰する

この章は本書に必要不可欠なものではない。それでもあえてくわえたのは、「現代の進化生物学は大きく道を誤った」というわたしたちの非難をいぶかしく思っている読者のためである。多くの頭脳明晰《めいせき》な人たちが、なぜ科学の袋小路に入りこんでしまったのか？　科学社会学から見たこれらの概観図は、なかなか魅力的でさえある。

### なぜ人はそんなことを信じてしまうのか？

二〇世紀のあいだに、チャールズ・ダーウィンの遺産は乗っ取られてしまった。自然を観察することに人生を捧げたダーウィンの名前は、いまや数学を優先する理論に結びつけられている。そもそも合うわけがない枠組みに理論を無理やり押しこめるため、生物学の豊かな複雑さは引き剝《は》がされた。進化のメカニズムはすべて「一回にひとつの遺伝子」という原則に従う証拠として、フィールドワークや自然研究から得られたデータの代わりに、実験室での繁殖実験データが提出された。現在のわたしたちの頭に刷りこまれている老化のイメージや理解は、このコンテクストから形づくられたものだ。この理論から離れ、あるがままの老化を見るためには、傲慢《ごうまん》な数学の呪《のろ》いをやぶることが必要になるだろう。

実際、幸いにもそんな理論など知らない人たちにとって、現代の「老化の進化論」はかなり風変わりに感じられるようだ。これをはじめて聞いた人の多くは、疑うような目つきで「学者は本気でそんなこと考えてるんですか？」と質問する。

現在の科学界で主流になっているこの理論の本質は、「自然選択はいちばん速く繁殖するものに褒美をあたえるものの、成長と生殖から何十年もあとで、悲惨な結末をもたらす。これには生化学的な強制力があり、避けることができない」というものだ。さらにこの理論によれば、「二〇歳のときの生殖能力と、八〇歳のときの認知症は、遺伝子的に結びついている。そのふたつを引き離すことは、母なる自然の力をもってしても決してできなかった」のだという。

この概念はどこからくるのか？　進化の数学的理論をマスターした学者たちがこの概念を広く受け入れている理由はどこにあるのか？　こうした疑問の答えを知るには、ダーウィンが亡くなってからの五〇年間に、進化というものの概念が、どんな歴史を歩んできたかを振り返ってみる必要がある。

二〇世紀のはじめ、何人かの科学者が、ダーウィンの進化論は実際のところ理論でもなんでもないという事実に気がついた。すくなくとも、現代的な意味ではとても理論とは呼べない。こうした科学者たちは、「進化とはなにか」を解釈して意味を明らかにし、演繹《えんえき》的な論理体系をつくるプロジェクトに取りかかった。

正しいか間違っているかはさておき、彼らが新たにつくった論理体系は、ダーウィンの論理体系よりもずっと明確で、それゆえに検証が可能だった。この新しい進化論の基礎を確立するうえで中心になったのは、生物学者よりも数学者だった。その結果、科学の世界では、いまだに数学者のほうが幅をきかせている。

科学理論において、検証可能な予測は、実験による検証が必要とされる。ダーウィンの進化の説明は、生命の歴史を理解するためのひとつの方法であり、生命が現在ある形になった意味と、コンテクストと、物語を提供するものだった。はたしてダーウィンの説明は、どれくらい説得力があるのか？　現在のわたしたちが知っているこの世界の仕組みにきちんと合致しているのだろうか？

とはいえ、ダーウィンの理論を検証するとなれば、どんなに小規模な実験でも、マダガスカル島くらいの大きさの島と、五万年程度の時間が必要になる。近視眼的な考え方しかできない全米科学財団は、いつものように予算の制約にとらわれ、これだけのプロジェクトに対してわずか一兆ドルの予算を割くことさえ頑《かたく》なに拒んだ。

Column

## 進化生物学がかかえる四つの問題

検証実験が行なえない科学は、なにも進化生物学だけではない。天文学もおなじ問題をかかえている。天文学の場合は、進化よりもさらに大きなスケールと長い時間が必要だ。

人間の疫学は倫理的な問題をかかえている。実験用ラットを相手に三〇年にわたって実験を行なうのとは違い、人間の食事や行動を指図するのは簡単ではない。

しかし、現代の進化生物学の病み方には、一種独特なものがある。この科学分野には、活気もなければ大胆さもなく、科学的方法の核となるべき「経験的真実」への関心がまったく欠けているのだ。多くの有能な生物学者やノーベル賞受賞者は、進化の基礎を考え直すことを要求しているが、いまのところ、まだそれはなされていない。

こんにちの進化生物学が問題をかかえている理由は、すくなくとも四つある。

●そもそもの最初から、ダーウィンのアイディアは、英国の社会ダーウィニストたちによって乗っ取られてしまった。社会ダーウィニストたちは、階級的特権を正当化するためにダーウィンの説を曲解した。社会ダーウィニズムの刻印はいまもなお、進化というものの概念に歪《ゆが》みとして残っている。

●二〇世紀初頭、ネオダーウィニズムの核となる理論的原理は、生物学をあまり知らない数理科学者によって創られた。こんにちでもこの分野は、数学理論に精通した科学者と、自然生態系に詳しい科学者のあいだで分断されている。進化科学のふたつの派閥は、おたがいにあまり口をきかない。

●自然選択を実地に観察することはできない。自然選択には広大な場所と何万年もの時間が必要だからだ。実験室の科学者たちは、科学にうわべだけの経験主義をあたえるために、繁殖実験で代用している。しかし、繁殖実験は標準理論の状態を再現するためのもので、自然状態を複写するものではない。

●とくにアメリカでは、進化生物学はキリスト教原理主義者（聖書に描かれている天地創造の神聖さを守ろうとする人々）によって包囲されている。科学界は全面的な防戦体制をとり、理論に対する批判のひとつひとつを、宗教に基づいたナンセンスだと反撃している。

## ダーウィンはセックスを怖れていた

世紀の変わり目の科学者たちは、いったいなにを意図していたのか？　彼らが「ダーウィンに欠けている」と考えたものはなんだったのか？　こうした点を理解するために、時間を遡ってダーウィンのもとを訪れてみよう。

ダーウィンはセックスを怖れていた。しかし、怖れるべきではなかった。反対にセックスに目を向けてさえいれば、彼がかかえていた最大の問題は解決していたはずなのだ。しかし、当のダーウィンがそれに気づくことはなかった。グレゴール・メンデルという独身の修道士からのアドバイスに目を通さなかったからだ。どういうことかというと……。

ダーウィンの理論は、それぞれの個体とその子孫の運命に目を向けたところからはじまった。

個体のなかには、ほかの個体よりも生存能力や生殖能力が高いものがいる。競争の非常に激しい生物環境においては、こうしたわずかな差が世代を追って蓄積していくことにダーウィンは気がついた。長い時間が経過すると、それが大きな変化となり、まったく新しい生物が生まれることもある。ゆるやかに増大していくそうした変化が、新しい種の進化につながる――ダーウィンはそう推論したのである。

ダーウィンの理論は、こうした個体の差が子孫に遺伝するという前提に立っていた。しかし、正確にどう遺伝するかはわかっていなかった。植物や家畜の品種改良には、すでに何千年もの歴史があった。イヌは鼻が長くなるように、ニワトリはより多く卵を産むように品種改良されてきた。子孫が先祖に似ている傾向があることは明らかだったが、詳しいところは不確かだった。

背の高い人と背の低い人が結婚すると、生まれた子供の背はたいていその中間であることは、ダーウィンも知っていた。もしこれが一般法則なのだとしたら、ダーウィンの理論に大きな問題をもたらす。彼が提唱する自然選択は、多種多様な個体が存在することが前提になっていたからだ。もし誰もがおなじなら、誰かが特別な利点を持つこともなく、自然選択にはすべきことがなにもなくなってしまう。

ならここで、「すべての個体が、あらゆる点で両親の平均である世界」を想像してみよう。それぞれの個体が持つ極端な特徴は、ランダムな組み合わせによって平均化されていくはずだ。長いくちばしの鳥と短いくちばしの鳥の子供は、どれもくちばしの長さが中くらいになるはずだし、白いウサギと茶色いウサギの子供はすべて黄褐色のはずだ。ものすごく足の速いチーターと、どちらかというと遅いチーターの子供は、足の速さがほどほどになるだろう。すべての個体差が消えるまでに、何世代の交配が必要だろう？　ある地域におけるすべての多様性が消えてしまうのに、どれくらいの時間が必要だろうか？　「そこに住む女性は全員が強く、男性はハンサムで、子供はすべて平均以上の学力を持っている」というレイク・ウォビゴンの町（アメリカのユーモア作家ギャリソン・キーラーの小説に登場する町）では、自然選択にすべき仕事はなにもない。

もし全員がおなじなら、進化は急停止してしまう。自然選択は多様性をエサにしている。「変化なきところに進化なし」なのだ。有性生殖が差異を平均化してしまうのなら、自然選択は働かない。これはダーウィンの理論にとって大問題であり、当人もそれを知っていた。そして、生涯そのことで頭を悩ませつづけた。

ダーウィンが代表作『種の起源』を書いていたのとおなじ頃、そこから六〇〇マイル東の修道院で、理屈っぽい修道士がエンドウマメの実験をしていた。グレゴール・メンデルという名のその修道士は、背の高いエンドウマメに背の低いエンドウマメの花粉を受粉させた。すると、その種子から育ったエンドウマメはすべて――一本の例外もなく――背が高くなった。背の高いものと低いものを交雑すると、そこから生まれたエンドウマメは、背の高い純血種とおなじくらい背が高くなったのだ！　メンデルはさぞ驚いたにちがいない。

つぎにメンデルは、背の高いものと低いものを交雑して生まれた次世代のエンドウマメ同士をかけ合わせてみた。すると、その種子から育ったエンドウマメは、四分の三が背が高く、四分の一が低かった。

ただし、メンデルの実験がそうそう簡単に進んだわけではない。さまざまな組み合わせを試してみるのに六年かかった。純血種を純化し、交雑種を交雑し――つぎに純血種を交雑し、交雑種を純化したのである。メンデルは平修道士という恵まれた立場にあり、行動の自由を制限する雑事や責務に縛られていなかった。春と夏、メンデルは受粉のプロセスをコントロールするため、細心の注意を払って種子のグループ分けを行なった。夏と秋には、苗を一本いっぽんじっくり調べ、形、色、サイズで分類し、すべてを記録した。冬のあいだは、科学者が本来すべき仕事に打ちこんだ。データをさまざまな視点から切り刻み、パターンを探し、仮説を組み、試行錯誤をくりかえしては一喜一憂したのだ。

一八五七年から一八六三年にかけて、メンデルは二万三〇〇〇本のエンドウマメを栽培し、分類し、表にまとめ、計算から推定される比率と確率を計算し、さらにまた計算し直した。メンデルは木の高さのほかに六つの形質（色や形など）を調べ、それぞれの形質が独立して遺伝することや、あらゆる組み合わせが存在することを突きとめた。

一八六五年、メンデルは遺伝の仕組みのおおよそをつかんだ。こうして浮かびあがってきた遺伝の仕組みは、彼の目には理論的なゲームのように映っただろうし、生き物のふるまいが数学的な規則性を持っていることが、現実とは信じられなかっただろう。

これは「遺伝子」という言葉が発明される四四年前のことであり、遺伝子がはしごのような形をした自己複製分子――ＤＮＡ――であることがわかる八八年もまえだった。しかし、メンデルはすでに遺伝粒子――彼はそれをファクトレム（因子を意味するチェコ語）と呼んでいた――という抽象的な概念を確立しており、その粒子が個体のさまざまな形質を決定するのだと考えていた。すべてのエンドウマメは背の高さを決定するふたつの因子を持っている。そして、背が高くなる因子と低くなる因子では、高くなる因子のほうが優勢である。木の高さが低くなるのは、低くなる因子をふたつ持っている個体だけだ。このふたつの因子はエンドウマメの種子と花粉――母親と父親――からもたらされる。これらの因子のひとつがランダムに選択され、つぎの世代に受け継がれる。その因子が母親からきたものか父親からきたものか、確率は半々だ。どの個体も父親のふたつの因子のうちのひとつと、母親の因子のひとつを持っている。

これがメンデルの解明した仕組みだ。一八六五年、彼は自分の発見をブリュン（現在はチェコにある）の自然科学協会に提出し、翌年には論文を執筆して刊行した。のちに、『種の起源』の刊行でダーウィンが有名になったとき、メンデルは説明の手紙を添えてその論文を一部ダーウィンに送った。ダーウィンはそれに目をとめることなく放置し、開封しなかった。歴史的なこの不幸な行き違いのせいで、ダーウィンの科学は四〇年間にわたって凋落《ちょうらく》していく。

ダーウィンの最大の悪夢――多様性の喪失――を解決する方法は、メンデルの因子のなかにあった。セックスは因子を組み換えるが、因子を変えたり、弱めたり、薄めたりはしない。外見のレベルにおいて形質が平均化されたように見えることがあっても、それぞれの形質のポテンシャル（およびそれぞれの形質の極端なもの）はそのまま集団に残る。多様性の喪失どころか、セックスには形質のさまざまな組み合わせを生みだす力がある。メンデルの因子ゲームは、そっくりおなじ個体はありえないことを保証している。セックスは多様性の味方なのだ。

本書は「進化における集団の力」をテーマにしているので、もう一点だけ注意を喚起しておきたい。それは、遺伝子の交換を必要とする有性生殖が、種に社会性をもたらしている点である。なぜなら、それぞれの個体は、生殖行為の相手になるかもしれない個体に注意を向ける必要があるからだ――有性生殖は社会進化への前適応〔環境条件が変化した際、それに適応するような変異があらかじめ生じていること〕なのである。

Column

## 現代のセックス観

ケンブリッジ大学遺伝学科のジョエル・ペックは、ヴィクトリア時代の価値観とは縁遠い人物で、セックスが大好きだ。ペックにとってセックスは、「いかに協調していくか」「共同体と共同体をいかに結びつけるか」「内部闘争をいかに避けるか」といった問いに対する、大自然の解決法を象徴している。[1] 自然選択が群れの王を決めるための熾烈《しれつ》な競争に陥ってしまう危険があることは、誰の目にも明らかなことだ。

セックスによる遺伝子の交換は、見事なくらい複雑なメカニズムだ。[2] グラハム・ベルはそれをテーマにした本に『大自然の傑作』というタイトルをつけた。有性生殖はいかに生まれたのかという疑問は、進化生物学が直面した最大の難題であり、広くそう認知されている。研究者のなかにはこのテーマに生涯を捧げた者も多い。なかには完全に降参し、セックスは既定の事実だと見なすことで、ほかの研究に移っていった者もいる。

しかし、以下のことは明らかだ。遺伝子を交換することは、デーム（繁殖集団）にとって大いなる利点となる。セックスは、それなしでは達成できないレベルの協力関係を可能にする。緊密に協力し合う集団は、個体同士が足をひっぱり合う寄せ集めの集団に較べると、競争力が圧倒的に高い。

というわけで、セックスがいかに発生したかについては、いまだにはっきりとした答えがない（生命は誕生してからの二〇億年間、現在の人間や多くの動植物の存在に欠かせない、精細胞と卵細胞を結合させるタイプのセックス――いわゆる減数分裂生殖活動――なしに進化してきた）。しかし、遺伝子を交換する集団が、競合する集団（セックスをしない集団）を叩きのめしてきたことは、単純明快な説明になっている。有性生殖を行なう集団では、利己的に行動しようという誘惑の多くが取りのぞかれる。ほかの個体と協調することなくして、遺伝子を広められないからだ。複数の集団を統合して協調性のある有能なユニットを形成する過程で、セックスは重要な役割を果たしてきたのである。

## ネオダーウィニズムの起源

ダーウィンはメンデルの法則を知らなかったが、それをいうなら誰も知らなかった。遺伝の構造に対するメンデルの解答は目と鼻の先に隠れていたのに、進化論を研究している人々は四〇年にわたって砂漠をさまよっていたのだ。

その後、メンデルの研究は一九〇〇年に再発見され、ダーウィンの研究と組み合わされた。ダーウィンの記述的な理論を、定量的な予測が可能な科学にすることはできるのか？　数人の数理科学者がこの挑戦に挑み、二〇世紀の最初の数十年にわたって独自に研究を重ね、おたがいに文通をした。この数理学者たちとは、アルフレッド・ロトカ、シューアル・ライト、J・B・S・ホールデン、テオドシウス・ドブジャンスキー、そして誰よりもまずロナルド・フィッシャーだ。

フィッシャーの頭のなかは数学的な思考が支配的で、抽象概念が自在に駆使されている。ダーウィンに深く私淑していたフィッシャーは、より明確で、定量的で、予測が可能な科学を求め、ダーウィンのアイディアをさまざまな角度から考え抜いた。

ダーウィンは生存競争——「適者生存」*——の絵を描いた。だから最初のステップは、「適応度」を計量化し、それに番号をつけることだった。これはさほどむずかしくない。ダーウィンの世界における「適応度」は、「より多くの子孫を速くつくること」にある。フィッシャーはロトカから公式を借りて子孫の数をかぞえ、ライフサイクルの初期に子をつくったものに対してボーナスを加算した。スタートは快調だった。

しかし、つぎのステップはそう簡単ではなかった。問題は「なんの適応度を計測すればいいのか？」という点だった。

まず考えられるのは個体の適応度だ。有性生殖ではなくクローン繁殖する集団の場合なら、これはうまく適用できる。もっとも成功した変種がどれだけ増えたかを追跡すればいい。しかし、有性生殖する集団の場合、まったく同一の個体は存在しない。フィッシャーがほしかったのは、時間の経過によって集団がいかに変化するかを解明する数学理論だった。計数可能で何世代にもわたって追跡調査できるものがほしかったのだが、個体は短命すぎてこの目的には使えないので

＊「適者生存」という言葉をつくったのは、ダーウィンの同僚で理解者だったハーバート・スペンサーであり、ダーウィン自身はその言葉を借用して『種の起源』の後年の版で使ったにすぎない。

ある。

個体には「適応度」があるが、進化はしない。集団は構造の変化を通じて進化するが、「適応度」はない。これこそ、フィッシャーが直面したジレンマだった。

フィッシャーの創意豊かな前頭葉は、そこでこんな解決法を思いついた。「適応度」を持っているのは動物でも植物でもなく、その内部にある遺伝子だと考えたのだ。遺伝子ならば、いくら時間が経過しても生きつづける。遺伝子の成功は、集団においてどれくらい優勢であるかの尺度となる。どんなときでも、ある特定の遺伝子を持っている個体と持っていない個体がある。ある遺伝子のコピーが集団全体のなかにいったいいくつ存在しているかが、その遺伝子の成功の尺度になる。成功している遺伝子は、世代を下るごとにその占有率を上げていく。その遺伝子を持つ個体が、ちょっとだけ違う別バージョンの遺伝子を持つ個体に較べて*より多くなるわけだ。

遺伝子はすべて、宿主の生存と繁殖に貢献する。遺伝子としては、次世代に自分の複製がより多く受け継がれれば、貢献が報われたことになる。その報いは時の経過とともに累積し、量を表にすることができる。遺伝子のなかには集団じゅうに広まるものもあるが、だんだんと減っていき、最後には消滅してしまうものもある。これがフィッシャーによるダーウィン進化論の数量モデルだ。フィッシャーはダーウィンの理論を、計測、計算、予測、検証のできるものにしたのだ。

これは恥知らずな知的飛躍であり、利己的遺伝子の誕生だった。リチャード・ドーキンスが実際に「利己的な遺伝子」と命名する五〇年前のことである。この考え方――もしくは現実のモデル化――は、進化の数学的理論を発達させることを可能にした。しかし同時に、広大な範囲の生物学的現実を無視する結果になってしまった。

一九二〇年代、フィッシャーを中傷する人々は、「遺伝子の適応度」という概念は問題だらけだと指摘した。適応度は、ひとつの個体のなかで協力し合っているすべての遺伝子によって決定するものだ（骨を太くする遺伝子は、重いものを持てる筋肉質な個体にとってはプラスだが、体重が軽くて敏捷《びんしょう》な個体にとっては、たんにスピードを失わせることにしかならない）。そういう意味で、個体の適応度は、生態学的なコンテクストによっているのである（北極グマの豊かな体毛は、雪の多い北方の気候においては長所だが、熱帯においては短所となる）。

フィッシャーはそうした指摘に対して、「世界は広く、すべては平均化する」と答えた。遺伝子はどれも、それぞれ違う遺伝子と組み合わさって機能し、違う環境の違う生活状況において、違う個体とともに活動する違う個体に発現するのだ。総合的にベストの働きをするのは、どんな環境においても適応にプラスの貢献ができる「万能選手遺伝子」だろう。

自然界には、ある種の能力に特化した「専門家」が見られる。こうした「専門家」は、その特殊な能力ゆえに、自分の活動領域を独占している。たとえば、熱帯地方の乾燥地帯には九〇〇種類のイチジクの木があり、それぞれのイチジクの木は、それぞれの木に特化したイチジクコバチによって受粉されている。たった一種類のイチジクの木からしか花蜜を採取しないイチジクコバチが、九〇〇種類も存在しているのである。

＊おなじ遺伝子の別バージョン同士は競争し合う。遺伝子のなかには「対立遺伝子」と呼ばれるバージョンがある。

そのキャリアを通じて、フィッシャーとつねに対照的だったのはシューアル・ライトだ。ライトは「適応」を適応度に押し戻そうとしつづけた遺伝学者で、どの遺伝子とどの遺伝子が組み合わさるとよりよい働きをするか、どんな種類の組み合わせがどんな環境によりよく適合するか、といった関係を考察した。

ライトは長寿に恵まれたため、一九八八年に九八歳で亡くなるまで思索と執筆をつづけた。その頃には、フィッシャー(一八九〇〜一九六二)はとうの昔に亡くなっていたが、たいした問題ではなかった。フィッシャーは論争に勝ち、科学界では彼の説が一般的になっていたからだ。

しかし、現在から振り返ってみると、フィッシャーの仮定のいくつかは間違っていただけでなく、進化というものをわたしたちに誤解させる結果となった。以下に挙げるのは、わたしが考える、フィッシャーのモデルの主な弱点である。

●遺伝子はそれぞれが独立して適応度に貢献するとフィッシャーは仮定したが、実際には相互に強く作用している。

●交尾はランダムに行なわれるとフィッシャーは仮定したが、実際には、交尾の相手の選択は相性を見抜く本能と地理学に強く基づいている。

●集団のサイズは固定状態にあるとフィッシャーは仮定したが、実際には変動する(集団は「変動」するだけでなく、ゼロになる——絶滅する——こともあるという事実は、老化に対するわたしたちの新しい理解において、決定的な意味を持つことになる)。

●生態系は静的なバックグラウンドを提供するとフィッシャーは仮定したが、実際には、生態系は変化し、生息動物に危険な影響をあたえる。
●局所的な環境のバリエーションはすべて平均化するとフィッシャーは仮定したが、実際には、種は局所的バリエーションに見事に適応する。

根本的な部分にこれだけ難があるのなら、フィッシャーの理論はまったく信頼できないと考える方もいるかもしれない。しかし、たとえ難のある理論であっても、正しいことを証明するチャンスをあたえる理由は、実際のところたくさんあるのだ。ほとんどの科学理論はどれもある程度の論理的問題をかかえているが、それでも広い範囲で現実をうまく説明している。だから、フィッシャーの理論が生命の大きな特性のいくつかから目をそらしているとしても、頭から否定したりせずに、大自然の実相がその予測と合致するか見てみよう。

フィッシャーの提唱する進化論を、この本では単純に「ネオダーウィニズム」と呼んでいる。その根拠となる仮定が明白に間違っていることは、致命的な傷にはならない。しかし、ネオダーウィニズムの予測が自然界で見られる現実の事象と一致するかどうか、科学者は目をしっかり見開いて確認していく必要がある。科学者はこうした理論に対して慎重でなければならないし、その予測を評価するにあたっては、健全な懐疑的態度を持ちつづけなければならない。

しかし、実際の科学者たちの態度は違っていた。結局のところ、フィッシャーの理論が成功したのは、それが――狭い世界の話だとはいえ――金になる知的宇宙を生みだしたからなのだ。利己的遺伝子を数学的に証明することは、興味を持った何百人もの——ゆくゆくは何千人もの——知識人（フィッシャーによる「メンデルとダーウィンの数学的結婚」が達成した理論的明晰さに、早まって夢中になった人たち）に、儲《もう》かる仕事と興味深い研究を提供したのである。



## 人間に棲みついている微生物

わたしたちの体には、ヒト細胞の一〇倍の細菌体が棲みついている。また、体の遺伝子の九〇パーセントは微生物叢《びせいぶつそう》のなかにある（もちろん、細菌体はずっと小さく、量的にはたいしたことがない）。ウィスコンシン大学の微生物学者マーガレット・マクフォール＝ガイは、「人間の祖先は微生物でいっぱいの海に生息していたのだから、その免疫システムは異物をシャットアウトするのではなく、選択的に吸収するように形づくられたはずだ」という仮説を立てた。

社会ダーウィニズムは人種差別と階級差別の傾向がある政治的イデオロギーで、「最下層階級を搾取することは、特権階級の生まれながらの権利だ」と解釈している。ダーウィンの説を曲解したこのイデオロギーは、優生学の実験と国家社会主義——別名ナチズム——を生みだした。社会ダーウィニズムの数多い誤謬《ごびゅう》のひとつは、多様性の重要さを認識しそこなったことにある。いっしょに力を合わせれば、わたしたちはそれぞれがひとりのときよりも機略に富み、力が強く、より活力に満ちている。理想のクローンのユートピアなど、ユートピアではないのだ。

民族純血主義は、「性質の異なる膨大な生物──人間という〝超個体〟が内包している微小生物も含む──が、体のなかでいっしょに進化している」という事実によって、すでに信頼性を否定されたミーム〔文化伝達や複製の基本単位。ドーキンスが提唱した「人間の文化も遺伝子と同様に受け継がれて進化する」という考えに基づいている〕である。集団にはさまざまな生物が混在しているという〝不純さ〟が神聖であることは、純粋に単一の微生物を実験室で育てようとしても成長しないという事実からも明らかだ。事実、人間に棲みついている微生物は、雑多な構成要素のなかから特定の菌を分離することができず、生物学者が暗黒物質にたとえるほどだ。人間の体に棲みついている微生物の半分は、ほかの場所では生きることができない。だとしたら、実験室で研究することなど、どうしたらできるだろう？

生命はあらゆるレベルで相互依存している。人間社会はもっとも多様性が高いときにもっとも回復力が高くなる。アメリカの文化と力が大きく高まった時期は、さまざまな人種と文化が混ざり合った時期と時をおなじくしている。ウィリアム・フレイが「多様性の爆発」と呼んだそれは、変化のエンジンを──アメリカ国内だけでなく世界中で──一気に加速させた。

## 実験室での進化

「一回につきひとつの遺伝子」というフィッシャーの理論は、実際に自然界を観察して確認できる事実（過剰なほどの相互依存！）とは一致しない。しかし、フィッシャーの理論を完全に論破することはむずかしい。実際にどう進化するかを実験することはできないからだ。代わりに、化石記録を調べることで満足しなければならない。実験で進化を再現する代わりに、実験科学者はフィッシャーの理論を実証するために繁殖実験を行なった。そして実際、フィッシャーの理論は、このコンテクストにおいては魔法のようにうまくいった。分厚い研究報告書が作成され、ほとんどすべてがフィッシャー・バージョンの現実を支持しているかのようだった。

盲点は、実験室での実験はすべて、一回につきひとつの形質を選択するようにデザインされていたことにあった！　長い体毛、小さなサイズ、高い生殖能力、長寿などといった形質を持つように動物を交配するとき、交配はそうした形質を――たとえそれがどんなものでも――高めることができる。しかし、それを「自然選択も一回につきひとつの形質、もしくはひとつの遺伝子を選択する傾向がある」という証拠と考えるのは誤っている。

Column

## 生物学に進化の光を

テオドシウス・ドブジャンスキー（一九〇〇～一九七五）は、進化生物学者のなかでも特異な存在で、自分のアイディアを証明するための実験を通じて自然選択説と遺伝学が統合できることを示し、ネオダーウィニズムの成立に寄与した。ウクライナに住んでいた若き日のドブジャンスキーは統計学を学び、集団遺伝学の初期理論を推し進めた。一九三〇年代、アメリカに移住したのち、ドブジャンスキーはショウジョウバエの交配を行なうための実験室をつくり、ネオダーウィニズム理論の予測を裏づける実験を行なった。こうして得られた実験結果は「平均化の経験的支持」と受けとめられ、ネオダーウィニズム理論には実験に基づく確固とした土台があるという印象をあたえた。しかし、この推論にはどこか循環論法めいたものがあった。ドブジャンスキーの選抜実験は、フィッシャーの狭いヴィジョンを構成する選択を手本にしていた。実験はどれもネオダーウィニズムの数学に沿った形でデザインされ、「集団はそれぞれの世代のほとんどを捨てることによって不変を維持する。一方、それぞれの新世代の代表者たちは、集団のなかから選択され、いちばん新しい世代を豊穣《ほうじょう》なものにする」という結果を導きだした。それはフィッシャーの数学の実現ではあったが、彼のモデルのもっとも疑わしい点——自然におけるどの選択が現在の結果をもたらしたか——に関しては、なんの証明にもなっていなかった。

　ドブジャンスキーのエッセイのタイトル「生物学においては進化の光を当てなければ何事も意味をなさない」は、ネオダーウィニズムのキャッチフレーズになった。[4] なぜならそれは、「進化はすべての生物学的現象の源であり、レーゾンデートルだ」という一般的な印象を言い表わしていたからだ。ドブジャンスキー自身は心のなかで「偶然の鎖をたどっていけば、神の意志まであと一歩のところまで行けるのではないか」と考えていたのかもしれない。ドブジャンスキーは生涯を通じて東方正教会の敬虔《けいけん》な信徒であり、進化を神の創造の手段と見なしていたのである。

## 二車線上の科学

三〇年間にわたって、進化論の研究は二本の並行した車線を進んできた。両者は発表の仕方も違えば方法論も違い、交流はほとんどなかった。

一方の車線では、J・B・S・ホールデンとドブジャンスキーが苦心してつくりあげた理論の意味について、フィッシャーとライトが激しい論戦を戦わせていた。ふたりはどちらも数学理論に強い生物学者で、専門家だけでなく一般読者にもアピールする文章を書く力があった。

もう一方の車線では、博物学者たちがダーウィンとおなじことをしていた。自然を観察し、自分が見たものについて書き、適応行動や形質についてだらだらと話をしていたのだ。彼らは自然選択が生存と生殖に関するものであることは認めていたが、フィッシャーが道を切り開いた厳格で首尾一貫した理論の必要性はいっさい認めていなかった。これは彼らの業績をいささかも侮辱するものではない。哲学者のアルフレッド・ノース・ホワイトヘッドは才能にあふれた数学者でもあり、超合理主義者のバートランド・ラッセルの共同研究者としても知られ、純粋な科学の道をたどって理論と証拠の組み合わせを突きとめた。理論的な裏づけのない事実をいくら並べても、それはたんなるカタログにすぎず、わたしたちの理解を広げるための土台を提供してくれない。反対に、事実の裏づけのない理論は数学的抽象であり、優雅で洗練されているかもしれないが、それだけでは〝科学〟ではない。ホワイトヘッドが強調しているように、明快な思弁は科学を前進させる力となる。しかし、定期的に徹底的な検査をしないかぎり、現実から遊離してしまう危険がある。

## 利己的な遺伝子の原型

J・B・S・〝ジャック〟・ホールデンは「集団遺伝学」もしくは「ネオダーウィニズム」と呼ばれる理論的枠組みの基礎を築いた科学者のひとりとして知られている。スコットランドの名門の出身で、早熟の博識家だった。生理学者だった父は自分の妹と共同で論文を発表し、自分自身を実験台にして毒ガスに身をさらし、献体して臓器を科学に捧げたという人物である。ホールデンは四歳のとき、額から血をぬぐってくれた医者に、「それは酸素ヘモグロビンですか、それともカルボキシヘモグロビンですか?」と質問したという。免疫学者のピーター・メダワーはホールデンのことを「わたしが知っているなかでいちばん頭のいい男」と評した。ホールデンはまた、ロシアの生化学者アレクサンドル・オパーリンとほぼ同時期に生命の起源を考察し、太古の地球の化学環境は、水素含有化合物が豊かで、それが巧まずして生命の誕生に寄与したのだろうと考えた。

政治的にはマルクス主義者だったが、ロシアの共産主義者のあいだで広く支持されていたルイセンコ学説〔遺伝的性質は環境条件の変化によるという説〕には失望していた。才能のある作家でもあったホールデンは、『ダイダロス』という著作で試験管ベビーを予言し、友人であったオルダス・ハクスリーの優生学的ディストピア小説『すばらしい新世界』に影響をあたえた。ホールデンがいなければ、現代の利己的遺伝子理論が形成されることはなかっただろう。彼は利他現象という〝問題〟――利己的な進化の世界では、利他現象は筋が通らない――に直面したあとで、利己的遺伝子理論の原型となる考えに行きついた。

人命を救うためにどこまでやるかと質問されたとき、この遺伝学者は一分ほど考えてから、手近なナプキンを手に取って計算をはじめた。「兄弟がふたり川に落ちたのなら救いに行くが、ひとりなら行かない」とホールデンはいった。「もしくは、いとこが八人なら救いに行くが、七人なら行かない」。(個体の)利他行為のように見えるものは、実際には(遺伝子の)利己主義が変装した姿なのだ。なぜなら、遺伝子は近親の個体のなかにある自分自身のコピーに援助の手を差しのべるはずだからだ。利他主義に対するこのシニカルな見方は、ウィリアム・D・ハミルトンによる血縁選択の数学理論へと発展し、のちにリチャード・ドーキンスの著書『利己的な遺伝子』で一般にも知られるようになった。

数学的な才能にあふれていた学者にして無神論者のホールデンは、一九五六年にユニヴァーシティ・カレッジ・ロンドンを去り、カルカッタのインド統計大学に移った。彼がインドに移った理由は、よりよい気候と、自分が信奉する社会主義に友好的なコミュニティを見つけるためだった。

## 動物は個体数を管理するか?

V・C・ウィン＝エドワーズ(一九〇六～一九九七)は古いタイプの博物学者で、教養のある学者であると同時に、筆力のある作家でもあり、自然を観察して膨大な証拠を集め、個体数調節に関する著作を発表した。同書は激しい論争を巻き起こし、ウィン＝エドワーズは学会からさんざん叩かれることになった。

ウィン＝エドワーズのテーマは「動物は使用可能なリソースと限度に応じ、持続可能なレベルで集団の運命をコントロールする」というものだ。動物はこれを成し遂げるために、生息地域を広げたり、産子数制限（人間でいえば産児制限）をしたり、おなじ種のほかの個体に「自分たちのなわばりを守れ」とシグナルを送ったりする。甲虫のなかには、個体数が増えすぎると共食いをはじめるものがいるし、レミングは（実際には崖《がけ》から飛び降りたりはしないものの）増殖しすぎると群れをなして探索の旅に出て、大半は移動中に死んでしまう。

はたしてウィン＝エドワーズは正しかったのだろうか？　証拠の多様性に目を向けることによってしか判断は下せない。たったひとつの例が決定的な証拠になることは期待できない。しかし、自然界における個体数調節を主張したウィン＝エドワーズが集めた証拠は多種多様で、説得力がある。その例の幅広さは、五〇年が経過したいまのほうがより強い印象をあたえる。

クジラやゾウの死亡率は非常に低く、生殖の回数も、生理機能が許すよりもずっと少ない。ライオンやトラは小型のネコ科の動物に較べて生殖に割くエネルギーがずっと少ないが、これはウィン＝エドワーズによると、ライオンやトラの寿命のほうがずっと長いため、生殖活動をあまり頻繁に行なうと個体数が増えすぎてしまうからだという。広口瓶のなかで飼育されているハエは、個体数密度が限界に達すると、いくら食べものが豊富にあっても卵を産むのをやめてしまう。甲虫は個体数が増えすぎると若い個体を食べてしまう。マウスをはじめとするネズミは、満杯の檻《おり》に入れられると、いくら豊富に餌《えさ》があっても生殖活動を拒否し、激しい縄張り争いをするようになる。ウィン＝エドワーズは、個体数密度に基づいた〝種の保存のためになる〟個体数調節は、ネオダーウィニストたちの利己的遺伝子仮説とは矛盾するといっているが、こうした事例は軽々しく無視していいものではない。

例はほかにもある。大物釣りの対象になる魚をタンクのなかで養殖した場合、定期的に何割かをタンクから出しても、そのまま放置しても、魚の総数は見事なほど一定している。長寿の鳥――ペンギン、ウミスズメ、コンドル、ハゲワシ、ワシ、アホウドリ――は、たとえ生理的な負担がほんのわずかにすぎないときでも、一回につき一個しか卵を産まない。実際、ひとつの卵が失われたり割れたりすると、鳥はもう一個産む。これはいかにも不思議だ。二個産むのが簡単なら、自然選択においてなにがそれを阻んでいるのか？

人間という種はなわばり意識と階級意識が強いが、ウィン＝エドワーズはそこにも個体数密度の調整が働いていると考えた。ウィン＝エドワーズは人口研究の先駆者であるアレクサンダー・カー＝ソーンダーズ（ウィン＝エドワーズよりも一世代前に、人類学的な視点から人口問題を研究した）を引用している。農耕がはじまるまで、狩猟採集生活者の人口は何十万年も安定していた。カー＝ソーンダーズは人口過剰を避ける方法をリストアップした――ここには産児制限と堕胎、交戦、さらには嬰児《えいじ》殺しまでが挙げられている。このリストを見ると、カー＝ソーンダーズは生殖活動よりも人口維持可能性のプログラムに興味があったように見える。

ネオダーウィニズム理論のコンテクストにおいて、個体数調整はプログラムされた老化とおなじくらいありえないものだ。もしネオダーウィニズム理論が正しいとしたら、野生の動物は、ありえない行動ばかりとっていることになってしまう。

ウィン＝エドワーズは自然界で観察できる個体数調整の証拠を六〇〇ページ分も収集し、説得力のある波状攻撃を仕掛けた。それでも、この本はミッションに失敗してしまった。ウィン＝エドワーズの主張があいまいで、数学的な厳密さに欠けていたからだ。彼の本は理論の基礎を攻撃され、そこに挙げられている証拠は一度も否定されていないにもかかわらず、個体数調整の進化について語ることは〝イケていない〟ということになってしまったのである。

## 個体の利益

ウィン＝エドワーズの大著から数年後、ジョージ・C・ウィリアムズ（一九二六～二〇一〇）という数理生物学者がこの分野に登場し、その明晰でしっかり筋の通った論文で、ウィン＝エドワーズの仕事を徹底的に攻撃した。[6]

ウィリアムズはミシガン大学で学士論文を書きあげたばかりだったが、進化生物学が二本の車線を走っていることをはっきり認識していた。博物学者は、フィールド調査で自分たちが発見した事実や現象に説明をつけるため、進化論に裏打ちされた仮説を立てる。しかしその多くは、ネオダーウィニズムの方法論や利己的遺伝子の数学に適合しない。そのことに気づいていたウィリアムズは、厳格な適用に失敗した博物学者たちのほうを非難したのである。

博物学者たちは自分たちが観察したすべての現象の原因を、いかにももっともらしい選択的優位性に求める傾向がある。[7]選択的優位性ならば、そうした現象がいかに進化してきたかを説明してくれると思うのだろう。しかし、わたしたちが生物理論に期待しているのは、もっともらしい話以上のものだ。生物学者は明確な仕組みの観点から考える必要があり、可能な場合は、自分の観察結果を進化論の定量的予測と関係づける。そうした予測を見積もるための基盤を提供しようというのが、ネオダーウィニズムの方法論だった。

ウィリアムズはさらに、博物学者が曖昧《あいまい》な考え方をするのは、「集団にも適応度があるなどという考えをもてあそんでいるせいだ」と批判した。理論的には、自然選択は一回につきひとつの個体にしか起こらない（とウィリアムズは考えていた）。個体の遺伝子は、周囲の環境の変化よりも速く変化（増殖もしくは死滅）する。それに対し、自然選択が集団に影響をおよぼすプロセスは、比較的ゆっくりで効率が悪い。そこでウィリアムズは、「個体の利益と集団が衝突する場合、ほとんどつねに個体の利益が勝利をおさめるはずだ」と考えたのだ。

Column

## ネオダーウィニズムの文化的コンテクスト

人類学者や科学史家は、「科学者は当人たちが考えているほど客観的ではなく、社会的状況や財政的援助や文化に深く影響されている」とよく指摘する。そこには「科学の社会学」があり、さらにいえば「科学の政治学」がある。フリードリヒ・エンゲルスは明らかにこのコンテクストからダーウィンの理論を見ていた。

すべてのダーウィン主義者たちが生存競争を教えるのは、ホッブズの「万人の万人に対する戦い」という教理を――もしくは、ブルジョアの競争原理に経済学者マルサスの人口論（人口は資源よりもずっと速く成長しがちであり、資源を脅かすという論旨）をくわえたものを――人間社会から生物界へ移動したにすぎない。[8] この奇術師のトリックが演じられているとき……おなじ論理が生物界から歴史にふたたび移し戻される。そしてこんどは、人間社会の永遠の法則としての正当性は証明されたと主張するのだ。このやり方の幼稚さはあまりにも明白で、贅言《ぜいげん》を必要としない。

ダーウィンが一八五九年に発表した本のフルタイトルは『自然選択による種の起源について、もしくは生存競争において有利な類の保存』だった。この本が出版されるやいなや、英国の上流階級は、そこから階級的特権への科学的正当化を引きだした。かくして、社会ダーウィニズムが生まれた。

一九世紀の終わりに、この流れから優生学運動が起こった。この「優生学」という言葉をはじめて用いたは、ダーウィンのいとこであるサー・フランシス・ゴールトンだった。ゴールトンはこの言葉を「未来の世代の人種的質を改良もしくは改悪する人為的操作に関する研究」と定義している。「金持ちはさらに金持ちになり、貧乏人はどんどん子供が増えていく」という事実に悩まされていた当時のリベラルは、天才の遺伝子プールが薄まって絶滅するのを避けるための人道にかなった方法を探した。金持ちは全員が天才だとは誰も思っていなかったが、貧乏人は怠惰で間抜けだという仮定には疑いの余地がないとされていた。

もしハトとイヌを交配できるのなら、人間だってできるはずだ。しかし、優生学の初期の提唱者たちは、近親交配の危険（動物のブリーダーはすでにこの危険性をよく知っていた）にもっと用心すべきだった。ゴールトンはウェッジウッド家、ダーウィン家、ハクスリー家と協力し、人種改良の実験を行なった。彼らはより優秀な人種を生みだすため、四家族間で子供をつくった。しかし、この大胆な実験の結果は、たった二世代で終わってしまった。彼らの子孫のほとんどは出産のときに死ぬか、生まれつき深刻なハンディキャップを背負っていたからだ。

ロナルド・フィッシャーはたぐいまれな天才だった。ネオダーウィニズムの基礎を確立したばかりか、現代統計学の父でもあった。しかし、フィッシャーがもっとも情熱を傾けたのは優生学だった。彼は持ち前の情熱をこめて、遺伝子の多様性を否定するようなことを口にすることがあった。

フィッシャーの代表作は一九三〇年に刊行された『自然選択の遺伝学的理論』である。[9] この本の第一部は進化を研究する科学者のためのスタンダードな参考書で、ネオダーウィニズムの核にある数学的構造を巧みに引きだしている。しかし、第二部は優生学に関する政治的な長談義で、第一部を読んだ者を当惑させるような内容だった。

フィッシャーの本が刊行されてから一〇年もしないうちに、アドルフ・ヒトラーが「優生学」という言葉を禁句に変えてしまい、礼儀正しい友人の前では口にできない話題にしてしまった。科学を実践している者は、「現代の進化論のルーツは、汚名をこうむった社会哲学にある」という事実を思い出すことがほとんどないが、現代の統計分析の数学的構造の大部分は、遺伝子操作を正当化する新しい進化科学を実践する過程で、ほとんど偶然に発達したものなのだ。

## 集団選択論争

ウィン＝エドワーズとジョージ・C・ウィリアムズの著書が刊行されると、科学界に論争が巻き起こり、一九七〇年代のなかばまでつづいた。

集団選択の問題をめぐって、ウィリアムズは英国の進化論者ジョン・メイナード＝スミスと論戦をくりひろげた。また、集団選択のアイディアに理論的な裏づけをあたえるべく、デイヴィッド・ウィルソンとマイケル・ギルピンのふたりが、内容の濃い著作をそれぞれ発表している。しかし、ウィルソンもギルピンも、「集団選択は愚かな考えで厳密さに欠けている」という偏見に打ち勝つことができなかった。

進化生物学のふたつの世界は、真実と和解のための会議をとっくの昔に開いているべきだった。ただし、厳密な科学の世界では、より経験的実在に近い博物学者が数学者に指図すべきであって、その反対ではない。ところが実際には、博物学者のほうが数学者に萎縮させられてしまった。しかも博物学者は、バカだと思われないようにと、理論家の言葉を鵜呑《うの》みにしてしまったのだ。

博物学者は屈服し、数学者が勝利をおさめた。その後まもなく、生物学の学生は「集団選択はアウト」と教えられるようになった。科学界では、集団選択にちょっとでも言及することは、推論に欠陥がある証拠と見なされた。そうした間違いを犯した論文は、学術誌への掲載を拒否された。この検閲はいつまでたってもなかなか消えていかなかった。

現在受け入れられている三つの老化理論が登場したのは、こんな雰囲気のなかだった。利己的遺伝子が絶対視されている世界では、老化が独力で進化することなど考えられない。こんにち、進化論のメインストリームでは、「進化の生存競争は個体間にのみ起こることであり、集団間では起こりえない」といまだに信じられている。「もし集団のための適応のように見えるものがあるとしたら、それは幻想であり、兄弟やいとこのなかにある自分の複製のために行動している利己的遺伝子によってつくられたものにすぎない」というのだ。

　これまで長いあいだ「とめることも逆行することもできないプロセス」と見なされてきた老化の基礎を明らかにし、老化の新しい科学を確立するには、こうした独断的態度の爆弾と向き合い、注意深く解体処理しなくてはならない。アマチュアのシュールレアリスム画家で動物行動学者のデズモンド・モリスは（ベストセラーとなった代表作『裸のサル』のなかで）、サバンナの原始人の女性の胸がツンと上を向いているのは、大きな哺乳《ほにゅう》類を脅して寄せつけないためだという説をとなえた。[10]誰も必要としていない説明をわざわざデッチ上げたモリスは、周囲から非難されることになった。皮肉なことに、ネオダーウィニストたちはそれとは正反対の間違いを犯してしまったようだ。「老化は適応の役に立つから選択されたのだ」という可能性を考えなかったのである。

　老化は適応的進化であることをいくつもの証拠が指し示しても、メインストリームの科学者たちは「個体が集団のために身を犠牲にする」という考えになじむことができなかった。環境にもっとも適した個体が生き残るという理論が、彼らの頭のなかに深く刻印されてしまっていたのだ。皮肉なのは、彼らが集団選択説に反対している背景には、集団の一部として規則に従おうとするイデオロギー的な意志が――ほぼ間違いなくそれ自体が集団選択の一例なのだが――働いているらしいことだ。

わたしたちはパラドックスに直面する。この社会で生物学的にもっとも優れている人間は、もっぱら社会の敗残者たちのなかに見つかる。同様に、裕福で社会的に成功している階級の人間は、全体的に見ると生物学的な敗者であり、生存競争には向かず、遅かれ早かれ滅びていく運命にある。社会的な等級によって、人間の在庫から消し去られてしまうのである……身分制度が明確な社会において、経済システムは個体の生殖能力と集団の永続性を一致させることに完全に失敗した。

――ロナルド・フィッシャー

## 第三章のまとめ

文化的なコンテクストと科学の社会学に言及することなく、ダーウィンの理論になにが起きたのかを理解することは不可能だ。ネオダーウィニズムの形成には、西欧文化の大きな流れが影響をあたえたが、思いがけない偶然が作用した部分もある。

一九世紀はヨーロッパ――とくに英国――の時代で、地主階級が存在の正当性を失いつつあるときだった。地主階級はその特権的な地位を正当化するために、社会ダーウィニズムの原理に飛びついた。

ロナルド・フィッシャーという天才の個人的な力と偏見もまた、現代のわたしたちが知っている進化理論を形づくるうえでとてつもなく大きな役割を果たした。この問題に対するフィッシャーの情熱の大部分は、「大衆が手のつけられないほど繁殖し、自分のような知的人種が絶滅の危機にある」という彼自身の恐怖から生まれたものだった。

フィッシャーの影響ほどではないにしても、進化の論理におなじくらい大きな影響をあたえたのは、当時はまだコンピュータが開発されていなかったことだった。コンピュータがなかったため、「一回につきひとつの遺伝子」という説に基づいた理論は、手書きの方程式で解く以外に方法がなかった。現代の理論家なら、遺伝子の複雑な相互作用や、生態学と進化の相互作用は、コンピュータ・シミュレーションで簡単にモデル化できる。しかし、フィッシャーの時代にそれは望むべくもなかった。

二〇世紀を通じて、人為選択の実験の結果はどれも、フィッシャーの理論を裏づけるものばかりだった。そのため、「進化には予測可能な数学的理論がある。これは現実にも完全に立証されており、議論の余地はない」という考えが広く行き渡ることになった。しかし、それは幻想だった。そもそもそうした実験は、どれもフィッシャーの理論に沿うように設計されていたのである。科学者たちは一回につきひとつの形質しか研究しなかったし、それぞれの形質に対する選択の実験は、安定した環境内の安定した集団で行なわれた。こうした状況下だと、たしかにすべてはフィッシャーの理論どおりになった。しかし、自然界でもおなじ結果が出るかとなると、話はちがってくる。それはたんなる循環論法にすぎなかったのだ。

その後、一九六六年から一九七五年にかけて、集団選択論争がつづいた。いまになって振り返ってみれば、この論争はあまりにも論理に偏重しており、観察に理論が勝つという危険な結果に終わった。この結果をもたらした要因のひとつは、個体選択の純粋性を主張した人間の知性とカリスマ性であり、もうひとつの要因は、「数学者の方程式は純粋な真実の具現化であり、たんなる自然の観察は、それに反対することができない」という数学者たちの主張を、実地にフィールド調査を行なっている何千もの生物学者たちが喜んで受け入れたことにあった。

そして最後に、群集心理がある。科学には群集心理のおさまるべき場所などどこにもない。なのにそれは、人間の弱点を通して科学界に忍びこんだ。財政的支援と論文査定の官僚主義的権力構造が、こうしたバイアスを増幅することに寄与したのである。

ただし、いいニュースもある。ネオダーウィニズムを提唱したフィッシャーが考えていたよりも、進化生態学にはもっとずっとたくさんの驚きが満ちていることを、現代の科学者の多くは認識しはじめているのだ。革命はすでに進行中なのである！

# 第4章

*chapter.4*

# 老化の理論と理論の老化

## 老化理論はダーウィンの拘束衣を着せられている

現代では、世間が注目する科学関連のニュースといえば、生化学上の発見に関するものばかりだ。しかし、五〇年前は物理学の黄金時代であり、わたしたちの夢をかきたてたのは宇宙探査と原子力だった。

その時代精神が、進化と数学を結びつけた。生物学者たちはフィールド調査から引きあげ、デスクにすわって計算用紙に向かった。進化の科学を牽引していたR・A・フィッシャーは、生命の法則を解明する方程式を探していた。生物学と数学の結合から、老化の進化理論が生まれた。

この新しい理論において、自然選択の唯一の目的は、速く大量に子孫を残すことだとされていた。老化はその役に立たないどころか、反対に障害でしかない——老化は個体の適応度を損なう。もし進化理論で老化を説明しようとすれば、可能性は限られている。論理的な可能性のあるものは、その後の数十年のあいだに脚光が当たった三つの理論だけだった。

1 老化は自然選択の手の届かないところにある。野生の環境では、どんな生物も老化が問題になる年齢まで生きることができない。体は老化が起こるまえに崩壊する。そのため、自然選択が老化を排除する必要がなかったのである。

2 老化の原因となる遺伝子と、生殖能力を高める遺伝子は、じつはおなじものである。そのため、生殖能力を高めることと引き換えに、進化は老化を受け入れなければならない。

3 体はすべてに全力をつくすだけのエネルギーを持っていないため、なにかを切りつめる必要がある。老化とは、今四半期の純利益（即決を要する生殖活動）を高めるために、体がインフラにあてる予算を削った結果である。

過去五〇年のあいだに、この三つの理論は受け入れられるようになったが、進化理論を研究する科学者たちは、この三つがはらんだ矛盾に目を向けなかった。実際、観察や実験からは多くの否定材料が見つかったにもかかわらず、これらの理論は三つセットで生き抜いてきた。これはひとえに、それぞれの理論の弱点が、ほかのふたつの理論の妥当性を証明しているかのように報告されているからなのだ！　しかし実際には、この三つの理論はどれも、核となる前提を実験結果によって否定されているのである。

## 若者に場所をあけろ――ヴァイスマンの理論

ダーウィンは自分の著作のなかで老化について言及したことが一度もない。もしかしたらダーウィンは、本書の第一章で指摘した事実（熱力学では老化の問題は説明がつかないし、老化を理解するためには「進化」に行き当たらざるをえない）を把握していなかったのかもしれない。

しかし、それよりありそうなのは、ダーウィンが「老化は生命プランの一部として広く進化したものだが、表面的には適応を否定しているように見える」と認識していたことだ。かくして老化は、その核となるパラドックスとともに、ダーウィンの理論に立ちふさがった。ダーウィンには答えの用意がなかった。もちろん、老化のことなどまったく考えもしなかった可能性もある。生物圏に満ちあふれた驚異と魅力にすっかり目を奪われていたはずだからだ。そうした驚異や魅力は、進化論の正しさを裏づけてくれるだけでなく、より豊かにしてくれた。おそらく、ダーウィンの注意と時間と研究は、そこに向けられていたのだろう。

老化と進化に関する最初の論文が登場したのは、三〇年後のことだった。この論文を発表したアウグスト・ヴァイスマン（一八三四〜一九一四）はドイツの有名な生物学者で、ある意味でダーウィンの最初の後継者だった。

ヴァイスマンの理論は、こんにちでは広く「若者に場所をあけろ」と呼ばれている。その根幹にあるのは、「それぞれの世代の死は、変化と順応性と進化をうながす」という考えだ。この説明にはさまざまな言外の意味が秘められているが、それについては第一〇章で詳しく説明しよう。ちなみにこの説明は、ヴァイスマン自身が考えたものではない。ヴァイスマン自身は、「不測の事故が起こることで、時間とともに体がダメージを負う」と書いているだけだ。[1] 老化は廃棄物処理サービスのようなもので、損耗してダメージをうけた個体を取りのぞく自然の力なのだ。そうすることで、損耗した個体が生態的地位（生物の生存に必要な要素を提供する生息場所）を狭くしたり、生まれたばかりの若々しい子孫を押しのけたりしないようにするのである。老化は家系を交代させ、新鮮ではなくなった在庫を棚から一掃する。

「老化はダメージを負った個体を集団から排除するために進化した」ということの考え方は、まったく筋が通っていない。ヴァイスマンは自分でもそれがよくわかっていたため、老化の理論をつくりあげようとは決してせず、後半生はそこから距離をおくようにしていた。ピーター・メダワーは一九五七年にはっきりとこういっている。「ヴァイスマンは循環論法の周囲を二回ほど軽く走ったようなものだ。人間の年寄りは弱ってガタがきていると仮定することで、自分はほとんどすべてを証明した気になっていたんだ」

エルンスト・マイヤーはヴァイスマンを「ダーウィンにつぐ一九世紀で二番目に重要な生物学者」と評した。ヴァイスマンは生命の細胞活動を探究し、生殖細胞と体細胞を分けることの重要性を誰よりも早く指摘した。遺伝子は生殖細胞にあり、祖先から受け継いだ永久不変の財産を未来へと運んでいく。一方、「体細胞」は生物の体であり、遺伝子を保護し、生殖に必要なリソースを集めるために奉仕するだけで、一世代で朽ちてしまう。ヴァイスマンによって、「生殖細胞」はネオダーウィニズムや「使い捨ての体理論」とおなじくらい二〇世紀的な概念となった。

ヴァイスマンはまた、ダーウィンの理論に残っていたラマルクの進化論〔用不用説。よく使用する器官は世代を重ねるに従ってよく発達し、使用しない器官は次第に退化するというもの〕の影響を一掃したことで知られている。現代のわたしたちは、突然変異は完全にランダムだと考えている。しかし、ダーウィンはこの問題に関してははっきりとした答えを出さず、ある世代の経験が次世代の突然変異を特徴づけると考えていた。ヴァイスマンはこれを検証するため、精密とはいいがたいテストを行なった。マウスの尻尾を二〇世代にわたって切り、子孫の尻尾の長さが第一世代とおなじか観察したのである。

二一世紀に入ると、エピジェネティクスのコンテクストにおいて、ラマルクの進化論は新たな光を当てられることになった。この問題で二股をかけたダーウィンはおそらく正しかったのだろう。ダーウィンが時代をずっと先取りした洞察力と直感を発揮したのは、なにもこれが唯一の例ではない(ただし、間違いも犯したが)。

## 老化進化理論の父メダワー

ノーベル賞受賞者のピーター・メダワー(一九一五〜一九八七)は、自分は老化の理論に〝遊び半分で手を出した〟免疫学者にすぎないと断わっているが、一般的には現代の老化進化理論の父と目されている。ヴァイスマンが老化の理論をつくりあげることを放棄してから半世紀のあいだ、老化は大いなる謎であり、「生物学の未解決問題」だった。一九五一年、メダワーはロンドンのユニヴァーシティ・カレッジの教授に就任したとき、記念講義のテーマにこの「生物学の未解決問題」を選んだほか、新しい視点を導入した本のタイトルにもこれを使っている。

メダワーのアイディアは「自然選択の力は加齢とともに弱まる」というもので、これはつづく半世紀のあいだ、老化問題に関する理論の基礎を形成した。老化問題の理論には三つの大枝があり、それぞれの大枝には細部を説明するたくさんの小枝と若芽があった。しかし、すべてを支える根の部分にあるのはメダワーの説だった。ではまず、メダワーの提唱した「弱まっていく力」を簡単に説明しよう。

動物が若いときにはある遺伝子が適応をコントロールし、年老いたときにはべつの遺伝子がコントロールすると仮定しよう。もし自然選択が「若いときの遺伝子」と「老いたときの遺伝子」にべつべつに作用するとしたら、その作用は「若いときの遺伝子」に強く働き、「老いたときの遺伝子」にはあまり強く働かないことになる。

その第一の理由は、動物のなかには病気になったり、捕食動物に食べられたり、事故にあったりして、老化するまえに死ぬものがいることだ。生殖時期の早いものは、自分の遺伝子を次世代に残すチャンスが大きい。しかし、生殖時期が遅いものはチャンスを失ってしまうこともある。個体が若いときのほうが、自然選択は意欲とやる気にあふれている。個体が若いときには、全遺伝子遺産の存続がかかっているからだ。しかし、後半生になると、個体はすでに狂暴な運命の攻撃に屈服して死んでいる可能性が高くなる。

後半生になっても生きていることがたとえ保証されていても、生殖時期が早いことにはもうひとつべつの利点がある。生殖時期が早いと、孫や曾孫の世代がより早く登場することになる。子孫がすべて早い時期に生殖すれば、一気に拡大して集団を乗っ取ることもできる。ねずみ算式に増加する個体は、おなじ数の子孫をつくるのにずっと時間がかかる競争相手をしのぐことができるからだ。

このことは、「なぜ老化が進化したか」という問いに対する説明になっているだろうか？　おそらく、理解への足がかりにはなるだろう。人生の違う時期に作用する違う遺伝子があるという前提を信じるならば、自然選択は「若いときの遺伝子」と「老いたときの遺伝子」に違った作用をすることになる。

自説を展開するメダワーの論調は控えめで、謎に敬意を払っている。当時、生命科学の理論にはまだ懐疑の目が向けられていた。「わたしの主張は、たんなる自己満足の理論には終わっていないと思う……（ヴァイスマンの理論に刺激をうけて）後継者たちが考えた説明は、より洗練されていて、より説得力があった。どんな生物学理論に対してもそれ以上の評価は下せないし、わたし自身の理論がおなじくらい好意的な評価をうけたら、自分は幸運だと思うだろうね」

　科学的厳密さに対してメダワーはあくまで謙虚であろうとしたが、結果的に見ればその必要はなかった。その後、メダワーの説はだんだんと評価が上がり、「未解決の問題」の解決と見なされるようになった。おそらくこれは、ほかに選択の余地がなかったためだろう。

　メダワーの論文は老化の進化に関する現代の三つの理論――突然変異蓄積、拮抗的《きっこうてき》多面発現《ためんはつげん》、使い捨ての体理論――の基礎となったとされている。[2]これらの三つの理論は名称こそいかにも大仰だが、アイディア自体はシンプルだ。これらの理論のそれぞれは、メダワーの名前こそつけられていないものの、種子をまいたのはメダワーだった。じゅうぶんに練りあげられた理論はゆったりしたペースで――一〇年にひとつの割合で――登場した。どの理論も説明の言葉にあふれ、さまざまなアイディアでいっぱいだった。これから見ていくように、それぞれの理論はどれも、最初に提示されたときには、信頼できて価値のある仮説と見なされていた――しかしのちに、実験結果と矛盾することがわかった。

## 理論その1――突然変異蓄積

「突然変異蓄積」――この名称を聞けば、誰もが「個体の一生のあいだに細胞のなかで突然変異が蓄積し、やがては細胞の機能喪失や老化や癌《がん》に至るのだろう」と想像するはずだ。第一章で簡単に説明したフリーラジカル理論に似ていると思う人もいるだろう。それはごく自然なことだし、もしあなたがそう考えたとしても、まったく無理はない。

しかし、この理論はそういうものではない。突然変異蓄積とは、突然変異が何世代にもわたって蓄積されていくことである。それが積み重なり、最後には老化を引き起こす。メダワーによれば、この突然変異蓄積は自然選択によって排除されることがない。

自然選択は税金――商売をするための代償――を支払う。自然選択にとっての〝商売〟とは、突然変異をいろいろ試し、ふるいにかけ、役に立つものとただのクズを選別し、生存率の改善や生殖の向上（＝適応）といった利益をもたらす数少ない突然変異を維持することにある。突然変異の大多数は有害なものだが、とにかくなんでも試してみるのが進化の仕事である。有益なものを見つけるには、それ以外に方法がないからだ。突然変異は、いいものも悪いものも、進化時期のあいだにテストされる。そして、〝よりよい〟遺伝子と競争して勝つだけの子孫を残せないものは、ゆっくりと淘汰されていく。

しかしこれは、まだ自然選択によって淘汰されていない有害な突然変異がつねに存在しつづけていることを意味する。有害な突然変異を起こした遺伝子はなにも提供せず、宿主である個体の足をひっぱるだけだが、その害がよっぽどひどいものでないかぎり、集団から消えていくまでにかなり長いこと生き延びる。もちろん、そうした遺伝子が消える頃には、べつの有害な突然変異が現われている。かくして、集団はつねにまだ淘汰されていない突然変異を大量にかかえていることになる。これが「遺伝的荷重」と呼ばれるものだ。遺伝的荷重は進歩の代償の一部であり、つねによりよい解決を求めつづけている流動的なシステムが支払うべき適応コストなのだ。
メダワーは「遺伝子は内なる時計にしたがって活動しており、生物の成長のそれぞれの段階において、それぞれべつの遺伝子が作用する」と考えていた（この説はE・B・エドニーとロバート・ギルによって記事としてまとめられ、一九六八年に発表された）[3]。

もしこの考えが正しいとすれば、寿命の後半に作用する遺伝子は、遺伝的荷重がより大きいと考えられる。事実、動物園の動物の多くは野生では望めないくらい高齢まで生きるが、こうした高齢の動物にとって、有害な突然変異を排除する淘汰圧はほとんどゼロに等しいではないか――メダワーはそう考えた。

かくしてここに、「老化の進化」の起源に対する魅力的な仮説――生物学の未解決問題への解答――が浮かびあがってきた。突然変異はいつでも起こっている。ほとんどの突然変異は有害である。そうした突然変異のうち、有害なうえにも有害な突然変異は、個体の生存や生殖に対する大きな脅威になるため、すぐさま排除される。しかし、そのほかの有害な突然変異は、淘汰されるまでしばらく居座りつづける。寿命の後半になってから――生殖活動もすべて終わり、多くの個体が捕食動物の襲撃や病気や飢えで命を失ってから――適応に作用する遺伝子は、たとえ有害であっても、なかなか排除されない。こうした突然変異は、時がきてその有害性を発揮するまでは、よい遺伝子とおなじくらい楽々と生き延びることができる。悪い遺伝子であっても、作用するのが寿命の終盤であるならば、進化時期のあいだずっと蓄積していき、加齢とともに症状が重くなるさまざまな問題を引き起こす。これが「突然変異蓄積理論」だ。

この理論を立証する例とされているのが、血中コレステロールの増加や認知症の原因となる遺伝子である（ただしメダワーは、一九五一年当時この遺伝子のことを知らなかった）。アポリポタンパク質（アポE）は、人間の体でつくられる酵素で、古くなった脂肪分子を分解する働きがある。アポEは遺伝暗号を運ぶDNA構造の細部の違いによって三つの種類――ε2、ε3、ε4――がある。いいかえるなら、アポEの遺伝子はひとつだが、この遺伝子には一般的に三つの対立遺伝子（バージョン）があるのだ。このうち、ε4は血中コレステロールを増加させ、認知症と心臓病のリスクを高める。これは健康によくない。ε2は血中コレステロールを減少させ、認知症と心臓病のリスクを下げる。これは健康にいい。ならば、なぜε4のほうがε2よりも一般的によく見られるのか？　おそらくこれは、もっとも生殖活動が活発な時期が過ぎるまで、ほとんどの人間は認知症や心臓病にかからないからだろう。認知症や心臓病にかかる頃には、その個体は自然選択にとって「ほとんどどうでもいいもの」になっている。そのため、ε4に対して自然選択はなかなか作用せず、進化はそれを排除する仕事をまだ終えていないというわけだ。ε4は突然変異蓄積理論が現実にはどう作用するかを示す格好の例だと見なされているのである。

## 突然変異蓄積理論の問題点

メダワーの仮説には、「そもそも野生には老化がまったく存在しない」という極端なバージョンもある。動物園のような、人工的に保護された環境でなければ、老化は観察されないというのだ。しかし、これはまったく間違っていたことがわかった。メダワーの時代にはまだ明らかになっていなかったが、実際には、野生動物のなかにも老化で死ぬまで長生きする動物はたくさんいるのである。メダワーの理論の中心となる前提――進化の目には老化が映っていない――は、メダワーの本が出版されてから三〇年後のフィールド調査によって否定された。

もちろん、野生の動物は老化でだんだん弱くなり、最後の最後に力尽きて倒れるわけではない。しかし、それを基準に「老化がない」とはいえない。野生の世界では競争が熾烈《しれつ》であり、老化による死はもっと早い時期に、それとははっきり見分けのつかない形で起こる。五歳のガゼルは四歳のガゼルよりもすこしだけ足が遅いため、ライオンに追われたときに群れから遅れてしまう。マウスには最初の冬を越すだけの体力があるが、二番目の冬は越すことができない。年をとった魚はおなじ群れの若い魚ほど免疫システムが強くないため、真菌《しんきん》感染症で死ぬ確率が高くなる。

一九八〇年代から九〇年代にかけて、特殊な動物や鳥の化石を探すフィールド調査が行なわれた。骨から年齢を測定し、さまざまな年齢における死亡確率を計算するための統計データを集めるのが目的だった。もし老化で死ぬ動物が（メダワーの考えたとおり）まったくいなければ、死亡確率はすべての年齢でおなじになるはずだ。いいかえれば、メダワーの予測は「野生の動物は老化が原因で死ぬほど長生きするものはまったく――もしくはめったに――いない」ということだ。

これは事実に反していた。ほとんどのケースでは、年老いた個体の死亡率は、成熟してはいるがより若い動物の死亡率よりもずっと高かったのである。わたしたちが問うべき質問は、「野生動物は老化するのか？」ではなく、「野生動物の死因の何パーセントが老衰によるものなのか？」なのだ。答えはウサギの約一〇パーセントからリスの六〇パーセントまで、かなりの幅がある。高山地帯や北極地方に生息するリスの場合、この率はさらに高くなる。

ラッセル・ボンデュリアンスキーというカナダの若き研究者は、森の奥深くで複数のハエに標識をつけ、それぞれの個体がすべて死ぬまで追跡調査した（ボンデュリアンスキーはこの大胆な研究で博士号を取得している）。この調査によると、死因の二八パーセントが老化だった。[4]

答えが一〇パーセントだろうと二八パーセントだろうと六〇パーセントだろうと、たいした問題ではない。たとえ一〇パーセントであったとしても、自然選択にとっては決して無視できない数字だからだ。腕力や聴力や嗅覚のわずかな差が、自然選択によって非常に効果的に磨きあげられることを考えてほしい。自然にとっては、適応度のたった一パーセントの差が大きいのだ。老化は突然変異に大きな打撃をあたえる可能性を持つ現象であり、自然選択の目から逃れられるはずなどないのだ。

突然変異蓄積理論が正しくないという理由はほかにもある。これもまた、メダワーの死後に行なわれた研究から導きだされたものだ。一九九〇年代に研究者たちは、老化遺伝子の多くが共通の祖先を持つ種族に発現することを発見した。老化遺伝子はまず酵母や線虫で見つかった。驚いたことに、そのふたつの遺伝子には相同性があった。おなじ起源――共通祖先――から進化してきたもので、まったく同一ではないものの、非常に似通っている。そう、あなたもわたしも酵母も線虫もハエも、一〇億年ほどまえのおなじ祖先から進化してきたのだ。老化を規定する遺伝子は――共通点がまったくない種の遺伝子であっても――非常に似ている。そして驚くことに、昆虫も、鳥も、わたしやあなたのような哺乳類も、まったくおなじ遺伝子の別バージョンを持っている。要するに、こうした遺伝子はたいへん古いものであり、その起源は共通の祖先――進化の遠い過去の曾祖母の曾祖母の曾祖母――まで遡るにちがいないということだ。

これは突然変異蓄積理論とまったく合致しない。思い出してほしい。突然変異蓄積の本質は、

「老化は自然選択がまだ排除できずにいる突然変異によって引き起こされたものだ」という点にあるのだ。突然変異蓄積理論の視点に立てば、ハエの年のとり方と人間の年のとり方はまったく違っているはずである。人間に起こるランダムな突然変異は、ハエに起こるランダムな突然変異とはまったく接点がないからだ。まったく違う種の老化遺伝子に相同性があるということは、老化は非常に長い年月を生き抜き、その間ずっと自然選択の対象でありながら、排除はされなかったことを意味する。この結論は突然変異蓄積理論と完全に矛盾している。

## 理論その2――拮抗的多面発現

メダワーのまいた種子から生まれた第二の理論は、「拮抗的多面発現」と呼ばれている。これは「若年期には生殖能力を高める遺伝子が、晩年には老化を引き起こす働きをする」というものだ。この理論は「すべての生殖遺伝子が老化を引き起こす」という意味ではない。しかし、すべての老化遺伝子はかならず生殖能力を高め、より高い優位性をあたえるというのだ。

現在、老化遺伝子はすでに突きとめられているが、実際に観察してみると、そうした働きはしていない。この理論のさらなる問題は、進化の手は縛られていると仮定している点だ。この理論が正しいとすれば、自然は生命を死に至らしめる激烈な生体化学反応と生殖活動を分離できないということになる。しかし、経験に即して考えれば、重要な機能をべつべつに最適化することなど――たとえそれが生殖と老化よりももっと緊密に結びついているものであっても――自然にとっては簡単なはずだ。「フクロウは鋭い聴覚と夜間でも見える目の両方を持つことはできず、どちらかを選ばなければならない」などという自然の法則は存在しない。なぜすべての生物が生殖と長寿のどちらかを選ばなければならないのか？　この理論に対するもっとも直接的な実験的証拠は、ショウジョウバエを交配して寿命の長い品種をつくると、生殖能力も上がるという事実だ。とすれば、どんな遺伝子が老化を起こしているにしろ、それが生殖能力を高める必要はないということだ。

「拮抗的多面発現」。この言葉を分解してみよう。「多面発現」とは、生物のなかでひとつの遺伝子がふたつ以上の作用をすることを意味する。これはこの現象のためだけにつくられた特別な用語である。なぜなら、ネオダーウィニズムの枠組みにおいて、多面発現は例外的な事例だからだ。

古典的な集団遺伝学では、それぞれの遺伝子がどんな適応作用を持っているかを分析する。複数の作用を持っている遺伝子は例外と見なさなければならない。しかし、現実世界では、多面発現はごくありふれている。実際、多面発現こそが一般的で、作用がひとつしかない遺伝子のほうが例外的に思えるほどだ（「一遺伝子、一作用」を表わす言葉はないが、あってしかるべきだと思う）。

拮抗的多面発現は、ひとつの遺伝子が益と害をどちらも運んでいることを意味する。この名称をはじめて使ったのはマイケル・ローズだが、アイディアを思いついたのはジョージ・C・ウィリアムズ[5・6]だ。ウィリアムズは若き理論家で、V・C・ウィン＝エドワーズの集団選択理論を批判したことで有名になった。若年期に益をもたらし、晩年期に害をもたらすような遺伝子があるのなら、老化というものを簡単に説明できる、とウィリアムズは考えた。この考えは、半世紀にわたってもっとも一般的でもっとも受け入れられた老化理論の基礎となった。

ウィリアムズは「野生では老化で死ぬ動物がいないのは、老化が自然選択の目に映っていないからだ」というメダワーの推測に懐疑的であることを隠さなかった。この疑問に対するデータが揃うよりもずっとまえから、ウィリアムズは「老化の初期段階は、競争が激しい環境を生き抜く動物の能力に深い影響をあたえる」と直感していた。老化が進化のフィルターを逃れられるはずはなく、もっと積極的な説明が必要だと感じていたのである。

## 遺伝子とタイミング

ウィリアムズが一九五七年に自分の理論を発表したとき、「遺伝子」の定義はまだ明確ではなかった。メダワーが自分の理論を発表したのは、ワトソンとクリックがDNAの二重らせん構造を解き明かす直前だったし、ウィリアムズが発表したのは直後だった。ふたりは遺伝子に関する現代的な知識を欠いたままそれぞれの理論を構築したのだ。

現在、「遺伝子」といえばタンパク質の設計図であるらせん状のDNAを指すが、当時はそこまで明確にわかっていなかった。ウィリアムズにとって遺伝子とは、遺伝形質を伝える最小のユニット――メンデルが「ファクトレム」と呼んだもの――だった。

現在のわたしたちは、遺伝子が環境や体の状態によってスイッチを入れたり切ったりすることを知っている。これは「エピジェネティクス」の科学であり、DNAのらせんを巻きつけたりほどいたりすることで、どの遺伝子をいつ作用させるかを決定する。年齢は、どの遺伝子が発現するかに影響をあたえるさまざまな構成要素のひとつである。実際、遺伝子はわたしたちのDNAの約三パーセントにしかすぎない。残りのほとんどは、それぞれの遺伝子がいつどこで作用するかを決めるシグナルと標的の巨大なクモの巣を形成している。

高度に進化したプログラムによって、遺伝子は生物の一生のさまざまな段階でスイッチが入ったり切れたりする。ウィリアムズには想像もできなかっただろうが、いまやこれは常識だ。現在のわたしたちは、どの遺伝子が一生のどの段階で作用するかを明らかにした遺伝子地図を持っている。一九五七年当時の知識と概念にとらわれていたウィリアムズは、もし遺伝子がある時期にある場所で役に立つなら、役に立たない時期と場所においては、体はそれを無理やり押しつけられているのだと考えた。これが拮抗的多面発現だった。しかし現在では、遺伝子調節の複雑な力学が解明されており、拮抗的多面発現は妥当性を失ってしまった。

有能な科学者だったウィリアムズは、自分の理論から予測できることをリストアップし、実験で検証しようと考えた。彼はこうした予測が立証されることに自分の理論の正しさを賭《か》けるだけの勇気があった。興味深いことに、ウィリアムズは「遺伝子の多くは必須の特性（生物の若年期には益となり、晩期には害になる）を持っているとわかるだろう」と明確に予測したわけではない。一九五七年にはＤＮＡ配列などというものは知られていなかったし、遺伝子の解析など遠い夢にすぎなかったのだ。

ウィリアムズがこの予測をしなかったもうひとつの理由は、「老化とは、それぞれがほんの小さな効果しか持たない遺伝子がたくさん集まって生みだされる」と——理論的には——考えていたからだ。

自分の目的は多面発現性の遺伝子を実際に突きとめることではないと、ウィリアムズははっきり言明している。「必須の遺伝子の存在を詳細に解析する必要はあまりないだろう。ある種の多面発現性は一般的に見られるし、ひとつの遺伝子がおよぼす作用はつねに益か害かのどちらかだと主張している者もいない。すべての作用が同時に発現するとは、誰もいっていないいんだよ」

大きな影響をもたらしたウィリアムズの論文を、五〇年以上の年月が経過した現在の目から見ると、なぜ彼はもっと実験を行なって自分の理論を実証しようとしなかったのだろうと不思議に思う。多面発現性の遺伝子を実際に突きとめることをなぜ重要視していなかったのか？　若年期には明白な益をもたらすと同時に、わたしたちが一般的に老化と呼んでいる身体的変化とも明らかに関係がある遺伝子を、なぜ探さなかったのか？

ウィリアムズがなにを考えていたかを知るヒントのひとつは、「老衰はつねに全般的な劣化であり、ある特定のシステムの変化が大きな原因となることは決してない」という発言である。「若年期と晩年期で作用の違う遺伝子は、非常に数が多いだろう」とウィリアムズは予測していた。自然選択は生殖を加速させるチャンスがあれば見逃すはずがないし、そうしたチャンスが膨大であることを考えれば、それにともなって晩年に支払うことになる代償もまた膨大であるはずだ。「わたしたちが老化と呼んでいるさまざまな現象はすべて、ほんのわずかなメカニズムに支えられているはずだ」というメダワーの仮説を、ウィリアムズはまったく認めておらず、「現代の研究においてなされたその仮定が、もし根拠の確実なものであるなら、生理学的な要因がほんのわずかであることは、論理的にありえない」と考えていた。

そこでウィリアムズは、生殖・老化遺伝子を探そうとしなかった。ひとつひとつの遺伝子はほんのわずかな影響力しかないので、見つけだすことがとてつもなく困難だろうと予測していたからだ。

四〇年後、老化遺伝子の発見がはじまったとき、ウィリアムズはこの分野で精力的に研究を行なっていた。一九九〇年以来、たったひとつで実験動物の寿命に大きな作用をおよぼす遺伝子がいくつも見つかった。寿命が五〇パーセントから一〇〇パーセントに延びた実験用線虫から見つかった遺伝子変異は、どれもたったひとつの遺伝子のものだった。たったひとつの遺伝子が原因で寿命が延びた線虫の最高記録は一〇〇〇〇パーセントだった。

ウィリアムズの理論が正しいとすれば、「生殖能力は晩年期に高まるはずだ」という仮定が導きだされる。老いてからは体に害をあたえるが、若い時期には生殖能力を向上させるホルモンがあるとすれば、まだまだ長生きできると期待できる場合、体はそのホルモンを控えめに使おうとするだろう。しかし、寿命が終わりに近づいてきたときには、どんな場合であろうとも、最大限に繁殖することに全財産を賭けるはずだ。

しかし、ウィリアムズがこの仮定を唱えることはなかった。自分の理論からは当然そういう結論が導きだされるが、実際にはそんなはずがないと知っていたのだろう。最初の論文を発表するにあたって、「自分の理論を認めてもらうには困難が予想されるから、わざわざ自分から弱点を指摘しなくてもいい」と考えたのではないか。最近では、第二章の「劇的な老化、突然の死」でも紹介したとおり、寿命の終わりには生殖能力を完全に失ってしまう動物がたくさん見つかっている。

## 拮抗的多面発現の問題点

拮抗的多面発現理論の前提のひとつは、「若年期には益をもたらすが、晩年期には癌や心臓病といった害をもたらす遺伝子が存在することは、一〇〇パーセント真実だ」というものだ。寿命をめぐる多面発現の例は数多く見つかっている。しかしそれでも、拮抗的多面発現理論は、老化の進化の妥当な説明にはなっていない。

理由はふたつある。ひとつは、老化を促進する遺伝子のなかには、多面発現的な益をもたらさないものがたくさんあることだ。ふたつめは、この理論が成り立つのは、こうした遺伝子の持つ益と害を分離することが不可能なときだ。しかし、実際には不可能ではない。遺伝子は必要なときにスイッチが入り、不要なときにはスイッチが切れるのである。

老化遺伝子が際立っている点は、通常は晩年期に呼びだされ、自滅プログラムとしか考えられない作用をおよぼすことだ。たとえば、人間の女性の生殖と老化を考えてみよう。女性は閉経期を過ぎると、女性ホルモンの分泌が減り、癌とアルツハイマー病のリスクが高まる。分泌が減らないホルモンはLHとFSH——黄体形成ホルモンと卵胞刺激ホルモンのふたつだ。このふたつのホルモンは月経が終わってしまえば無用であるにもかかわらず、閉経期を過ぎると分泌量が非常に多くなり、女性のアルツハイマー病や骨粗鬆症《こつそしょう》の発症リスクを、男性よりもずっと高いレベルに押しあげる。

多目的遺伝子は存在する。それはたしかだ。しかしそれは、「自然選択が連係を強いられている避けがたい制限」というより、ただの道具のように見える。自然は自分の発明品を頻繁にリサイクルし、既成の〝テクノロジー〟のための巧妙な再利用法を見つけだす。しかし、拮抗的多面発現理論のロジックは、「多面発現は避けられない」「生殖の列車に乗るための切符代は早死にである」という二点が前提になっている。これまでに観察されてきた多面発現が、この理論をある面で支持していると解釈してはならない。なんの益ももたらさず、ただ寿命を縮めるだけの遺伝子はすべて、ウィリアムズの理論に反していると考えるべきだ。

にもかかわらず、ウィリアムズは——わたしの見解では——よい科学者だったし、自分の理論から導きだされる予測をあえて公表する勇気があった。もちろん、こうした〝予測〟のいくつかは、実際には老化現象についての——長いあいだ真実であるとされてきた——総括的な観察でしかなかった。

たとえば、成長と成熟に長い時間のかかる動物は寿命が長いという〝予測〟は、だいたいにおいて正しかった（ただし例外もある。一七年間も地下で幼虫時代を過ごし、成虫になってからはたった一日しか生きないセミもいる）。一方で、老化はすべての大型生物に存在するが、無性生殖で繁殖する単細胞生物には存在しないという予測はハズレに終わった。単細胞の原生生物に老化はないと予測したとき、ウィリアムズは安全な賭けをしているつもりだったのだろう。結局のところ、単細胞がふたつに分裂するときには「親」と「子」の区別はつかないからだ。

とはいえ、ウィリアムズはあえて危険を冒し、本物の予測もいくつかしている。そうした予測のなかには、検証が可能になるまでに何十年もかかったものもある。

## 拮抗的多面発現を提唱した論文でなされた予測

1　肉眼で見える大きな動物はすべて老化する。しかし、単細胞生物やクローンに老化はない。
2　成体の事故死率が低い場合、その種の寿命はかならず長くなる。
3　成体になると生殖能力が高まる動物は、老化がゆっくりである。

4　性別によって死亡率が違う場合、片方の死亡率が高ければ高いほど、寿命は短くなる。
5　年齢とともに動物の身体組織が作動しなくなる場合、なにもかもがすぐに作動しなくなる。たったひとつの遺伝子どころか、たったひとつの組織が寿命を延ばすことなどありえない。
6　生殖活動が終わると、彼らを生かしておこうとする淘汰圧が消え、自然界に生きる動物はすぐさま死ぬ。
7　老化の最初の徴候は、性的に成熟したときに表われる。
8　室内実験では、寿命を延ばすための人工的な選択は活力の低下を招き、若年期の生殖能力を減少させる。

では、これらの予測ははたして長い年月の経過に耐えられたのか？　率直にいえば、結果はどれもこれも悲惨なことになっている。しかしこの困惑すべき結果は、熱心な理論家にとって、そもそもの理論を何度もくりかえし拡大・修正するチャンスとなった。ウィリアムズのネオダーウィニストとしての予測のうち、七つについては要約し、八番目の予測については詳しく分析したい。

## ジョージ・C・ウィリアムズの八つの予測とその結果

**1　肉眼で見える大きな動物はすべて老化する。しかし、単細胞生物やクローンに老化はない。**

これは間違っている。第二章で説明したとおり、いくつかの動物や多くの植物は年をとらない。おそらくウィリアムズは、一九五七年当時の科学知識に基づいて、単細胞生物は老化しないと判断しても安全だと考えたのだろう。しかし、このあとの章で見るように、単細胞生物にはふたつの老化モードがあり、これは拮抗的多面発現理論では説明がつかない。

バクテリアのなかにさえ、ライフサイクルに老化を組み入れているものがある。これもウィリアムズの理論では説明がつかないし、現在受け入れられている標準的な老化理論でも説明がつかない。微生物の老化は、多細胞生物の老化とはまったく違う基盤の上で、まったく違う理由から進化してきたものと考えるべきなのだろうか？

2 **成体の事故死率が低い場合、その種の寿命はかならず長くなる。**

その可能性はある。この予測を裏づける実験結果がいくつか出ているが、一方で矛盾する調査結果もある。オポッサムを天敵のいない島に連れてくると寿命が延びる。しかし、トリニダード島の川の淵に住むグッピーは天敵の大型魚の餌食《えじき》になっているが、天敵がいない近くの淵に棲むグッピーよりも寿命が長い。

3 **成体になると生殖能力が高まる動物は、老化がゆっくりである。**

正しい。この予測は正しかったことが実証された。しかし、ウィリアムズが予期していなかったこともある。動物のなかには、一生を通じて生殖能力が高まりつづけるものもいるのだ。しかもこうした動物は、年を経るごとに死ぬ可能性がどんどん低くなっていくという意味で「反対方向に老化」しているのだ。

4 性別によって死亡率が違う場合、片方の死亡率が高ければ高いほど、寿命は短くなる。
もしかしたら正しいかもしれないが、まだ厳密な実証はされていない。

5 年齢とともに動物の身体組織が作動しなくなる場合、なにもかもがすぐに作動しなくなる。たったひとつの遺伝子どころか、たったひとつの組織が寿命を延ばすことなどありえない。
間違っている。老化遺伝学の分野における最大の驚きのひとつは、たったひとつで寿命を延ばすことのできる遺伝子が、じつに簡単に見つかることだった。ウィリアムズは「多面発現とは何千もの小さな取引――ファウスト的な力学といってもいい――であり、生殖能力のほんのわずかな増大と引き換えに、完全無欠な身体組織をつぎからつぎへと差しだすこと」だと考えていた。ウィリアムズをはじめとする全員の予測とは裏腹に、老化は大きな作用をおよぼす一握りの遺伝子によってコントロールされているらしい。

事実、これは老化の本質の大きな手がかりである。遺伝子はピラミッド型の階層を形成しており、いくつかのマスター遺伝子が成長と発達の大きな流れをコントロールしている。これとおなじマスター遺伝子が老化にも関係している。ここからもわかるとおり、老化は成長や性的成熟と同様、ライフサイクルの一部として進化しきたのだ。

6 生殖活動が終わると、彼らを生かしておこうとする淘汰圧が消え、自然界に生きる動物はすぐさま死ぬ。
間違っている。女性の閉経が反証になっていることは誰もが知っている。人類学者はこれを、年をとった女性は孫を育てることに時間を割くためだと説明したがる。しかし驚くことに――生殖活動後も生きている生物は生物圏のいたるところにいる。自分の孫のことなどまったく意に介さない線虫や酵母にも例が見られるのだ。クジラ、カワウソ、オポッサム、ゾウ、グッピー、ウズラ、インコ、マウスなども、生殖活動後に生きることが報告されている。

7 **老化の最初の徴候は、性的に成熟したときに表われる。**

正しい場合もある。性的に成熟するまえに老化の徴候を見せる動物がいないことはほんとうである。*しかし、多くの生物が老化しはじめるのは、生殖活動をはじめてから、ずっとたってからである。

8 **室内実験では、寿命を延ばすための人工的な選択は活力の低下を招き、若年期の生殖能力を減少させる。**

拮抗的多面発現を検証する方法は大きくふたつある。どちらもショウジョウバエを使った実験だ。ひとつは、生殖能力と寿命が関係しているかを調べるための繁殖実験である。予想

＊おそらく例外は、遺伝的疾病のプロジェリア（早老症）だろう。この病気では、いくつかの形質（しわや体のもろさ）が若い子供に現われる。一八八六年に最初の症例が報告されたこの病気は、新しい突然変異がもたらしたもので、発病者は子孫を残すまえに死んでしまう。発症率は八〇〇万人にほぼひとりの割合である。

では、品種改良で寿命を延ばせば、ショウジョウバエは生殖能力に破滅的な損失をこうむるはずだった。ふたつめは、自然変異を調べる方法だ。寿命の長いショウジョウバエは卵をたくさん産むのか？　それとも、すこししか産まないか？

## 繁殖実験で多目的遺伝子を探す

ここでは八番目の予測に関して詳しく分析していこう。まず、拮抗的多面発現を検証するふたつの方法のうち、ひとつめの方法に関しては、カリフォルニア大学アーバイン校のマイケル・ローズの実験室でマラソン実験が行なわれた。一九七〇年代、ローズは英国の偉大な数学的進化理論学者ブライアン・チャールズワースの優れた生徒だった。ローズ自身も心のなかでは数学理論学者だったが、この分野が必要としているのは理論的な科学を支えるための実験的基礎だと認識してもいた。そこでローズは、一九八一年に、「多面発現理論のいちばん重要な前提を実証する」とウィリアムズが考えた実験に着手した。

カナダのダルハウジー大学の若き教授だったローズ（のちにカリフォルニア大学アーバイン校に転任）は、寿命の長いショウジョウバエをつくりはじめた。といっても、最先端の遺伝子工学を使ったわけではなく、植物や家畜の品種改良に何百年もまえから使われているごく普通の方法を応用しただけだった。ガラス瓶のなかにハエを閉じこめ、そのうちの九〇パーセントが死んだあとで、生き残った一〇パーセントのハエが産んだ卵を採取したのだ。つぎの世代のショウジョウバエはほんのわずかに寿命が延びた。この手順を何度もくりかえすと、ハエの寿命は世代ごとにすこしずつ延びていった。

この実験のすばらしい点は、どの遺伝子が老化に作用しているかを突きとめないでも実行できることだった。実験を行なうにあたって必要なのは、寿命に作用する遺伝子が何種類かあるはずだという仮定と、これらの遺伝子のどれを持っているかはそれぞれのショウジョウバエによって違っているはずだという前提だけだった。ショウジョウバエの内部では、長寿をうながすさまざまな遺伝子が、世代を経るにしたがってどんどん凝縮していった。

ローズがこの実験をはじめたとき、各世代のハエの寿命は二週間だった。しかし、寿命はどんどん延びていった。ローズのこの実験はいまだに継続中で、わたしが本書を書いている二〇一五年の段階では、ハエの寿命は一六週間になっている。ローズが長寿のショウジョウバエをつくることに成功したという事実そのものがまず驚きである。ローズが実験をはじめたとき、集団のなかには一六週間近く生きる個体など一匹もいなかった。想像するに、こんなことが起こったのではないだろうか。さまざまな種類の長寿遺伝子は、集団のなかに点在している。長寿遺伝子Aを持っているハエもいれば、長寿遺伝子Zを持っているハエもいる。しかし、そうした長寿遺伝子をすべて持っているハエはいなかった。品種改良はこうした遺伝子を組み合わせ、ひとつの個体に凝縮するための（時間と労力のかかる）方法なのだ。このプロセスを経て、もともとの集団にいたどの個体よりも長寿のショウジョウバエが生まれた。

ローズの実験の最大の目的――彼の研究のテーマでもあると同時に、この実験に着手したそもそもの理由――は、生殖の利益になるが、のちに老化の原因となる（すなわち多面発現性の）遺伝子を特定することだった。ローズは「交配をつづければつづけるほどハエは長生きになり、反対に生殖能力はどんどん落ちていくだろう」と信じていた。それどころか、「最終的には、いつか実験の限界に達してしまい、スーパー長寿のハエが誕生したはいいが、そのハエはもう卵を産まないため、実験は継続できなくなるだろう」とさえ考えていた。

　実験を開始して二年、生殖能力が下降した。ローズはすぐさま論文を発表し、拮抗的多面発現の痕跡を突きとめたと宣言した。「こうした結論から科学的にわかるのは、キイロショウジョウバエの集団の老化の原因は拮抗的多面発現にあり、老化を延期するこうした遺伝子は、初期の適応度を弱めるらしいということだ[7]。いいかえれば、こうした結果は生殖の代償の仮説（ウィリアムズ。一九五七、一九六六）の確証となる。なぜなら、寿命を延ばすためには、若年期の生殖活動を弱める必要があるらしいからだ」

　しかし、長寿のハエの生殖能力はその後すぐさま上昇しはじめた。さらに二年後、この結果は否定しがたくなった。長寿のハエは対照実験用のハエ（寿命が二週間のままのハエ）よりもたくさんの卵を産むようになったのである。

　拮抗的多面発現理論は「生物の寿命を延ばす遺伝子は、生殖能力を低下させる遺伝子とおなじものだ」と主張している。「ゆえに、たとえ無限に近い年月をかけようとも、自然選択には生物の寿命を延ばすことはできない」と。しかし、ローズによる実験の結果はその主張と矛盾していた。寿命を延ばす作用のある遺伝子が、生殖能力も高めているのだ。どうしてそんなことがありえるのか？　多面発現はどこへ行ったのか？　さらにいえば、ローズがほんの短期間で交配に成功したスーパー・ショウジョウバエ・コンビネーションを、自然の進化はなぜ見つけられなかったのか？

理論家のローズは一歩前に足を踏みだし、こうした疑問への解答を提示した。しかし、ローズはこのときまでジョージ・C・ウィリアムズの重要な予測を疑ったことはなかったし、予測の根拠となる理論がそもそも間違っているのではないかと考えたことは一度もなかった。実験結果を発表するにあたってローズが提示した解答は、「品種改良で長寿のハエをつくったとき、自分は同時に――まったく意図することなく――生殖能力の高いハエを偶然つくってしまったのだ」というものだった。それぞれの世代のハエのうち、最後の一〇パーセントに残った個体のなかには、生殖能力の低いものがたくさんいたはずだ。しかし、そうしたハエは卵を産まず、その形質は次世代に受け継がれなかった――ローズの実験によって、生殖能力が高いと同時に長寿のハエだけが選択されたというわけだ。

しかし、これは満足のいく解答ではない。「どうしてそのような（生殖能力が高いと同時に長寿でもある）ハエが存在できるのか」「自然界の進化のプロセスは、なぜそうしたハエを生みだすことができなかったのか」といった疑問には、まったく答えていないからだ。ローズの生みだしたスーパー・ショウジョウバエは老いてからもたくさんの卵を産むし、二週間しか生きない対照実験用のハエと較べ、若いときも生殖能力が高いが、そうした事実に対する説明もない。実験対象用のハエが二週間しか生きないのに対し、ローズがつくったハエは一六週間生きるうえに、産卵数も（平均的に）ずっと多いのである。[8]

## 野生の集団のなかにマルチ遺伝子を探す

拮抗的多面発現を検証するもうひとつの方法は、動物の集団を対象に生殖と老化の関係を探っている多くの科学者によってもたらされた。寿命の長さを大きく変えるために、集団を何世代にもわたって育種する代わりに、野生の集団のなかのバリエーションを調べたのだ。

動物のなかには、ほかの個体よりも長生きするものもいれば、生殖能力が優れているものもいる。拮抗的多面発現理論は、このふたつの形質は逆相関していると予測した。もし例外的に長生きな動物がいたとしたら、生殖能力は低いはずだし、逆にいちばん多くの子孫を残した動物は寿命が短いはずだ、というわけだ。

いちばん優れた実験は、一九九五年から九六年にかけて、ミネソタ大学の四人の科学者（ミネソタ4）によって行なわれたものだ。この実験には、同系交配されたショウジョウバエを詰めた一〇〇本の瓶が使われた。それぞれの瓶にはおなじ遺伝子を持ったショウジョウバエだけが詰められているが、それぞれの瓶のハエの遺伝子は一〇〇本ともすべて違っていた。四人の科学者は生殖と死亡率を毎日チェックした。そこから得られたいちばんの成果は、寿命と生殖能力が正相関だとわかったことだった——理論上の予測の正反対だったのである。

ここに老化リサーチのちょっとした皮肉があることは、読者のあなたにもおわかりだろう。一九九五年の時点では、もっとも激しく衝突するふたつの理論は、突然変異蓄積理論と拮抗的多面発現理論だった。ミネソタ4は一〇〇本の瓶に詰めたショウジョウバエのデータを分析するときに、このふたつの理論をどちらも検証した。彼らが発表した論文のひとつは、突然変異蓄積理論を検証するための遺伝子多様性に焦点を当てていた。[9] この論文の筆頭著者であるダニエル・プロミスロウは、「検証実験で突然変異蓄積理論に否定的な結果が出たので、拮抗的多面発現理論を支持するものと考えるべきだろう」と結論づけている。二番目の論文は拮抗的多面発現理論を検証するためのもので、生殖と寿命の相関関係に焦点を当てていた。[10] こちらの筆頭著者であるマーク・ターターは、「検証実験で拮抗的多面発現理論に否定的な結果が出たので、おそらく突然変異蓄積理論のほうが正しいのだろう」と結論づけている。

このふたつの検証実験をひとつに合わせると、突然変異蓄積理論と拮抗的多面発現理論の両方を頭から否定する証拠が手に入るというわけだ。

## 頭脳明晰な理論家のすばらしい理論——しかし事実にはそぐわない

「遺伝子の形質発現は、このうえなく複雑なシグナル伝達ネットワークによってコントロールされており、形質発現の時と場所は、自然選択のコントロールによって変化していく」——遺伝子調整に関するこの知識を、ジョージ・C・ウィリアムズやピーター・メダワーはまったく持っていなかった。ふたりは進化に課せられた制約を間違って想像していた。進化は遺伝機構が持っている制限から逃れられないと考えていたのだ。メダワーは、それぞれの遺伝子には人生のどの段階でスイッチが入るかを決定するタイムスタンプが刻印されていると考えていた(タイムスタンプが生涯の後半になっているものは、たとえあたえるダメージが大きくても、進化の目をかいくぐることができる)。ウィリアムズは、遺伝子のスイッチはオンのままかオフのままかのどちらかだと思っていた(それゆえに、若年期に益をもたらす遺伝子は、晩年期に害をもたらすからといってオフにはできない)。

わたしたちはメダワーやウィリアムズへの敬意を失ってはならない。ふたりは当時の知識からすれば妥当な仮説を提示したにすぎないのだ。しかしわたしたちは、現代の視点から彼らの理論の実行可能性を評価し直す必要がある。現在わかっている事実に照らせば、突然変異蓄積理論も拮抗的多面発現理論も否定せざるをえないのである。

## 理論その3――「使い捨ての体」

三番目の理論は、拮抗的多面発現理論を食物エネルギー論に適用したものと考えていい。この「使い捨ての体」理論は、体が強いられる妥協に関する理論であるという点で拮抗的多面発現理論とおなじだが、妥協がいつなされるかという点で異なっている。拮抗的多面発現理論は「進化の過程で妥協がゲノムに組みこまれた」と仮定する。使い捨ての体理論は「代謝には限界があるために強いられる妥協が、個体の一生を通じて、つねになされている」と考える。

この理論は「使い捨ての体」というおかしな名前で知られているが、実際には体のエネルギー収支に関するものだ。「体が必要としていること――食物を手に入れ、ライバルを蹴落として配偶者を獲得し、代謝を維持し、生殖活動を行ない、ダメージを負った細胞を修復すること――をすべてやるには、食物エネルギーが足らない」というのが、この理論の根本的な考え方だ。エネルギーが足らないため、ダメージが完璧に修復されることはない。ダメージが蓄積するのは、限りあるエネルギーの取り合いによって生じる妥協のせいだというのである。

この理論は筋が通っているし、妥当のように思える。わたしたちは直感的に、これは真理を突いていると思う。しかし、そうではないことを示す明確な理由がひとつある。すでにご紹介したとおり、動物は食物の摂取量が少ないほど長生きするのだ。老化が食物エネルギーの不足から起こるのだとしたら、より多くの食物エネルギーが得られれば、体は自己修復と維持により多くのエネルギーを割けるはずだ。使い捨ての体理論は、食料摂取量の多い動物は少ない動物よりも長生きすると予測した。しかし、実際にはその正反対だった。

カロリーは体の貨幣だ。捕食動物から逃げ、脳を回転させ、獲物を追うには、たえずカロリーが必要になる。冬のあいだは、ただ体温を維持するだけでもカロリーが消費される。体（体細胞）の修復と維持のためには、競争相手と戦って食物エネルギーを勝ち取らなければならない。しかし、なによりも重要なのは生殖である。カロリーの使用においてなによりも優先されるのは生殖活動だ。そのほかの用途はどれも間接的なものであり、未来の生殖活動を成功に導くための投資でしかない。

使い捨ての体理論は、英国の生物学者トム・カークウッドが考えだしたものだ。カークウッドは、すべての取引には妥協が必要だと考えた。妥協が必要だということは、取引を行なう双方が、ほしいものをすべて手に入れられるわけではない。エネルギーをめぐって争いがあるかぎり、理想的な仕事をするのにじゅうぶんなエネルギーは手に入らない。これこそ老化が避けられないことの証拠ではないのか――。

●体を修復して最高の状態に維持するにはエネルギーが必要である。
●しかし、ほかの代謝（とくに生殖活動）も、エネルギー供給の一部を要求する。
●こうしたすべての代謝のため、自然選択は乏しいエネルギーを最適に配分する。そのため、どの代謝作用も必要を満たすだけのじゅうぶんなエネルギーを受けとることができない。

使い捨ての体理論は、拮抗的多面発現のファウスト的な取引――いま生きて、あとで支払う――に似ているが、長い期間に遺伝子がどう働くかには左右されない。そのため、「ひとつの時期にひとつの遺伝子」という概念上の弱点から、拮抗的多面発現を解放する。使い捨ての体が必要とする前提は、「わたしたちの体のエネルギー配分は、進化の過程で最適化されている」という点だけである。これは非常に妥当といえるだろう。

しかし、「老化が避けられない証拠」のほうは話がべつだ。「生物はいったん大人になったら、体の維持にどれだけエネルギーを注ぎこもうと、無垢《むく》で最高の状態からひたすら転げ落ちていくしかない」という誤解が生じるのは、わからないではない。しかし、体はそもそも完璧なものではないし、完璧でないと手入れが行き届いた状態を維持できないわけでもない。この説が多くの科学者を惹《ひ》きつけたのは、「体をまったくおなじ状態に維持しておくことが理想的だ」という前提があってのことだったが、この前提はあくまで理論上の話であって、現実にはありえない。

しかし、思い出してほしい。生物の体は種子や胚《はい》から成長していくプロセスで、なにかひどく大きな困難に出合うわけではない。しかもこのプロセスには、すでに成熟した体を維持するよりもずっと多くのエネルギーが必要なのだ。成長に莫大《ばくだい》なエネルギー消費が必要なあいだ、老化による体の衰えはまだはじまっていない。事実、体はどんどん強く頑健になっていき、生殖能力は高まっていく。頑健な体と高い生殖能力をつくるのがさほどむずかしくもなく、エネルギーもそれほどかからないのであれば、体を維持するのはずっと簡単なはずだ。

使い捨ての体理論を提唱した一九七七年の論文で、カークウッドは体の中央情報保管所であるＤＮＡの〝完全無欠さ〟に注目した[11]。カークウッドはレスリー・オーゲルの仮説（個体がＤＮＡ

を複製するときのエラーが老化プロセスの決定的要素だとする説。六五ページ参照）を土台にして自分の理論を築きあげた。これはカークウッドがDNAの持つ情報について考察中にひらめいたもので、「エラーの蓄積は老化が通行できる一方通行の道ではないか」というものだった。たしかにこれは、理論上は正しい。しかし、第一章で見たとおり、DNAのエラーは老化を起こす主要原因ではないことがわかっている。しかも、DNAの完全無欠さは、生まれてから死ぬまで、なんの問題もなく簡単に維持される。現在のわたしたちは、老化した細胞はそのほとんどが化学的なダメージを負っていることを知っているが、損傷を負うのはだいたいが従属的な分子——タンパク質、脂肪、糖など——であって、DNAではない。DNAから失われる情報はごくわずかで、大勢に影響はないのだ。このことがわかったことで、オーゲルの仮説は息の根をとめられてしまった。しかし、使い捨ての体理論は形を変えて生き残った。

一歩うしろに下がって、べつの角度から成長と発達のプロセスを見てみよう。頑健さと耐久力と生殖能力を備えた二〇歳の人間の体を形成するには、一定量のエネルギーが必要である。使い捨ての体理論は、体にはふたつの選択肢があるという考えに基づいている。膨大なエネルギーを注ぎこみ、無垢で完璧な状態を維持するか。それとも、エネルギーの一部をほかの用途のためにとっておき、ゆっくりと劣化していくことを許すか。

しかし、じつは三つめの可能性がある。成長と発達のプロセスをそのままつづければ、体はさらなる頑健さと耐久力と生殖能力を得られるのである。体の現在の状態を維持することは、たんなる妥協点でしかないことが明らかになってきている。体はより強くなることもできるし、劣化していくことを許すこともできるし、安定した状態を維持できるだけのエネルギーを配分することもできる。現状の維持は極端なケースでも最高の状態でもなく、たんなる中間の妥協でしかない。

樹木はエネルギーの一部を現在の生殖に使い、一年に何百、何千ものを種子をつける。しかも同時に、体にもエネルギーを配分し、年を追うごとにすこしずつ大きく、強くなり、生殖能力を高めていく。なぜわたしたちの体にはおなじことができないのか？　年を追うごとに体が弱くなり、死に近づくのではなく、一年ごとにすこしずつ強くなり、生殖能力を高め、病気にかかりにくくなれないのか？　まさにこれこそ、第二章で紹介したアネット・ボーディッシュとジェイムズ・ファウペルの（論理的な数学的言語で書かれた）〃インチキ記事〃が指摘していた点である。[12]

使い捨ての体理論はどんどん世間に知られるようになっていった。それはなにより、この理論が直感的に納得のいくものだったからだ。研究者たちは「すごく論理的で、理解しやすい」という理由から、真実にちがいないと考えた。

科学において、直感的な印象はそれだけでスタート地点となりうる。しかし、現実の証拠に否定された場合には、直感的な印象を捨てなければならない。事実、使い捨ての体理論はことあるごとに実験結果とはっきり矛盾した。理論を支持する証拠はなにひとつなく、その予測はどれもあからさまに間違っていた。

使い捨ての体理論によれば、より多くの食物を摂取すれば、体は「いまの生殖能力か、のちの長寿か」という困難な選択から解放されるはずだった。食物は健康と寿命を維持し、高めるはずだった。しかし、食物が少ないほうが動物は例外なく長生きする。また、エネルギーを消費する肉体的な活動は長寿を犠牲にしなければならないはずだったが、実際には、運動により多くのエネルギーを費やす動物（および人間）は、現時点での健康が促進されるうえに、より長生きすることができる。

さらに、使い捨ての体理論は、生殖にエネルギーを注ぎこむ動物は寿命が縮むと予測していた。しかし実際には、動物園での調査の結果、生殖活動をした個体も子孫のいない個体も寿命の長さは変わらなかった。さらに、ブランディングガメやロブスターのように、生殖活動にずっとエネルギーを注ぎこみつづけながらも、年を追うごとに大きくなり、生殖能力を増し、死亡率が下がっていく動物もいる。使い捨ての体理論は多くの科学者を惹きつけたが、事実はそれを裏づけなかった。食物エネルギーの不足が老化を引き起こすという仮説は、まるで間違っていたのである。

## 使い捨ての体理論のさらなる問題

拮抗的多面発現理論の場合と同様、使い捨ての体理論からもいくつかの予測が導きだされた。しかし、拮抗的多面発現理論の場合とはちがい、使い捨ての体理論から導きだされた予測はどれひとつ正しくなかった。

使い捨ての体理論によれば、女性は男性よりも寿命が短いはずだった。なぜなら、女性のほうがずっと多くのエネルギーを生殖活動に使うからだ。しかし、事実はその反対である。

使い捨ての体理論によれば、女性は子供を多く産めば産むほど寿命が短くなる。しかし、人口統計学によれば、女性の生殖と寿命にはほんのわずかな関係しかない（動物の場合には、どちらにしても、一貫したパターンはまったく見つからなかった）。

もっとも言語道断なのは、「食料を多く摂取すればするほど寿命が長くなる。総エネルギー量が増えれば、体は生化学的な修復に必要なエネルギーをケチケチしないですむからだ」という予測だ。研究室での実験によれば、動物は食料を大量に摂取すればするほど老化が速くなるし、完全な飢餓に近い状態にあると実質的に寿命が延びるのである。

使い捨ての体理論と古典的な拮抗的多面発現理論の違いを理解するには、生殖能力と多産能力に関する予測に目を向けてみればいい。

Column

**言葉の定義——生殖能力と多産能力**

多産能力とは、体にどれだけ生殖を行なう潜在能力があるか。

生殖能力とは、実際にどれだけの生殖を実現したか。

たとえば、一三歳の少女には多産能力があるが、その少女が処女のままなら、生殖能力はゼロである。

古典的な拮抗的多面発現理論において、体は長寿を犠牲にして多産能力を獲得するように〝デザインされた〟(選択された)とされていた。この考え方の場合、妥協は遺伝子レベルでなされているため、たんに子供をつくらないことでその妥協を逃れることはできない。問題は遺伝子のなかにあるのであって、行動にあるわけではないからだ。一方の使い捨ての体理論はここで墓穴を掘った——生殖に使われるエネルギーが長寿を損なうと予測したのだ。これが間違っていることを立証するのはごく簡単だ。使い捨ての体理論は「生殖能力（実際に子供を産んだこと）それ自体が老化を引き起こす」とはっきりと予測している。卵を産み、授乳し、雄を求めて交尾コンテストに参加するといったことはすべて、寿命を縮めているというのだ。

おなじ推論が食物にも当てはまる。拮抗的多面発現理論は、行動や環境が寿命にどのような影響をあたえるかについては、はっきりとした予測を立てていなかった。妥協はすでに遺伝子のなかに組みこまれていたからだ。しかし、使い捨ての体理論は「体が老化するのは、修復や維持のためのエネルギーが不足しているからだ」としている。食物をより多く摂取すれば食物エネルギーが手に入り、問題は解決され、妥協の必要はなくなるはずだ。使い捨ての体理論は、より多く食べればより長く生きられるとはっきり予測している。

## 赤ん坊を産むとほんとうに老けるのか？

生殖にはエネルギーが必要となる。使い捨ての体理論の論理によれば、このエネルギーは体が修復と維持のために使うはずだったものだ。そこで使い捨ての体理論は「生殖活動は平均余命を短くする」と予測し、トム・カークウッドはそれが真実であることを証明するための研究にたいへんな労力を注ぎこんだ。

しかし、人間だけでなく動物を対象にしたさまざまな研究からも、子孫を残すと寿命がわずかに延びるという証拠がどっさり見つかっているのである。「子供を産むと女性の寿命は縮まる」と明確にいいきっている研究もたったひとつだけあるが、その論文の著者はカークウッド自身である。まずは大多数意見のほうを見てみよう。

南カリフォルニア大学の生物学者ケイレブ・フィンチは、老化に関する実験データの百科事典的な要約で知られている。一九九〇年、フィンチは老化と遺伝学に関する本を書いた。この大著は調査が行き届いており、刊行後にも膨大な数の調査が行なわれたにもかかわらず、現在でも基本参考図書のひとつとされている。一九九〇年当時の証拠を要約したフィンチは、生殖行為のあとで死ぬ動物が非常に多いと指摘している（人間の場合も、一九世紀までは出産のときに命を落とす女性が多かった）。しかし、出産を切り抜けた女性の寿命が短くなるという証拠はなにひとつなかった。フィンチはこれを、「生殖は出産時に死亡する危険をともなうが、それさえ切り抜けてしまえば、老化にはいっさい関係がない」と解釈した。[13]

この問題に関しては、動物園で研究を行なうのがなにかと都合がいい。多くの場合、動物園での研究は代替策にしかすぎず、ほんとうに知りたいデータを提供してくれないきらいがある。しかし、野生の動物を探して観察するよりもずっと実際的だし、労力もずっと少なくてすむ。動物園の動物はしっかりした医療ケアをうけており、かなりの老齢まで生きるから、標準状態での寿命がどれくらいなのか、現実的な数字を得ることができるからだ。動物園ではきちんと記録がとられているし、捕獲された動物の一部は交配され、一部はされない。

ロバート・リックレフズはミズーリ大学の生物学者で、生態学に関する優れたテキストの著者でもあり、統計学が好きで、生態学と人口統計学の知識を生かして老化に関する多くの論文を執筆している。リックレフズが二〇〇七年に発表した、捕獲された一七種の哺乳動物と一二種の鳥に関する研究は、生殖活動と老化の関係についての最高のデータになっている。[14]「動物園の動物を調べた結果、若年期の生殖活動が寿命に影響をあたえるという証拠は、プラスの影響に関するもののもマイナスの影響に関するものも、いっさい見つからなかった……ある年齢までに残した子孫の数と、その後の生存率のあいだには、鳥の場合も哺乳動物の場合も、有意な相関関係は検出されなかった」

では、人間に関してはどうだろう？　子供を一度も出産しなかった女性のほうが長生きだろうか？　子供をたくさん産んだ女性は早死にするのか？　有名な統計学者のカール・ピアソン（統計学の基本である積率相関係数は、彼の名前をとっていまでも「ピアソン積率相関係数」と呼ばれている）は、最初の調査を行なった。これは数学的にはしっかりした内容だったが、系統だった内容にはなっていなかった。ピアソンは英国とアメリカの出生記録と死亡記録を可能なかぎり見つけてデータを整理し、女性が産んだ子供の数と寿命のあいだにプラスの関係があることを探り当てた。[15]二〇世紀の初頭に行なわれたほかの調査でも、おなじくプラスの関係があるという結果が出ている。

この問題に関しては、一九九〇年以降にもっと多くの大々的なテストが行なわれた。フランス系カナダ人によるふたつの調査では、なんの相関関係も見つからなかった。二〇〇八年にノルウェーで行なわれたもっと規模の大きな調査では、生殖活動と長寿のあいだにプラスの関係が認められた。[16]二〇〇六年に行なわれた調査は、古くから残っている記録をもとにアメリカン・アーミッシュの人口を調べあげ、子供の数が寿命の長さに大きくプラスするという結論を出した。[17]

ボストン医学センターのトマス・パールズは、長寿の人間からできるかぎりの情報を入手して老化を研究した。一〇〇歳以上の男女数百人にインタビューを行なったほか、最近では調査対象者のゲノムの解析も行なっている。この高齢者調査をもとにパールズがまず発表した論文のひとつは、特筆すべき観察結果に基づいていた――インタビューを行なった一〇〇歳以上の女性たちは、四〇代に入ってからも子供を産んだ率が、同世代のほかの女性の四倍にものぼったのだ。高齢出産のなにかが、寿命を劇的に延ばす要因となっているのである。[18*]

使い捨ての体理論が信頼できるかどうかは、「出産は老化を加速し、寿命を短くする」が正しいかどうかにかかっている。しかし、その反対――子供を産むと寿命が延びる――を示す調査結果もたくさんあるし、両者はまったく無関係であることを示す証拠もある。

こうした事実を背景に、使い捨ての体理論の創始者であるトム・カークウッド自身は、一九九八年に調査を行なった。カークウッドが出した調査結果は、ほかの科学者たちが出した調査結果とは正反対だった。しかし、彼は自分の理論の勝利を宣言して『ネイチャー』誌に大々的な記事を発表し、それをうけて各国の科学雑誌には大見出しが躍った。カークウッドの出した調査結果はいまでも、ほかの調査結果をすべて合わせたよりも頻繁に引用される。

なぜこんなことになったのか？　カークウッドはちょっと特殊な統計テストを使ったのだ。わたしはもっと一般的な方法を使って彼のデータを個人的に再分析し、正反対の結果を得た。

カークウッドが使った「ポアソン回帰」と呼ばれる統計テストは、統計上の異常値を独特の方法で強調する。彼のデータベースの三〇〇〇人の女性（一二世紀から現代までの英国上流階級の女性）のうち、一五人以上の子供を産んだのは九人だけだった。[20]また、この九人のうち五人は一七〇〇年以前の女性だった（当時は寿命が短いのがごく普通だった）。わたしはこの五人の女性をはずしてから、カークウッドが使ったのとおなじ特殊な統計テストを行なった。[21]三〇〇〇人のなかからこの五人をのぞくと、まやたもやカークウッドとは正反対の結果が出た。

ノーベル賞受賞者でもある型破りな物理学者リチャード・ファインマンは、一九七四年にカリフォルニア工科大学の学位授与式のスピーチで、卒業生たちに向かって「なにより重要なのは、自分自身に騙《だま》されないことだ——自分は手もなく騙されてしまうからね」と警告した。

## 使い捨ての体とカロリー制限

八五年間にわたる何千もの実験によって、動物の寿命を延ばすのにもっとも大きな効果がある方法は、食料の摂取量を減らすことなのがわかっている。これは「老化の主要因は食料エネルギーの不足である」とする使い捨ての体理論と矛盾する。

食料摂取の制限と長寿の関係は、現代の科学研究よりも歴史が古い。ヒポクラテスも言外にほのめかしている。一五世紀には、ヴェネツィアの貴族ルイジ・コルナロが、自分の個人的なカロリー制限実験——栄養補給は一日にごくわずかな食事とワインだけ——について書いた『無病法』という本を出版している。コルナロは一〇二歳まで生きた。一七三三年には、ベンジャミン・フランクリン（フランクリンはジョージ・ワシントンの推薦文つきでコルナロの本の翻訳版

＊パールズは自分の発見を、そもそもの理論を否定するものとは考えなかった。四〇歳を超えても多産な女性は、おそらく長寿遺伝子を授けられているのだろう、とパールズ自身はいっている。二〇一二年、わたしはこの説明が正しくないことを数学的に証明する論文を発表した[19]。四〇代に入ってからも多産な女性は非常に多いが、そのうち一〇〇歳まで生きるのはごくわずかなのだ。

を出版している）が『貧しいリチャードの暦』という格言集のなかで「長生きしたければ、食事を簡素にせよ」と書いている。

カロリー制限に関する最初の研究を手がけたのは、コーネル大学の栄養学者・生化学者・老年学者のクライヴ・マッケイだった。世界大恐慌のあいだ、食料不足のせいで寿命が縮むのではないかという不安が広がった。食事制限に関するマッケイの研究は、私立財団の資金援助によって行なわれた。

実験の目的は「幼いラットに生きているのがやっとの餌《えさ》しかあたえない場合、成長は止まるか」を観察することにあった。マッケイは若いラットを何匹も飢えで死なせたのち、どれくらいの餌をあたえればぎりぎり生かしておけるかを、ようやく把握することができた。しかし、成長を止めることには成功しなかった。

ただ、初期の試行錯誤の段階で驚くべきことが判明した。飢餓を生き抜いたラットは、寿命が縮まるどころか、科学史上もっとも長生きしたのだ。[22] マッケイは驚いた。そして、さらに何回も実験をくりかえしたのち、論文を発表した。この実験計画法を用いてマッケイがたどりついた健康にいい究極の食物は、ローカロリーだが、ビタミン、ミネラル、タンパク質は豊富なものだった。

マッケイの実験は劇的な結果をもたらしたにもかかわらず、それが重要であることには誰も気づかず、ほぼ半世紀後まで、追跡実験はほとんど行なわれなかった。現代においてカロリー制限が再発見されたのは、一九九一年から九三年にかけて、ロイ・ウォルフォードがアリゾナのバイオスフィア２での実験に〝住みこみ医師〟として参加したときだった。

バイオスフィア2とは密閉された巨大ドームで、居住者チームがそこで自給自足の生活を送っている。水はすべて再循環処理され、酸素を供給するために光合成まで利用されている。しかし、農作物の収穫量が予想を下まわったため、食料が足らなくなってしまった。食料不足のおかげでチームの面々は怒りっぽくなったが、健康状態は劇的に向上した。[23]

　一九八〇年代の初頭、酵母、線虫、ショウジョウバエ、その他の昆虫、クモ、甲殻類、魚、齧《げっ》歯《し》類、イヌ、ウマ、アカゲザルなどを使った実験が行なわれた。ワシントン大学で行なわれたプロジェクトでは、カロリー制限を実践した人々の既往歴を追跡調査した。[24] こうした実験の結果、寿命の短い動物は大きく寿命が延びる傾向が認められたほか、平均寿命が二五年ほどもあるサルにも健康と長寿の効果が認められた。

　マッケイは、若い動物が早い段階でじゅうぶんな食物を摂取できないと体内時計の発達が遅れ、ひいては老化を遅らせるのではないかと考えた。体内時計に関するマッケイの推測は、一部だけ当たっていた。カロリー制限は大人になってからはじめても効果があった。早い時期にはじめるよりも寿命の延びは少なかったが、質的に効果は変わらなかった。じゅうぶんな栄養摂取に関するマッケイの推測も的はずれだったことがわかった。栄養を完璧に摂取している動物は病気にかかりにくくなる傾向があったが、その後の実験においては、じゅうぶんな栄養摂取にはプラスの面もあればマイナスの面もあるという結果が出た。タンパク質制限ダイエットをした動物は、たとえカロリーをたっぷり摂取しても、寿命が延びるというデータがある。ある特定のタンパク質成分――メチオニンというアミノ酸――が極端に不足すると、それだけで寿命を延ばす効果がある。* こうしたさまざまな欠乏は、グループの平均寿命だけでなく最大寿命も延ばす。そのため、寿命延長コミュニティにおいては「これは本物」と考えられている。

寿命の短い単純な動物は、カロリー制限に対して、寿命の長い動物よりも高い反応を見せる傾向がある。実験用の線虫はじゅうぶんな餌をあたえると二〇日しか生きないが、生まれてからすぐに飢えさせると、「耐性幼虫」という、冬眠と胞子の中間の宙ぶらりんの状態になる。耐性幼虫は非常に強靱《きょうじん》で、熱、寒さ、乾燥などといった、普通の実験用線虫なら死んでしまうような状況にも耐えることができるうえに、食物なしでも四ヵ月間生きることができる。耐性幼虫は周囲に食物や水があると感知できるくらいには〝生きて〟いる。そして、食物や水を感知するとふたたび生命活動をはじめ、耐性幼虫になった時点の姿から成長しはじめる。ショウジョウバエはたっぷり餌をあたえると三〇日しか生きないが、カロリー制限をすると倍近く(五〇日)生きる。

実験用のマウスは通常二年しか生きない。しかし、極端なカロリー制限をすると、三年生きることができる。イヌの寿命は普通一〇年だが、カロリー制限でこれを二年延ばすことができる。寿命が長い動物ほど、寿命が延びる比率は減っていく。檻《おり》のなかで飼育されているアカゲザルは、平均寿命が二六歳である。そのため、このサルを使って一九九〇年にアメリカではじめられたふたつのカロリー制限実験は、二〇一二年まで暫定結果が出なかった。実際に結果が出る頃には、ショウジョウバエにごく普通に見られるように「寿命が八〇パーセントも延びた!」とか、マウスのように「四〇パーセント延びた」といった結果が出ると本気で期待している者はひとりもいなかった。カロリー制限を課されたアカゲザルは明らかに健康で、より活動的で、見た目もよく、より病気にかかりにくかった。[25] しかし、寿命が延びたかどうかは、いくつかの理由から見定めるのがむずかしかった。サルたちは退屈や監禁からくる不安で暴力的になりがちで、食物をあたえられないと、とくにその傾向がひどくなったからだ。[26] この実験は、しっかりした統計見本と見なすにはサンプル数が少なすぎた。大衆紙の報道を読んだ方のなかには、「アカゲザルの長期実験では、長生きするという結果はほとんど出なかった」と思った人もいるかもしれないが、すべてを考慮すれば、簡単に判断は下せないとはいえ、わたしは前向きの結果が出たと考えている。

一九七八年、使い捨ての体理論のアイディアを思いついたときのカークウッドは、カロリー制限実験のことを知らなかった。わたしも――そのほかの大勢の人たちも――やはり知らなかった。カロリー制限の実験はすでに四〇年以上もつづけられていたにもかかわらず、老化防止薬の研究は遅々として進んでいなかったし、カロリー制限は下位分野のなかの下位分野にすぎなかった。

しかし、一九九六年以来、カロリー制限は老化研究のメインストリームとなっており、使い捨ての体理論が間違っていることは――自分がこの話をくどくどくりかえしているのはわかっているが――明白になっている。カークウッドがこの理論を撤回し、「魅力的な仮説ではあったが、わたしが知りえなかった実験によって否定された」と公言していれば、立派な態度だと賞賛され

＊メチオニン制限を人間に応用するのは実際的ではない。タンパク質制限を実践している人もいるが、これには――とくに運動をする人には――マイナス面もある。わたしがお勧めする長寿ダイエットは第九章を参照していただきたい。

ていただろう。ところがカークウッドはその反対に、自分の教え子であるダリル・シャンリーと共同で、カロリー制限のデータは使い捨ての体理論と両立すると主張する記事を執筆した。[27]

シャンリーとカークウッドは出産して泌乳《ひつにゅう》しているマウスのエネルギー収支を分析した。子供を育てているときの雌はより多くのカロリーを摂取する。しかし、生殖と哺乳に使うエネルギーを差し引くと、生殖はしていないが食物摂取量はより少ないマウスよりも、修復・維持に使える食物エネルギーが少なくなってしまう。生殖を考慮に入れると、「少ないほうが大きな効果をあげる」という説と矛盾しない。使い捨ての体理論とカロリー制限データの矛盾はこれで解消されたとカークウッドは主張した。

それに対してわたしは、彼らの計算の妥当性に疑問を呈した。出産をしてたくさん食べたマウスと、出産をせずにあまり食べなかったマウスとの比較は、的をはずしている。七〇年間にわたって、カロリー制限実験は、生殖をしていないマウスだけを使って行なわれてきた。餌をあまりあたえられていない雌のマウスと、より多くの餌をあたえられている雌のマウスを比較してきたのだ。この場合、餌の少ないマウスのほうがずっと長生きした。

同様の実験が、生殖活動に使うエネルギー量の少ない雄を使って行なわれた。雄は雌との交尾ができないように、それぞれべつの檻に入れられた。一部のマウスには豊富に餌をあたえ、一部にはあまりあたえなかった。結果、ここでも餌の少ないマウスのほうが長生きした。カークウッドの比較は的はずれだったのだ。[28]

わたしは二〇一五年にもこれとおなじことを書いたが、シャンリーとカークウッドの記事は一八三ものの記事に引用され、その後も毎年引用されつづけている。引用している科学者の多くは、その結論が論理的であり、カークウッドたちの詳細な説明はその結論を裏づけていると考えているのだろう。使い捨ての体理論は魅力的で、人々はそれを信じたがっているのだ。

## 使い捨ての体理論を救いだす？

使い捨ての体理論の最大の弱点は、体のエネルギー収支に関する予測がすべて間違っているところにある。なら、進化に妥協を強いるのはエネルギー不足だけではなく、なにかべつのリソースの不足も関係しているのか？　カークウッド自身はエネルギーの視点から理論を提起し、その意見は変えなかった。一方、有名な老年学者たちはカークウッドの考え方の基本をそろって採用したものの、不足しているリソースはほかにもあると考えた（ただし、そのリソースがなんであるかは明確にしていない）。体は妥協するという一般概念はアピールしやすい。しかし、「それはなぜなのか」「どういう仕組みでそうなるのか」といった具体的な点は、不明確なままだ。

スティーヴン・N・オースタッドは、テキサス大学健康科学センターのバーショップ長寿医療研究所からアラバマ大学に転任したばかりの研究者で、使い捨ての体理論の研究者にして、雄弁な提唱者である。オースタッドはいくつかの論文をカークウッドと共同で執筆している。三つの老化理論のどれにも完全には同意していないものの、矛盾点に関して可能なかぎり広範囲な証拠を挙げ、多岐にわたる細かな事実を積みあげた。『老化はなぜ起こるか』と題されたオースタッドの本は、老化研究分野の伝統的理論に関する優れた入門書であり、いまでも手軽に読むことができる。[29]

オースタッドは使い捨ての体理論の修正版の権威である。この修正版は、「進化に妥協を強いるのはエネルギー不足だけではなく、ほかのリソースの不足も影響している」としている。これは非常に魅力的に響くし、カークウッドのバージョンがかかえる最大の問題点を回避している。

しかし、「動植物相において、制限因子となるリソースは例外なくエネルギーである」とするカークウッドは正しい。植物の成長は、浴びた太陽光線の量に比例する。動物の成長は、消費した食物の量に比例する。動植物相のリソースでエネルギーよりも重要なものはない。だからこそ自然選択は、エネルギーを節約して最大限に活用すべく、集中した使い方をしているのだ。

では、体に妥協を強いて、基礎構造への投資を制限するリソースがエネルギーではないとしたら、いったいどんなリソースなのか？　オースタッドたち修正版派の学者たちは、この質問には答えられずにいる。とすれば、この修正版は検証するに値しない。

## ホルミシス、もしくはユーストレス

カロリー制限で寿命が延びることは、自然の不思議としかいいようがない。過食が健康によくないことを、わたしたちはごく当然のことと思いこんでいる。そのため、じつはそれが非常に奇妙であることに気づかない。ほんのわずかな食料で体が健康を維持できるのであれば、より多くの食物をあたえられると、なぜ働きが悪くなるのか？

いまよりもちょっと余分な体重が重荷になると予測すべき本質的な理由などどこにもない。しかも、その体重を支える筋肉や骨を鍛えるだけの余分なエネルギーがあるとすればなおさらだ。ゾウはキリンよりもずっと長生きする。たくさんの脂肪を蓄えることが本質的に不健康だという代謝上の理由がなにかあるのだとしたら、体はなぜ余分な食物エネルギーを——体外に排出するなり、効率よく燃やすなりして――捨ててしまわないのか？　食物のせいでそこまでダメージを負うことを体が黙って見過ごしているのはおかしいのではないか？

しかも、さらに驚くことに、飢えと長寿の関係は、もっとずっと普遍的な事実の一例にすぎない――寿命は適度のストレスによって延びるのである。

これはホルミシス（もしくはユーストレス）と呼ばれる現象で、さまざまなコンテクストにおいて立証されていながら、いまだに議論の対象になっている。というのも、理論上、これは非常に予想外のことだからだ。

死に至るほどの飢えは、激しいストレスをともなう。しかし、半飢餓状態は寿命を延ばすだけでなく、心臓病、癌、糖尿病のリスクも劇的に下げる。となると、ホルミシスの視点に立てば、「適度のストレス」という定義は、かなり大きく広げることができる。

ホルミシスは理論上の重大なメッセージをたずさえている。ストレスは重荷であるはずなのに、そのせいで寿命が延びるのであれば、ストレスを受けていないときの体は逆になにかをかかえていて、寿命を延ばすためにベストをつくしていないことになる。要するに、体は長生きにつながるはずの修復と維持を意図的に抑えていることになるのだ。

ホルミシスのもうひとつの例は、読者のみなさんも（ホルミシスの視点からものを考えたことが一度でもあれば）驚かないだろうが、運動である。運動は感染症を含む多くの（もしくはほとんどの）病気のリスクを下げる。動物実験によれば、肉体的活動は群れの平均寿命を延ばす。保険会社はすわっていることの多い生活は死亡リスク因子になることを知っており、生命保険の保険料を計算するときにそれを考慮に入れる。また、見識のある経営者は従業員に運動を奨励する。

によって当然の事実と見なされているわけではないし、理解されているわけでさえない。運動が長寿につながることはかなりよく知られている。しかしだからといって、それが医療科学

運動は多くのエネルギーを奪う。体の修復機能に限界があることの原因が（使い捨ての体理論でいわれているように）エネルギー不足にあるとするなら、より多くの運動をすれば、それだけ修復にまわすエネルギーが減ってしまう。しかも、運動によるエネルギー消費は、取るに足らないものではない。わたしたちの多くが考える〝適度〟をはるかに超えたレベルの運動をすると、寿命はどんどん延びていくという証拠がある。実際、第一線で活躍する運動選手は、医者の勧めにしたがって週に三回ジムでワークアウトする一般人よりも長生きするし、齧歯類を使った実験では、カロリー制限と過酷な運動を課せられたマウスがいちばん長生きする。この実験に使われたマウスは、毎日踏み車で二マイル走らされた。

運動が寿命を延ばすという事実は、ほかの視点から考えても驚くべきことだ。老化を「ダメージの蓄積」と考えた場合、運動は修復すべき箇所をさらに増やすことを意味する。激しい運動をすると筋肉は裂ける。これが刺激となって、「もっと大きく、強くなれ」というシグナルが体に送られる。しかしこの修復作業には、自己複製細胞、DNAのコピー、エラーのチェックなどが必要であり、これらをすべて機能させるには、生物学的修復と維持がともなう。

さらに、運動はおびただしいフリーラジカルを発生させる。生体分子は多呼吸とエネルギー発生のプロセスにともなって酸化する（ダメージを負う）。これこそまさに、老化するにしたがって蓄積されるといわれているダメージである。どういうわけか、わたしたちが運動をするとき、修復メカニズムは通常よりもずっと機能が高まり、余分に生じたダメージを埋め合わせてあまり

あるため、結果として寿命が延びることになるらしい。おそらく誰もがいぶかしく思うことだろう。体に運動でストレスをあたえるとそこまで効率のいい修復メカニズムが使えるのであれば、体はなぜそれをつねに使いつづけないのだろう？

おそらく体は、できるかぎり長く生きようとはしていないのだ。おそらく自然は、平和なときには死亡率を高くし、ストレスのある状況下では死亡率を低めたいのである。

運動や飢餓のほかにも、平均寿命を延ばす逆説的効果を持つストレスはいくつかある。歴史的に見ると、最初に研究すべきは放射線ホルミシスだ。少量の放射性物質にさらされたり、ほんのわずかなX線放射を毎日うけた動物は、ほかの動物よりも長生きする。この事例もまた、まったく予期されていなかったことだ。放射線は生体分子に――とくにDNAに――ダメージをあたえ、一部の細胞を死滅させ、ほかの細胞も修復が必要になる。それが、なぜ長寿につながるのか？

放射線ホルミシスは興味深いケースである。一九五〇年代、原子力発電所の大規模な建設が最初に検討されたとき、放射線被曝《ひばく》の安全基準を設定するようにとの政府規制が課された。ここで疑問が生じた。「このレベル以下なら安全」といえる被曝量はあるのか？　それとも、最初に放射線を被曝した瞬間から、ダメージが蓄積していくのだろうか？

解答の持つ経済的な影響は非常に大きい。発電所の設計に組みこむ防御壁のタイプやセーフガードは、それをもとに決定されるからだ。原子力発電所の建設が実現可能かどうかは、すべてそこにかかっていたのである。

避けがたいことだが、議論が百出し、どちらの側も激しく相手を非難した。原子力発電産業は、少量の放射線被曝は健康的な効果があるという説を宣伝してまわった。こうした事情があって流された説ではあったが、これは事実だった。[*]成人の場合、少量の放射線は、老化プロセスを遅くするプラスの効果が発癌リスクを上まわる。子供の場合は話がまったく違う。子供の細胞は分裂のスピードが速いので、DNAが放射線のダメージをうけやすい。老化は問題点にはなりえない。

放射線被曝の疫学は興味をそそるだけでなく、逆説的だ。癌の発症率に最低基準はない。[30]ほんのわずかな放射線に被曝しただけでも、発症率は上昇しはじめる。ところが、そのほかの長寿要因は反対方向に働く。そのため、低レベルの量なら、総合的に見た寿命は放射線被曝によって延びることになる。[31]

さまざまな環境問題のホルミシス現象を説明するため、多くの動物実験が行なわれてきた。クロロホルムは神経毒である（一九世紀には外科手術時の麻酔薬として少量の投与が行なわれていたが、手術中にあまりに多くの患者が死んだため中止された）。一九七〇年代に、練り歯磨きのなかにごく少量のクロロホルムが混入しているのが発見され、監督官庁が練り歯磨きの製造会社に対し、健康への長期的影響を調べるための動物実験を命じた。驚いたことに、生涯にわたって少量のクロロホルムを食べさせられたイヌ、マウス、ラットは、クロロホルムを投与されなかった比較用の動物たちよりも平均して長生きした。

毎日、何時間も凍るように冷たい水のなかを無理やり歩かされたラットは寿命が延びる。[32]バクテリアもウイルスもいない滅菌した環境で育てられたマウスは、汚い環境で病原体にさらされて育ったマウスよりも寿命が短い。死なない程度の熱に短時間さらしてショックをあたえた線虫は寿命が延びる。

　これらの実験すべてに共通しているのは、どの動物も劣悪と呼んでさしつかえのない状況に直面させられていることだ。驚くにはあたらないが、こうした状況に直面した動物は、筋力や抵抗力が上がる。まったく予想外だったのは、劣悪な状況にさらされている時間が長期間にわたると、体が過度に補償するため、動物たちの寿命が延びる点だった。

　これはわたしたちが代謝にいだいているイメージ――攻めてきた敵を勇敢に撃退するが、ストレスの蓄積で最終的にはすり減ってしまう――と矛盾する。ストレスに対抗し、老化と戦って現状を維持するために、体がどんなメカニズムを使っているにしろ、それはストレスがないと効果的に展開しないらしい。この証拠を突きつけられると、老化というものは――体はどうすれば長生きできるか知っているが、普段はあえて長生きしようとしないという意味で――〝自発的なもの〟だと考えるしかない。

　生物は環境に適応する。数世代にわたる適応だけでなく、（べつの手段による）一世代の適応もある。人間の免疫システムは、病原菌にさらされると、それと戦うことを学ぶ。寒冷な環境で生活していれば耐寒性を身につけるし、毎日腹筋を鍛えていれば、（ほかの筋肉ではなく）腹筋

＊わたしは原子力発電を推奨するつもりはない。放射性廃棄物を三万年間保管しなければならないことや、チェルノブイリ、フクシマ、スリーマイル島のような大災害を起こす危険性など、原子力発電に反対する理由はたっぷりある。しかも、政府による巨額の助成金を考慮に入れなければ、原子力発電は経済的ではない。

が強くなる。これは言葉によらない生理的な知性であり、ダメージを修理し、もっともよく使う能力を強化するための無言のギフトだ。だからわたしたちは、毒や放射線や飢餓に直面した体が、それを補償するように強くなったり、敵対的な攻撃の衝撃をやわらげたとしても、驚くべきではないのかもしれない。

しかし、ホルミシスはそれ以上のことをする。ホルミシスが驚きなのは、体が過剰に補償するからだ。なにかが不足すると寿命が延びることが暗示しているのは、不足を補おうとする修復能力があることだけではなく、より長く生きるための潜在的な能力が普段は抑圧されていることだ。いいかえれば、それは明らかに、老化がプログラムされたものであることを暗示しているのである。

ホルミシスにおいて、体はさまざまな困難に出合うとダメージをやわらげるだけではなく、困難に襲われていないときよりも優れた働きをする。こんなことは、いかなるリソース配分理論からも予測不能だった。過剰な補償という事実は、体はなにかを隠し持っていることを暗示している。体はもしものためにそれを蓄えており、困難に直面しないかぎり、持てる力をすべて発揮しないのだ。

老化の進化的意味を探るうえで、ホルミシスは重要な手がかりになる。環境が劣悪で、多くの個体が飢餓や病気や寒さや熱や毒に倒れているとき、老化はぎゅっと握りしめたその手をゆるめるため、加齢で死ぬ個体は少なくなる。ここから暗示されるのは、「老化はよいときも悪いときも死亡率を平均化する役目を担っているのではないか」ということだ。老化は人口をコントロールするために、〝生きるのが楽ちん〟なときに個体数が爆発的に増加しないよう、目を光らせているように思える。これがうまく機能するのは、状況が困難なときに老化が手綱をゆるめ、飢饉《ききん》や伝染病などに直面した集団があまり急激に減らないようにコントロールしているからだ。

以上の理論は、この分野に対するわたしの最大の貢献であり、以下の章でそれをもっと詳しく探っていくと同時に、老化の抑制にどうつながるかを考察していきたい。

## 第四章のまとめ

現在、老化の進化には標準となっている理論が三つある。この三つはさまざまなところで引用され、それ以外には可能性がないかのように見なされている。「二〇世紀に一般的だった進化理論＝ネオダーウィニズムの原則に合致するもの」という意味でなら、この三つ以外に可能性がないというのは正しい。しかし、この三つはどれも間違っているという強力な証拠がある。

三つの理論のひとつ、突然変異蓄積理論によれば、老化の原因となる突然変異はごく最近発生したものなので、まだ自然淘汰によって排除されていないという。しかし、現在では、老化をコントロールする遺伝子は何億年もまえから存在していることがわかっている。自然淘汰がそんなにも長いあいだ我慢しているはずがない――フィールド調査によれば、個体の適応度は老化によって大きく低下するのだ。

もうひとつの理論、拮抗的多面発現理論によれば、老化の原因となるのは、「若年期には肉体的な力と生殖能力の向上をもたらすが、晩年期にはダメージをあたえ、死のリスクを増加させる遺伝子」だという。しかし、現在では老化をコントロールする遺伝子がいくつも発見されており、そのうちのいくつかは生殖能力とはまったく関係がないことがわかっている。実際、なかには明確に残忍なものもあり、代償となる利益を個体になにもたらさないものもある――そうした遺伝子は、たんなる純然たる老化遺伝子にすぎないのだ。

三番目の理論である使い捨ての体理論は、「老化は体の修復と維持に必要なエネルギーの欠如から起こる」とする。しかし、この章で取りあげたように、食物エネルギーを奪われた動物は、たっぷり食物をあたえられている動物よりも長生きする。もし使い捨ての体理論が正しいのなら、ひたすらがつがつ食事をとり、カウチから立ちあがるエネルギーさえも節約していれば、永遠に若いままでいられることになる。しかし、実際にはそうはいかない。

困難に直面した動物は、安楽に生きている動物よりも長生きする。この奇妙な現象はホルミシスと呼ばれている。これは「体は可能なかぎり長く生きるようにプログラムされている」という考えと両立しない。ホルミシスはまた、老化の適応値の謎を解く手がかりも提供してくれる。どうやら、老化は死亡率を平均化するらしく、病気や飢餓で死亡する個体が減ると、反対に死亡率を上げる。

老化の新しい理論を紹介する準備は整った。しかし、まえもって警告しておきたい。理論家たちはこれまでの八〇年間以上、ネオダーウィニズムの枠組みに当てはまるようにものを考えてきたわけだが、新しい理論はこの枠組みにすんなりとおさまるわけではない。

# 第 5 章

*chapter.5*

# 老化が若かった頃
## ——複製老化

### 老化はずっと昔に進化した

生物が外傷や事故によって死ぬ可能性は、地球誕生以来つねに存在した——しかし、老化による死に関しては事情がちがう。遠い昔、老化は存在しなかったのである。

老化現象が生まれたのは、脊椎動物の誕生（約五億年前）よりもさらにまえのことだ。まずは、微生物にふたつの形の老化が現われた。アメーバとゾウリムシは原生生物の一種で、バクテリアよりもずっと大きいが、まだ単細胞生物である。わたしたちに影響をあたえる老化のうち、もっとも古いタイプのふたつ——アポトーシスと複製老化——は、原生生物のなかで進化した。

老化現象がまず単細胞生物のなかに現われたのは、じつに不思議である。単細胞生物と多細胞生物では、事情がまったくちがっているからだ。多細胞生物の場合、体（体細胞）は目や耳や皮膚や骨や筋肉といった機能細胞でできており、生殖細胞（卵子と精子）とは分離している。卵子と精子は遠い未来の世代に遺伝子を伝えることができる。一方、体細胞に未来はなく、生殖細胞のために自分を犠牲にするしかない。新しい世代が生きていく基礎を築くため、不死の「生殖細胞」は非常事態が起きたときの王族のように自分たちだけが脱出する。体細胞はそのあとに捨てられた殻のようなものだ。体細胞は馬車馬であり、生殖細胞の奴隷なのである。体細胞はただ黙々と自分の使命を果たす。なぜなら、体細胞もまた生殖細胞の遺伝子とおなじ遺伝子に支配されているからだ。体じゅうの細胞はすべてがおなじ遺伝子のコピーを持っている。そのため、利益の衝突は起こらない。体細胞は自分たち自身のゲノムを、生殖巣のなかの同一コピーを通して次世代に伝えることができる。

体細胞と生殖細胞が分離している場合、老化は筋が通った現象となる。生殖細胞は不死でなければならず、親から子へ、子から孫へと受け継がれていかなければならない。しかし、体細胞はその必要がない。体細胞は自分の仕事をこなすと、その場を去っていく。しかし、もし生殖細胞が死んでしまったら、すべてはそこで途絶え、種が存在しなくなってしまう。

ネオダーウィニズムの理論によれば、単細胞生物には老化など存在しないはずだった。理論的には、老化がはじまるのは生殖活動が開始されたあとのはずだ。原生生物にとって、生殖活動はたんにふたつに分裂することでしかない。分裂後に存在するのはまったく同一の新しい細胞――クローン――であり、親は残っていない。一生涯の全設計がたった一回の生殖活動を中心に組み立てられており、その一回の生殖活動のあとで〝古い〟細胞が存在しなくなってしまう生物にとって、老化することになにか意味があるだろうか？

事実、老化の現代進化論を宣言した論文において、ジョージ・C・ウィリアムズが最初に導きだした予測は、「ゆえに、原生動物のクローンに老化は起こりえない」というものだった。この論文を書いたときのウィリアムズは、そう予測しても絶対に安全だと考えたのだ。

## 地球の生命の短い歴史――社会が有機的組織体になる

地球上の生命の起源は、いまだに解決されていない科学上の大問題のひとつだ。ただし、これを「科学はなんの手がかりも持っていない」とするのは正しくない。すでにさまざまなシナリオが描かれているからだ。ただしどのシナリオも、大きな穴があったり、突飛すぎて信じがたかったりする。

こうしたシナリオのすべてに共通しているのは、「誕生したときの生命は単純で、協力のネットワークを広げていくことを通じて徐々に複雑さを獲得していった」という考えだ。[1] ほかのユニットと争うことで進化していくユニットのことを、わたしたちは「個体」と呼んでいる。しかし、個体の概念は時の経過とともにより大きく、より広くなっていった。

起源の謎は、既存の枠にとらわれない思考を招き寄せ、科学（およびサイエンス・フィクション）のさまざまな分野から、深く物事を考える人たちが集まってきた。彼らの意見はまちまちだった。もしかしたら、生命はひとつの物理的現象であり、つねに存在していたのかもしれない。この考えは、ぱっと受ける印象ほど馬鹿げたものではない。理由はいくつかある。

第一に、化石に残っている生命の痕跡《こんせき》でもっとも古いものは、地球の年齢の約九割もの歴史を持っているのだ。いいかえれば、溶融した地面が固まって生命が住めるようになってすぐに誕生したということになる！

第二に、単純な自己増殖システム――初期の地球に〝偶然〟現われたとされるシステム――を実験室で再現しようとすると、うまくいかないのである。一九五〇年代に、このプロジェクトに対する最初の熱狂が巻き起こった。メタンと水とアンモニアを混ぜたガス体に放電するだけで、実験室で簡単にアミノ酸がつくれることがわかったのだ。しかし、ひとつの機能を持つタンパク質をつくるためには、たくさんのアミノ酸を特定の配列で結びつけなければならないし、自己増殖するシステムをつくるためにはそうしたタンパク質がたくさん必要になる。自己増殖するこのシステムはあまりにも複雑かつ特殊で、いついかなる場所であろうとも、偶然に発生するとは考えにくいのである。

第三に、量子力学によれば、量子の王国を支配する不可思議なルールを公式化するには「観察者」が必須の構成要素であるという。そこで科学者のなかには、発生期の生命――それも観察者となりえる意識を持った生命――が、物理学の基本構造のなかに組みこまれているのではないかと考える者も現われたのである。[2]

生命はそもそも宇宙からやってきたのだとする考えを最初に真剣に提唱したのはフレッド・ホイルだった。[3]ホイルは二〇世紀の非正統的な天文学者だが、非常に頭がよく、「ビッグバン」という言葉を（自分が疑いをいだいている理論の信用を落とそうとして）つくったことでとくに有名である。

フランシス・クリック（この人物に関しては、紹介の必要はないだろう）は、地球外起源説のもっとも有名な提唱者である。[4]つねに地球に降りそそいでいる彗星《すいせい》や隕石《いんせき》には、宇宙の物質が付着している。ＮＡＳＡの推定によれば、毎日一〇〇トンもの物質が宇宙から地球に降りそそいでいるという。現在知られている〝極限微生物〟のバクテリアのなかには、煮沸しても、凍らせても、放射線に曝露しても生きられるばかりか、胞子になって一〇〇〇万年（宇宙を旅して星からべつの星にたどりつくのに必要とされる時間）冬眠することができるものもいる。地球外起源説の理論は非常にもっともらしい。最大の難点は、この理論が正しかったとしても、生命がいかにはじまったかという謎が解けるわけではなく、たんに解決を先送りすることにしかならない点だ。

生命がこの地球上で無生物のなかから生まれたのだとしたら、いかに生まれたかに関する理論は大きく二種類ある。ひとつは「成長と代謝からスタートし、そこに個体化と分裂がくわわって、異なる断片がダーウィンの競争プロセスを起こすことができるようになる」とするもの。もうひとつは、「生殖とダーウィンの競争からスタートし、そこに代謝がくわわって時とともに複雑さを増していき、それまで以上の強さと能力を身につけていく」とするものだ。

## 代謝のほうが生殖より先だとする説

代謝の理論は、[5]〝自触媒〟できる既知のシンプルな化学系、もしくはブートストラップからスタートしている。簡単にいえば、化学反応による生成物がおなじ化学反応を促進すること（＝自触媒）で、局所エネルギーが蓄えられ、〝代謝〟が生まれるのである。こうした作用の一般的な例として、台風の発生や結晶成長などが挙げられる。

生命は自触媒的な化学反応の一種だが、渦《うず》や結晶よりもさらに複雑で、利用できる自由エネルギーの上をサーフィンする。科学者たちはもっとも普遍的な化学反応や化学構造に目を向け、生命の共通の特徴を見つけようとした。この手法を使って「生命は、ミネラルの横で新陳代謝させられた鉄硫黄化学物質としてはじまったのではないか」と考える者も出てきた。地球が生まれたばかりで、まだ海が浅かったときに、地殻の下から噴出した化学エネルギーを吸収したのではないか、と考えたのだ。

## 生殖のほうが代謝より先だとする説

もう一方の学派は、すべては自己複製できる分子からはじまったと考えている。分子の単純な生殖システムの理解を阻むものは、「現代のすべての生命体において、情報を蓄えているのはDNAだが、DNAの複製を行なっているのはタンパク質分子だ」という点である。これだと、生殖にはタンパク質とDNAの両方が必要であるかのように思えるし、その組み合わせはあまりにも複雑で、偶然によって発生するとは信じがたい。

その後、一九八二年に、トマス・チェックが「リボザイム」を発見した。リボザイムはリボ核酸（RNA）とエンザイム＝酵素（タンパク質）のハイブリッドである。遺伝子情報を持っていると同時に生殖活動も行なうことができる存在は、このリボザイムから生みだされた可能性が高い。もしかしたら、RNAの魔法の配列こそが、最初に生命を得た分子の候補者かもしれない。「RNAワールド仮説」というアイディアが新しいアイディアを生み、生命の起源の研究に大きな影響をあたえた。世界中の生化学者たちは、「薄められたスープから核酸を抜きだし、それらを結合することのできる単純なRNA分子」を探しはじめた。

しかし、これを実際に成功させた者はまだひとりもいない。「地球の海は実験用のフラスコよりずっと大きいのだから、何億年ものあいだには、長くてもせいぜい数年間の実験では起こらないなにかが起きてもおかしくない」と考える人もいるだろう。しかし、科学者が意図的に計画した実験は、生物が生まれる以前の地球の混沌《こんとん》状態より、はるかに効果的なプロセスなのだ。人間が創意と工夫のかぎりをつくしても、単純な自己複製システムに近づくことさえできないという事実は、これが偶然に起こったのだという考えに影を落とす。

単純なリボザイムは正しい配列で一〇〇もの塩基がまとめられている。それぞれの塩基は、それ自体が何十もの原子でできた複雑な彫刻である。そうした塩基が一〇〇個、きちんと正しく並ぶことなど、地球がいくら大きくてもありえそうにない。さらに悪いことに、RNAユニットを鎖のように結び合わせるプロセスは、システムから水がすべて取り除かれた状態でないと反応しない——RNAは水のなかだと形成されないのだ。

## 細胞壁が個体をつくる

フリーマン・ダイソンは「二重起源仮説」のなかで、「代謝と分子複製はべつべつに進化し、その後相互の利益のために合体したのだ」と提唱した。まずは複製のまえに代謝がある。やがて代謝は安定し、周囲のエネルギーを利用できる構造をつくりはじめる。するとこんどはDNAが着火装置となり、代謝のロウソクに再点火する。細胞壁が生まれると、化学物質が海に流れだしていかなくなり、恒常性制御のための舞台が整い、生体の状態が一定にたもたれるようになる。また、細胞壁があると個体化が進み、競争の可能性が生まれる。それは、新しい戦略とさらなる複雑さへの大きな原動力となる。[6]

種は進化の過程でたんに分岐するだけでなく、ほかの有機体と共同でより高次な個体を形成することもある。自己複製分子はほかの分子と協力し、より効率よくおたがいを複製する。ごくまれにだが、大いなる変革をもたらす出来事が起こる。寄生細胞が宿主と合体して共生するのだ。かつては宿敵だった種同士――捕食者と獲物、もしくは寄生者と宿主――が、はじめて共存することを学び、おたがいに助け合い、緊密に成長していき、もはや離れればなれになれなくなる。たとえば地衣類は、藻と菌類が組み合わさってこの段階にたどりついたものだ。

そして、その向こうにさらなるステージがある。かつての敵同士がゲノムを合体させてひとつの種、ひとつの細胞となるのである。こうなると、べつべつの起源があることは、しっかり調べないかぎりわからない。ミトコンドリアは侵略的なバクテリアから進化した。バクテリアはまず、宿主の細胞を殺すのを控えることを学び、つぎに細胞とエネルギー・リソースを共有することを学び、最後に核DNAの指示に従うことを学ぶ。同様に、葉緑体は植物細胞のなかで光合成を行なっているほんの小さな小島（細胞小器官）であるが、昔は独立したシアノバクテリア（光合成の能力を有する細菌）だったものが、より大きな真核生物によって食物として摂取されたものだ。

真核生物はミトコンドリアや葉緑体のたんなる集合体ではなく、さまざまな器官からなるひとつのシステムであり、それらの器官の多くはかつて独立した有機体だった。この惑星に生命が生まれたのが三〇億年から四〇億年前とするなら、最初の真核細胞が現われたのは二〇億年ほど前とされている。真核生物は構造が奇跡的なほど複雑で、一般的にバクテリアや古細菌の数百倍も大きい。これらの多様なコロニーがいかに統合されてひとつの機能的ユニットになったのかは、推測の域を出ていない。

さらに数億年が過ぎると、真核生物の集団は特殊化した組織へと変化し、多細胞生物としていっしょに働きはじめた。自然界における協同のもっとも壮大な見本は、わたしたちにとってあまりになじみが深すぎて、頭に思い浮かびもしないものだ。わたしたちが目で見ることのできる動植物はピラミッドの頂点にすぎず、その土台となっているのは無数の多様なバクテリアである。土壌、海洋、地底などに生息するバクテリアの生物量〔ある時点である空間に存在している生物体の総量〕は、世界中の植物の生物量を合わせたよりも多い。一方、植物は昆虫よりも生物量がずっと多く、その昆虫は動物のなかでは圧倒的に生物量が多いのだ。「動物の生態」と聞いてわたしたちが思い浮かべる魚や鳥や哺乳《ほにゅう》類は、生物量全体の一パーセントにも満たないのである。

体が大きな生物が登場してすぐに、動物の共同体は協同を学んだ。オオカミが群れで狩りをするのはよく知られている。では、自分では手にあまる獲物を狩るときに、ウツボとハタが身振りで意思疎通することはご存じだろうか？　ハタは広い水域での獲物を追いかけるのは得意だが、小さな魚がサンゴの穴や裂け目に隠れてしまうと、手が出せなくなる。するとウツボが追っていき、哀れな魚にがぶりと食らいつく。

種と種のあいだの共進化はあまりにありふれているので、適正なサンプルを提示するのさえためらわれるが、一二五ページで紹介したイチジクコバチとイチジクの木はひとつの壮大な例だろう。甲殻類の全生態系は、海面下半マイルのクジラの死体をリサイクルするために適応しているし、あなたの胃のなかのバクテリアの多くは、ほかの場所では生きられない。

「真社会性」とは、生物学者が社会的な昆虫のことを指すとき以外にはほとんど使わない言葉である。こうした昆虫は非常に緊密に共同作業をする。ミツバチの巣箱で遺伝子を伝えられるのはたった一匹の女王だけだが、何千もの働きバチや雄バチにとってはそれでまったく問題ないのだ。

このレベルの協同が可能なのは、女王が自分の遺伝子の五〇パーセントを巣箱の同房者たちと共有しているからだといわれていた。しかし、ここ数十年で、遺伝子的なつながりのない奴隷が働き手としてリクルートされているケースもあることが判明している。

アリ塚やミツバチの巣箱は、個体の性質を持った「超個体」と見なすことができる。自然選択の観点からすれば、一匹のアリとほかのアリのあいだに個体間の競争はないが、コロニー対コロニーのレベルの競争はある。超個体の概念は、ウディ・アレンが主人公の声を演じたアニメーション映画『アンツ』でパロディ化されているし、その二〇年前には、ダグラス・ホフスタッターが名著『ゲーデル、エッシャー、バッハ――あるいは不思議の環』のなかで、アリ塚（アント・ヒル）をヒラリーおばさん（アント・ヒラリー）ともじって説明している。シロアリは超個体の〝フラクタル〟な例である。シロアリは真社会性のコロニーに住んでいるだけでなく、それぞれの一匹のシロアリも、腸内微生物のコミュニティに依存しているという意味で、それ自体が超個体なのだ。

生態系はもっとも高レベルの組織である。わたし自身は（これは議論のあるところだが）競合する生態系同士のあいだで進化競争がくりひろげられているという説を支持している。競争に勝った生態系はどんどん成長・拡大していき、少しでも弱い生態系がバランスを崩したり無防備になったりすると、その領地を侵略してしまう。

生態系は生命そのものとほとんどおなじ長さの歴史を持つと考えられる。すべての生命体はおたがいに依存しているし、ほかの種のネットワークに支えられなければどんな種も独力では生きていけないからだ。動物の場合、こうした依存関係は明白だが、話が植物となるとそうでもない。

ただし植物も、動物が排出する二酸化炭素がないと光合成ができないし、窒素固定細菌によって硝酸塩が自分の根まで運ばれないと生きていくことができない。わたしたちは共生の惑星に生きているのだ。

ガイアという概念を「惑星全体が統合され、全世界的な生理機能で組織されていること」と表現するのは、科学的だろうか？　ジェイムズ・ラヴロック、リン・マーギュリス、ジョージ・ウォールドなど、非常に多くの偉人がこの概念にインスピレーションをうけてきた。

ダーウィンによれば、自然選択が達成しようとしている目標は、力でも、生殖のスピードでも、知力の戦いにおける優位性でも、筋力でもなく、彼のいうところの「適応」だという。個体もコロニーも種も、コミュニティの活性化と繁栄のために生態系内のほかの個体やコロニーや種に適応したものこそが、自然界のコンテストに勝利するのである。

このコンテクストからすると、「競争はつねに個体と個体との戦いである」という標準的なネオダーウィニズムの原則は奇妙に見える。自然の法則というより宗教的な信条のようだ。「個体」の定義は、進化論の歴史において何度か変更されてきた。きょうのグループはあすの個体かもしれない。競争と協同はつねに起こっていて、いくつかのレベルで同時に起こっていると考えていいようだ。これこそが階層説〔自然選択は、生物階層の複数レベルで働いているとする説〕の原理であり、利己的遺伝子にとって代わろうとしているパラダイムなのである。[7]

## セックス

遺伝子の交換は、すくなくとも細胞生物とおなじくらい歴史が古い。セックスは生命史上最高の発明のひとつだという考えには、あなたも同意するだろう。セックスはコミュニティを結びつけ、進化が利己的な個体に乗っ取られないことを保証してくれる。

コミュニティのメンバーが利己的になり、寄生者のようにふるまい、自分だけがいい目を見ようとして他者の権利を侵害する危険はつねにある。コミュニティの保護された環境のなかでは正しくふるまっているが、いったん自分自身がコミュニティを支配すると、他者の権利を侵害しているという意識はなくなってしまう。利己的な個体の集まったコミュニティは、もはやほとんどコミュニティとは呼べない。協力的なコミュニティと競争する場合、利己的な個体の集まったコミュニティは不利になる。

セックスが生殖活動に結びつけられていると、当然のことながら、生物はパートナーを探さなければならない。そのため、生物は社会性を持っていることが前提になる。セックスは生殖のためには避けられず、利己的遺伝子を阻む手助けをする。コミュニティがたったひとつの遺伝子プール〔交配が可能な同種個体の集団に存在する全遺伝子〕を共有している場合、遺伝子は無理やりほかのものたちとうまくやっていくように強制される。さもないと、長くは生きられない。

セックスはコミュニティにとって重要である。しかし、ネオダーウィニズムの利己的遺伝子説が正しいとすれば、成功を遂げた個体は自分の遺伝子を絶対に共有しようとしないはずだ。いちばん速く生殖する個体は、自分の子孫で集団を乗っ取ることができる。成功の秘訣をどうして共有する必要があるのか？　もし利己的遺伝子説が一〇〇パーセント正しいのであれば、利己的遺伝子は成功を家族だけの秘密にし、ほかの一族に教えたりしないだろう。セックスが生殖活動に欠くことができないものになった理由は、成功した個体に遺伝子共有を強制するためなのだ。[8]

無謀な資本主義と同様、利己主義は短期的には大きな成功をおさめても、最終的には惨事を招く。私利私欲の追求は、長期的に見れば進化の成功の秘訣《ひけつ》にはなりえない。一方、住みやすいコミュニティづくりは、生命の歴史を通して見たとき、生物をより高いレベルで機能させる戦略であることが証明されている。

セックスがなければ、進化はここまでうまく機能していなかっただろう。長期的に見た場合、セックスは生物の生存力にとって重要である。しかし一方で、短期的に見た場合、利己的遺伝子の立場からすると、セックスを避けてクローン繁殖することへの誘惑がつねに存在する。

理論的にいえば、セックスは失われてしまう危険につねにさらされている。しかし、生物群集が、長期的に繁栄していくためには、セックスが維持されていることと、すべての個体が参加していることが、きわめて重要なのだ。

Column

## 社会性昆虫

この地球でもっとも成功している動物種は社会性昆虫である。社会性昆虫はほかのどんな生物よりも数が多い。それぞれの集団はごく小さいが、世界中のアリ、シロアリ、ハチ、スズメバチなどをすべて合わせた総生物量は、哺乳動物の生物量をすべて合わせたよりも多い。ちなみに、この惑星には七〇億の人間がいるが、そのひとりあたりにつき七〇億のアリがいる計算になる。人間がこの地球を支配するようになったのはほんのつい最近のことであり、わたしたちがほかの生物をいつまで搾取できるかはきわめて不安定である。アリは世の中を知っているし、いまではこの世界のあらゆる生態系――アマゾンの熱帯雨林からキッチンのキャビネットまで――で、完全に安定した生活を送っている。

しかし、地球上の生物量においてトップに立っているのはアリではない。[9] その栄誉はバクテリアのものだ。

## 純血の罪を避ける

セックス・ゲーム（有性生殖）とNOセックス・ゲーム（無性生殖）は、まったくべつのルールで行なわれる、まったくべつの進化ゲームだ。ふたつを較べた場合、NOセックス・ゲームのほうが競争が熾烈《しれつ》で、勝者がすべてを手に入れる。それとは対照的に、セックス・ゲームではほぼ全員が賞品を手に家に帰れる。ただし、そのうちのいくつかの賞品は、ほかのものよりもずっと大きい。

進化の過程でより多くの実験が行なわれるのは、セックス・ゲームのほうだ。遺伝子の組み換えは種のレベルに組みこまれているので、長期的にはより多くの革新がある。セックス・ゲームによる進化は、NOセックス・ゲームには見出しえない場所に行くことができる。わずかな疑問はあるが、セックス・ゲームのほうが優れたゲームであり、より面白い。長い目で見れば、セックス・コミュニティと運命をともにしたほうが得策だという根拠はじゅうぶんにある。

しかし、どんなときであろうと、強い競争力を持っている個体は――もしそこに生理学的な機会があれば――「すべてかゼロか」のNOセックス・ゲームをしたいという誘惑に駆られるものだ。もしあなたが全力でゲームをプレーしているとすれば、手ぬるい競争相手など簡単に倒すことができるだろう。もしNOセックス・ゲームをしているのがたったひとつの個体だけで、ほかのものはすべてセックス・ゲームをプレーしているとしたら、セックスをしない個体は、短期的には競争相手を全滅させておかしくない。しかし長期的に見れば、やがて活気をなくして沈滞するはずだ。

セックスというゲームはより優れたゲームである。しかしそれは、全員がルールを守ってプレーした場合にかぎる。セックス・ゲームがプレーされる場所は、NOセックス・ゲームの侵略に脆弱《ぜいじゃく》である――NOセックス・ゲームは、無性生殖の進化（もしくは退化）によって、多様性と持続可能性を犠牲にしてより多くの利己的遺伝子を生みだすからだ。さもないと、セックス・ゲームはNOセックス・ゲームによる侵略から自分自身を守る必要がある。セックスは死滅してしまい、遺伝子を組み替える実験は衰え、新しい生態的地位の探索が鈍化してしまう。有性生殖する種は、セックスを捨ててコミュニティに挑戦する突然変異個体に対して、どう身を守ればいいのか？　アウグスティヌスやガンジーがセックスの誘惑と生涯にわたって戦う一〇億年前、進化はその反対の誘惑――セックスを捨て去りたいという誘惑――と戦ったのである。

## 飴と鞭

ということで、進化はジレンマに直面した。協力的なコミュニティを進化させることは勝利につながる戦略であり、遺伝子を共有することは、コミュニティの運命を結びつけ、利己的な行動が利益につながらないようにするための効果的な方法である。しかし、遺伝子を共有することをいかに強制するのか？　短期的に見ると個体選択は迅速で効率がいいため、現時点でたまたま優位な個体適応度を持っている個体は、その優位性をほかの個体と共有することなく、さらなる成功を手にすることができる。

自然選択は遺伝子共有を強制するためにふたつの方法を考えだした。わたしはそれを「飴《あめ》と鞭《むち》」と呼んでいる。

有性生殖をする動物（あなたやわたしやゴキブリなどのことである）に対して、進化は飴を使う。セックスは気持ちがいいうえに、神経系を駆けめぐる強力で本能的な衝動を秘めている。しかしそれは、あくまで興味を引くためのものにすぎない。より重要な飴は生殖である。ほとんどの動物にとって、セックスは生殖に強く結びついており、このふたつのプロセスは完全に編み合わされている。個体はセックスによる遺伝子共有なしに生殖することができないだけでなく、無性生殖ができるように逆進化することもきわめて困難だ。たとえば、アリマキやウィップテールリザード（トカゲの一種）、タンポポなどにはそれが起こったが、めったにあることではない。

わたしたちはセックスを生殖活動の一部だと考えているが、それは自然がそう考えるように仕向けているからだ。馬と馬車のように、セックスと生殖もふたつで一組であると、いわば洗脳されているのである。しかし、実際には、セックスは遺伝子を共有する行為であり、生殖は生物が自分自身の複製をつくるプロセスである。両者につながりがある必要はまったくない。進化の初期の段階においては、セックスと生殖は完全に分けられていた。多くの原生動物の場合、こんにちに至るまで、ふたつの機能は大枠において分かれたままである。

## 原生生物の老化——遺伝子共有を拒否するものは死刑

本章の冒頭で、わたしは単細胞生物の老化について説明しはじめたものの、その後はまわり道をして生命の歴史を駆け足で見てきた。もうこれでみなさんも、単細胞の原生生物における老化の意味と、それがいかに進化したかを理解する用意ができたはずだ。

自然選択が鞭に選んだのは原生動物だった。あなたのDNAか、それともあなたの命か！　遺伝子を共有するか、それとも死ぬか！　繊毛虫《せんもう》はすくなくとも五億八〇〇〇万年前から（おそらくはもっと昔から）生きている原生動物で、ゾウリムシを含んでいる。動物は繊毛虫から進化した可能性が高い。

セックスと生殖は完全に分離した機能である。ゾウリムシはクローン化（有糸分裂）——もしくは単純な細胞分裂——で生殖を行なう。遺伝子共有は「接合」と呼ばれるプロセスによって行なわれる。ふたつのプロセスは代謝的に独立しているため、成功しているゾウリムシの個体は「食べる→クローン化→食べる→クローン化」をくりかえし、最終的にはその子孫がコロニーを乗っ取って単一文化にしてしまう。

そこで自然選択は、これに対して障壁を築いた。ゾウリムシが生殖を行なうたびに、テロメアと呼ばれる染色体のしっぽから、わずかなDNAが失われるようにしたのだ。細胞分裂をするたびにテロメアは短くなっていき、最終的には染色体が不安定になって機能しなくなってしまう。細胞は衰えて死に至る。

この疾患を癒やすには、テロメラーゼという酵素が必要だ。テロメラーゼは死に対して解毒剤の役目を果たし、テロメアを修復する。あっと驚くオチは、このテロメラーゼがDNAの金庫室のなかに厳重に保管されていることだ。進化は、セックスのとき以外、ゾウリムシがクッキーの瓶に手を出せないようにしたのだ。[10] 元気を回復させる酵素は接合のときにのみ分泌されるのである。

その結果、どんな栄養系〔無性生殖の形でたくさんつくられる子孫のこと〕も数百世代にわたって生殖をつづけることができるが、そのあとはテロメアが枯渇してしまい、接合で遺伝子を共有しないかぎり、一族はすべて死に絶えてしまう。

現在わかっているなかでは、これがもっとも初期の老化現象である。その頃の地球上には、まだ微生物しか存在していなかった。現在の視点から考えると、老化はコミュニティを守るために進化し、遺伝子の共有を利己的な個体に強制してきたといえるだろう。単細胞原生動物の老化の生化学は、あなたやわたしの細胞の老化と実質的にはまったく同一である。この連続性は、老化の進化的な意味をはっきりと指し示している。[11]

Column

**繊毛虫**

繊毛（cilia）という言葉は、ラテン語の「まつげ」からきている。繊毛虫は何千もの小さな毛（繊毛）を振って泳ぐ。繊毛虫には、女性の卵管の卵胞や男性の精子尾部に見られる微小管（中心の管を九本の管が囲んでいる）とおなじ複雑な内部構造がある。こうした微細構造を見れば、繊毛虫が太古の昔から存在していて、波乱に富んだ進化の過程をまったく変化しないまま生きてきたことがわかる。非常に独創的な生物学者のリン・マーギュリスは、繊毛自体もべつの太古の共生生物――おそらくはスピロヘータ――からきたのではないかと主張した。

## 複製老化はいかにして発見されたか

細胞が複製されるたびにテロメアが少しずつ失われていくことを「複製老化」という。これは老化の初期の型で、それぞれの細胞に作用する。細胞自体も老化することを生物学者が知ったのは、ほんの五〇年ほどまえにすぎない。それ以前、老化は細胞そのものではなく、細胞のシステムだけに起こるものだと考えられていた。じつはそうではないことを学界に納得させたのが、レオナルド・ヘイフリックである。

一九五〇年代のはじめ、大学院で微生物学を学んでいたヘイフリックは、生物学史上もっとも長期間にわたった実験のことを知った。一九一二年から一九四六年まで、フランスの生物学者アレクシス・カレルが三四年間も培養細胞を生かしつづけ、成長させ、自己複製をさせたのである。この実験によって、細胞自体は不死であり、老化は組織全体のもっと高いレベルで起こることがわかった。

カレルは医師でもあり、臓器移植手術のパイオニアだった。フランスからアメリカに移住してからはロックフェラー医学研究センターで働き、「血管同士をどうつなげば血液の流れを回復し、移植した臓器が機能を維持できるか」を考えだし、一九一二年にノーベル生理学・医学賞を受賞した。フランスに一時帰国した折には、自分が新たに興味を持っている研究をテーマに講演した。

動物の細胞——人間の細胞も含む——の一部を体外に取りだし、実験室で培養するというのだ。カレルは同国人の前で、アメリカの実験施設や実験環境がフランスよりもいかに優れているかを得意げに語った。頭にきたヨーロッパ人は、その異端的なアイディアを実際にやって見せろと挑発した。

カレルは挑発に応じ、アメリカに帰ると、培養細胞が試験管のなかで成長できることを厳密に証明すべく準備をはじめた。培養細胞を生かしつづける技術をアシスタントに学ばせ、自分の実験ではひよこの心臓の胚細胞を培養に使った。実験は成功し、カレルは二年間にわたって論文を書きつづけ、さらなる名声と影響力を手に入れた。カレルは弁が立ち、カリスマ性があった。さらにそこに、科学界における名声がくわわったことで、カレルはちょっとした有名人になり、確固たる権威を築きあげた。

カレルはひよこの培養細胞を同僚のアーサー・エーベリングに譲った。エーベリングはその後さらに三〇年間実験をつづけた。実験はすでに自分の管理下から離れていたものの、カレルは結果に興味を持ちつづけ、「それぞれの細胞は無限に分裂し、成長していく」と主張するようになった。数十年にわたり、それは科学上の根本原理となった。「動物は年をとるが、動物を構成している細胞は永遠に成長と分裂をつづけていく力を持っている」と——。

科学上の根本原理には異を唱えにくい。一九四〇年代から五〇年代にかけてさまざまな研究者が行なった細胞培養では、違う結果が出た。彼らは実験の結果を発表したが、自分たちの培養した細胞が死んだ原因をつねに特殊な条件のせいにし、根本原理を変えようとはしなかった。理論（実際には神話といったほうが当たっている）はすっかり成長し、科学者の目を矛盾からそらしてしまったのだ。培養に含まれる化学物質のなにかが時間の経過とともに毒性を持ち、そのせいで、本来細胞は不死であるにもかかわらず、成長をつづけられなくなったと考えたのである。

ここでわたしたちは、もう一度レオナルド・ヘイフリックに立ち戻ろう。大学院を出て数年後、ヘイフリックはペンシルヴェニア大学ウィスター研究所の細胞培養研究室に室長として招かれた。彼はそこで、癌《がん》細胞と正常細胞の比較実験を行なった。当時の彼は、自分がこれまでに学んできた科学知識を疑うことなど考えてもいなかった——培養細胞は試験管内で永遠に成長しつづけると考えていたのだ。

しかし、実験をはじめてすぐに、問題に突き当たってしまった。正常な細胞（癌細胞ではない！）は、一年前後たった頃——成長と分裂をほぼ四〇回くりかえした頃——に衰えはじめ、やがて死んでしまうのだ。最初、ヘイフリックは検査技法に問題があるのだろうと考えた。しかし、数年にわたって実験方法を向上させつづけた末に、細胞老化は技術的な問題が原因ではないと確信した。この時点で、ヘイフリックは頭を切り替えた。癌をわきに置き、自らに基本的な質問をしたのだ。「細胞が老化することをはっきりと実証できるだろうか？」と。

まず考えたのは、老いた細胞と若い細胞をおなじ培養容器のなかで育てることだった。もしカレルの主張が正しければ、老いた細胞が排出する毒で、老いた細胞も若い細胞もともに死んでしまうはずだ。しかし、原因が細胞内に固有のものなら、老いた細胞が死んでも若い細胞は成長しつづけるはずだ。

だが、ふたつの細胞系をどうやれば見分けられるか？　これは一九五九年の話であり、生化学やDNA配列といった現代的な技術はまだ存在していなかった。ヘイフリックはこの問題を、男性から採取した細胞と女性から採取した細胞を使うことで解決した。生化学的な識別はできなかったが、X染色体とY染色体を見分けることなら、顕微鏡を使えば簡単にできる。ヘイフリックは男性の皮膚から採取した細胞を、老いて細胞分裂をしなくなるまで育てた。彼はそこに、若い女性から採取した若い皮膚細胞をくわえた。

しばらくしないうちに、培養容器のなかは女性の細胞だけになった。この細胞はその後も成長をつづけ、自己複製を行なった。結果は明らかだった。「毒素説」は死んだ。どういうわけか、細胞は自分が何回分裂できるかを知っており、加齢とともに衰えていくのだ。いったんダムが決壊すると、さまざまな研究室で同様の実験結果が報告された。何十年も科学上の真理とされていた学説は、あっけなく崩れ去った。

ヘイフリックは生体内で老化した細胞を使っておなじ実験をくりかえした。[12] 老人の皮膚細胞と若者の皮膚細胞を使ってコロニーをつくったのである。老人の細胞は寿命が短く、実験室で培養をはじめるとすぐに老化の徴候を示した。これによって、ヘイフリックの発見は実験室だけで起こる特異現象ではないことが証明された。細胞は体内でもはっきりと老化しているのだ。動物の老化の原因は細胞レベルのプロセスにあるという可能性が、この発見によってふたたび浮上してきたのである。

## なぜそんなことが起こったのか?

学界の権威がいうことなら間違いないと信用してしまう者にとって、これは「カリスマと集団思考には気をつけろ」という教訓話である。科学的プロセスにおいて、再現実験は絶対に踏まなければならないステップとして神聖視されている。しかし、学界のコンセンサスを得ている定説は影響力が強いため、新しい実験で矛盾する結果が出ても、あれこれと理由をつけ、定説を疑うことを回避してしまう。科学者とて人間なのだ。

それでも疑問は残る。カレルとエーベリング――どちらも有能で注意深い――は、あれだけ長い期間にわたる実験のどこで間違いを犯したのか？　ヘイフリックは最初に発表した論文のなかで、エーベリングの培養細胞はうっかり汚染されてしまったのだろうとほのめかしている。培養細胞に毎日あたえられる栄養分は、受精卵から採取される。培養細胞にあたえるまえにブロス（培養液）をきちんと殺菌しなければ、新しい胚細胞を補給する結果となり、培養細胞が長生きしているように見えてしまったとしてもおかしくない。

はっきりした理由がわかることはないだろう。なぜなら、「カレル自身が老化プロセスの最終段階に至ってしまったため、自分自身の弁護をすることができなかった」からだ。[13]しかし、一九三〇年代にカレルの研究室を訪れた同時代の科学者たちから、その理由を知る手がかりが得られた。ラルフ・ブックスバウムは、研究室に勤務していた実験助手のひとりから、「細胞が定期的に死んでいるのが見つかった」という話を聞いたと語っている。カレルの実験助手たちは自分がミスを犯したのだと考え、そのミスが露見しないように新しい細胞をくわえていたのだ。

## テロメアと細胞老化

ヘイフリックは細胞が永遠に細胞分裂するわけではないことを発見したが、その理由まではわからなかった。細胞の生殖活動が最終的に衰えるのはなにが理由なのだろうか？　自分が何回生殖したかを、細胞はどうやって数えているのだろう？

一九七〇年代のなかば、イェール大学のエリザベス・ブラックバーンという博士課程修了の若い研究者（現在はカリフォルニア大学サンフランシスコ校勤務）が、このふたつの疑問に対する直接的で説得力のある答えを発見した。彼女が研究していたのは人間の細胞でも動物の細胞でもなく、単細胞のゾウリムシだった。

染色体はDNAの長い鎖で、何億もの核酸サブユニット――塩基T、A、C、G――とともに、すべての細胞核に存在している。サブユニットの順番は巨大タンパク質分子をつくる青写真を含んでおり、細胞が生きて自分の役目を果たすにはこれが必要である。細胞が分裂すると、染色体はその二重らせんを解き、それぞれの鎖が新しい相手をつくる。ここでDNAレプリカーゼという酵素が登場する。このDNAレプリカーゼが染色体を端から端まで這《は》い進んで新しい塩基（T、A、C、G）を集め、マッチする染色体の半分をつくりだすのである。こうして一対の染色体が二対になり、ふたつの娘細胞が生まれる。

ここにブラックバーンの発見がある。染色体を横切っていくDNAレプリカーゼは、任務の最後でトラブルに直面する。自分自身の安全を確保する余地を残しておく必要があるため、最後の数百の塩基ユニットをきちんと複写できないのだ。どういうことかというと――

DNAをコピーするDNAレプリカーゼは染色体に密着しており、コピー作業とともに染色体の上をスライドしていく。染色体の端までたどりつくと、自分が腰を下ろしている部分（染色体とぴったり接している部分）はコピーすることができない。その結果、コピーされるたびに染色体は少しずつ短くなっていくのだ。

しかし、それでいいのか？　細胞が継続的に情報を失うことなど許されないはずだ。ブラックバーンは、それがどのように解決されているかも突きとめた。解決法はふたつの部分からなっていた。

まず、どの染色体の末端にもＤＮＡの緩衝器があって、その部分は意味のある情報を含んでいないのである。これはテロメアと呼ばれており、塩基パターンのくりかえし（ＴＴＡＧＧＧを何度もくりかえしつづける）にしかすぎず、何千ものコピーが端から端まで並んでいる。通常、テロメアは自動的に折りたたまれており、ＤＮＡのエンドキャップの役目を果たしている。そのためＤＮＡは化学的に反応せず、二重らせんはほどけない。最近、ブラックバーンは一般向けの講演会で、靴紐《くつひも》の端のアグレット（紐の端がほぐれないようにつけてある円筒状の留め具）のスライドをよく見せる（わたしは六〇年以上も靴紐を締めつづけてきたが、ブラックバーンの講演を聞くまでアグレットなどという言葉は知らなかった）。

テロメアはＤＮＡの情報保持部分を守ると同時に、情報を転写してもしなくてもいい使い捨て部分を提供することで、情報のロスを防ぐ。通常、テロメアは何万もの塩基が連なっており、何世代もの複写によって数百から数千の塩基が失われても、エンドキャップの役目を果たしつづける（染色体そのものはもっとずっと長く、数千万の塩基対が連なっている）。

解決法の二番目の部分――テロメアはどうすれば修復するのか？　意味のないＤＮＡの緩衝器があると、当座の処置にはなる。しかし、遅かれ早かれ、緩衝器は再建しなければならない。これもまた予想されており、テロメアの生化学に関するブラックバーンの初期研究で解決されている。染色体の末端にＴＴＡＧＧＧのコピーをつけくわえる役目を負った酵素が存在するのだ。ブラックバーンはこの酵素をテロメラーゼと名づけた。

通常、染色体がタンパク質工場（リボゾーム）にメッセージを送り、どんなタンパク質をどんなふうにつくるかを指示すると、DNAはメッセンジャーRNAに転写される。「遺伝情報は不可逆的にDNAからRNAへと転写され、RNAがリボゾームの上で翻訳されてタンパク質が合成される」というこの自然の理法を、発見者のフランシス・クリックは分子生物学の「セントラルドグマ」と名づけた。しかし、あらゆるドグマ（教義）と同様、これもやがて例外に行き当たり、絶対的な正当性を失ってしまう。まれにではあるが、RNAがDNAへと逆方向に転写されることがあるのだ。ロタウイルス［乳幼児をはじめ子供に多い急性胃腸炎を引きおこす病原体］がそのいい例だ。ロタウイルスはRNAでできているが、人間の血液細胞のなかの逆転写酵素とともに翻訳され、DNAの一部となる。

テロメラーゼはおなじトリックを使う。テロメラーゼの分子には（塩基が六つしかない）RNAの断片が含まれている。テロメラーゼはこのRNA鋳型を何度も何度も使ってテロメアのしっぽを延ばしていく（ただしテロメアはDNAでできている）。「細胞複製で失われたテロメアはどうやって復元されるのか?」という疑問への解答はテロメラーゼだったのだ。

もしテロメアが縮んでゼロになったら、染色体は複製のたびに本物の（暗号化）情報を失いはじめる。しかし、決してそこまではいかない。テロメアが短くなりはじめると、染色体は歪《ゆが》んで不安定になる。[14] テロメアにまだ何千もの塩基が残されている段階で、細胞はすでにテロメアが短くなったことを察知し、老衰モードに入る。まず、代謝のスピードが落ち、テロメアがさらに短くなり、細胞が不活発になって分裂をしなくなる。細胞が毒素を出して周囲の若い細胞にダメージをあたえるときもあるし、アポトーシス——次章で説明するプロセス——による自殺を遂げる場合もある。しかし、どんな場合も、細胞は活動的な生物学的機能を停止し、なんらかの形で死んでいく。

Column

### レオナルド・ヘイフリック

本書執筆の時点で、レン・ヘイフリックは八六歳。現在も老化研究団体のメンバーとして活発な活動をつづけ、周囲から敬愛されている。厳として群れることのないヘイフリックは、心優しく、ちょっぴり怒りっぽく、つむじ曲がりを自称している。細胞の「プログラム死」のもっとも古いメカニズムのひとつを発見したにもかかわらず、当人は老化が人間のなかにプログラムされているとは信じていない。事実、ヘイフリックはわたしたちが第一章で「熱力学的理論の誤り」として非難した損耗理論を擁護している。

周囲の同僚たちは熱く盛りあがっているが、ヘイフリックはアンチエイジング薬の未来に懐疑的で、長命化が社会にあたえる影響に不信感をいだいている。この点に関しては、長い年月をかけて進化してきた自然への干渉に警鐘を鳴らす伝統の側にいるのである。

## 細胞老化はあなたやわたしの老化にどう寄与するか

ゾウリムシの場合、正常な細胞複製のときにはテロメラーゼを使えない。テロメラーゼが発現するのは、比較的まれである接合のときだけである。人間の場合、テロメラーゼは生涯を通じてほとんど使うことができず、受精卵のなかでのみ発現する。精子と卵子が結合し、受精卵が形成されると、まずはDNAが再プログラムされて新たなスタートを切り、そのプロセスの一部がたくさんのテロメラーゼを展開させ、長いテロメアを持った受精卵が生命活動をはじめる。通常、人間の受精卵が成長をはじめるとき、二万ユニットのテロメアを持っている。しかし、幹細胞は子宮のなかで非常に急速に分裂するため、赤ん坊が生まれるときには、一万ユニットのテロメアしか残っていない。この一万ユニットは人間が死ぬまで生きつづけるが、細胞が成長や修復のために分裂するたびに生涯を通じて短くなりつづける。

細胞老化が発見され、テロメアの力学でそれが説明されて以降、人間の細胞もまた生きられる期間が限られていることが明らかになってきた。しかし誰もが、それは老化とはなんの関係もないだろうと考えていた。現在優勢なパラダイムによれば、体は老化に対抗するためにできることをすべてやっている。これは、テロメアが短くなったくらいで人間は死んだりしないことを意味する。もし死ぬようなことがあれば、進化はわたしたちにより長いテロメアをあたえるか、マウスの場合がそうであるように、生きているかぎりずっとテロメラーゼを供給していたはずだ。

ところが、わたしたち人間はテロメラーゼの不足で実際に死ぬのだ。このことは二〇〇三年にリチャード・コートンが実証してみせた。テロメアが短い人間は、同年齢のテロメアが長い人間よりも死亡リスクがずっと高い（とくに心臓病の発症率が高くなる）。テロメラーゼをたくさん持っている場合は、テロメアが長く、より長生きをする。二〇〇三年以来、テロメアの長さと老化に関係があることは、多くの鳥類や哺乳類で確認されている。

加齢にしたがって、テロメアの短くなった幹細胞が蓄積していく。そして、三つの点で体に害をあたえる。

第一の点は、再生をとめることだ。ダメージをうけた組織を再生させるのは、幹細胞の仕事である。つねに塩酸にさらされている胃の内壁は、絶え間なく細胞が入れ替わっている。血液細胞と皮膚細胞は数日ごとに新しくなっている。しかし、テロメアの老化で幹細胞の能力が落ちると、入れ替えが遅くなる。

第二の点は、テロメアの短くなった細胞は、染色体がほぐれがちになり、ダメージを負いやすくなることだ。これによって、活動的な幹細胞は癌状態へと導かれてしまう。

第三の点は、老化した細胞がシグナルを発し、体じゅうに炎症を起こさせることだ。炎症は加齢が原因による体の自己破壊のもっとも一般的な例で（より詳しいことは第九章で説明する）、老化した細胞は火に油を注ぐ。

Column

## リチャード・コートンと老化におけるテロメアの役割

「そんなに単純なはずはない」とは、古来の知恵である。老化と死の原因がたんにテロメアの欠如だけにあるのなら、わたしたちの体はもっとテロメラーゼをつくって問題を解決していただろう。テロメアは人間の生涯を通じてだんだん短くなっていくことが知られているが、ほとんどの細胞は一生もつだけのテロメアの長さを持っている。必要なのはそれだけだ。体は賢いから、標準的な人生のあいだは細胞の健康を維持できるだけの長さはしっかり持たせてあるのだ。しかし、必要以上に長くはしていない。テロメアの短縮は、癌細胞の増殖を阻むために体がとった防衛策だと考えられている。

当たり前のことだが、わたしたちの体はテロメアが短すぎるからといって死ぬことはない。当たり前すぎて、誰もそのことを実証しようとは考えなかった。第一、人間集団を使って死亡率を検証しようとしたら一〇年以上かかるし、膨大な予算が必要になる。

ソルトレイクシティのユタ大学に勤務する生化学者のリチャード・コートンは、テロメア短縮にまったく害がないか確信が持てずにいた。彼には、長期にわたる疫学研究にお金をかけることなく、すばやく疑問に答えを出すアイディアがあった。

まず生化学の面では、ほんのわずかな細胞をサンプルにテロメアの長さを測る方法を考えだした。コートンが使ったのは、「DNAを何度も複製してから短く切り刻み、そこにTTAGGGの配列を探しだす試薬をくわえる」という方法だった。

二番目の新考案は、「多くの人のテロメアの長さを測り、その人たちがいつまで生きるかを調べる代わりに、すでに存在するデータを使う」という方法だった。ユタ州では、引っ越しをせずにずっとおなじところに住んでいる人が多い。一方、病院の冷蔵庫には、二〇年前に献血した人の血液が保管されている。献血した人の多くはいまもソルトレイクシティのおなじ地区で生きているか、死にかけている。

コートンは一四三人分の血液細胞のテロメアの長さを測り、二〇〇三年に論文を発表した[15]。採血をされたとき、その一四三人は全員がほぼ六〇歳だった。コートンはテロメアの長さとその後の彼らの運命のあいだに関係が存在するか調査した。その結果、平均余命とテロメアの長さには非常に大きな関係があることがわかった。テロメアが短い人は、感染症や心臓病で亡くなるリスクがずっと高かった。同時に、テロメアが長い人よりも癌の発症率が低いわけでもなかった。

テロメア短縮は癌細胞の増殖を阻むためのものだという理論が正しいとすれば、テロメアの長さと寿命のあいだに関係はないはずだ。ところがコートンの調査結果によれば、もっともテロメアの長かった人は、もっとも短かった人より一〇年以上も長生きしていたのだ。

コートンの調査以来、この関係はそのほかのいくつかの研究で――人間を対象にしたものだけでなく、数種類の哺乳動物や一種類の鳥類の調査でも――裏づけられている。二〇一五年にデンマークで行なわれた非常に規模の大きな調査では、テロメア短縮をそのほかの標準的な危険因子（体重、喫煙、コレステロールなど）と切り離すことに成功し、テロメア短縮がほかの危険因子よりもずっと高い死亡リスクであることがわかった。[16]

## テロメアと癌

テロメラーゼの遺伝子はどの細胞のなかにもあるが、たとえ細胞がテロメラーゼの不足で死んでも、鍵をかけて保管されたまま発現することがない。これはプログラム化された老化のように見える。この状況を、メインストリームの生物学者はどう説明しているのだろうか？　テロメラーゼの抑制は癌の予防につながるというのが彼らの見解だ。彼らにいわせると、「テロメラーゼがなければ癌細胞はヘイフリック限界——体の組織細胞が分裂できる限界回数（約四〇回）——から逃れられず、制御できないほど増殖して体を脅すことはない」というのだ。たしかに、癌細胞はほとんどすべて、後成的一時変異を持っていて、活動をつづけるのにじゅうぶんなテロメラーゼを発現させることができる。

拮抗的多面発現の交換条件理論を信じている生物学者も、通常テロメラーゼが後成的に厳重な保管状態にあるのは、体を癌から守るためだという。寿命が短くなるのは、若いときに体を癌から守ってもらった代償だというのだ。

しかし、動物実験の結果はこの理論を支持しなかった。癌に対しては、テロメア短縮よりも免疫システムのほうがよりよい防護を提供するからだ。人間がまだ若いときは免疫システムがしっかりしており、初期癌から守ってくれる。このため、若者が癌を発症することはめったにない。しかし、年をとると、テロメアが短縮して免疫システムが衰える。新しい白血球をつくる幹細胞は、テロメアが短くなりすぎて機能が低下してしまう。

さらに状況は悪くなる。テロメアが短くなった染色体は不安定になり、癌化する傾向があるのだ。しかも、テロメアが短くなりすぎて染色体が死んでしまうまえに、細胞がパニックモードになり、体じゅうに警報を送り、炎症を引き起こすのである。わたしたちが年をとるにつれて癌のリスクが上昇する最大の原因は炎症なのだ。

結論をいえば、テロメア短縮は癌を予防する作用よりも、癌を引き起こす作用のほうがずっと大きい。ゆえに、拮抗的多面発現理論によるテロメラーゼ配給の解釈は、理にかなっていないことになる。

## 総括的な展望――相も変わらずいつもとおなじ

かくして、円は閉じられた。細胞老化は五億年前から進化をはじめ、遺伝子共有を強制することで、利己的な個体が遺伝子プールを独占するのを防いできた。こんにちでも、おなじメカニズムとおなじ生化学がおなじ機能を担っている。細胞老化は全身老化を引き起こし、全身老化はもっとも成功している個体――高齢まで生き抜いてきたものたち――を全滅させる。その結果、彼らは遺伝子プールを独占できず、集団に世代交代が起こり、若い個体が広々とした生態的地位（生物の生存に必要な要素を提供する生息場所）で成長・繁栄するチャンスが生まれる。

これが生命の循環だ。個体は生まれ、死んでいく。しかし、コミュニティはつづく。ここから神話はつくられたのである。

## 第五章のまとめ

ネオダーウィニズム理論では、単細胞の原生動物に老化は存在しないとされていた。しかし実際には、原生動物には二種類の老化がある。この二種類は非常に古くから存在しているので、老化がいかに進化し、どんな適応目的に奉仕しているかを知る大きな手がかりになっている。

細胞老化、もしくは複製老化と呼ばれているものがある。テロメア――染色体の両端についているしっぽ――を使い、細胞は自分が何回自己複製したかを数えており、一定回数を超えると、テロメアが短くなり、細胞は疲弊して死んでしまう。複製老化はテロメアの生化学の一部としてこんにちまでつづいている。複製老化は目的を達成するための手段であり、わたしたちが老いるのはそのせいだ。老いた人間の細胞はテロメアが短く、これが体の修復速度を遅くし、体に毒素を放出する。

原生動物の老化は監視メカニズムの一種として進化し、もっとも成功している個体たちに対して、遺伝子をコミュニティと共有することを強いる。これはいまも昔も、コミュニティの多様性を維持するために必須の方法であり、だからこそ原生動物は変化に適応し、進化をつづけることができたのだ。高等生物のコミュニティにおいても、老化はこれとおなじ形で機能しつづけ、コミュニティの多様性を維持し、もっとも成功している個体が自分の遺伝子でコミュニティを支配するほど長生きしないようにしている。

# 第６章

*chapter.6*

# 老化がさらに若かった頃
## ——アポトーシス

### 細胞はよきサマリア人たりえるか？

　進化論を支配してきたネオダーウィニストたちには、利他主義が目に入らない。「利他主義は存在しない」「利他主義に見えるものがあったとしたら、それは幻覚だ」と、ネオダーウィニズム理論が教えているからだ。そのため、カリフォルニア大学の博士課程の学生だったヴァルター・ロンゴが、「単細胞の酵母はコミュニティのために自分自身の命を投げだす」と主張したとき、学術専門誌の編集者たちはロンゴが提出した研究レポートを却下し、研究室に戻って実験結果を再チェックしろと命じた。

　掲載拒否をおとなしく受け入れ、負けを認める者もいるし、挑戦を受けて立って倍の努力をし、挑発を糧にさらなる成長をする者もいる。専門誌の編集者たちはロンゴのことを見くびっていた。研究室で見せる鋭い洞察力、限りのないエネルギーと忍耐力。おまえにどれだけのことができるんだと挑発されたロンゴは、証拠をどんどん積みあげ、酵母の利他的な自殺を証明した非の打ちどころのない実験例を報告した。[1] この論文は二〇〇四年の『ネイチャー』誌に大々的に掲載された。

細胞は自殺することがある。これがはじめて観察されたのは一八四〇年代のことだった。通常、細胞は死に直面すると、できるかぎりの手をつくして戦う。食物が不足すれば非常手段に訴え、自分自身のスペアパーツを食べはじめる。酸素が不足すれば、エネルギー発生のために嫌気性モードに移行する。毒を摂取してしまった場合には、細胞質からできるかぎり速く毒を排出する。こうしてつねに戦いつづけているため、死ぬときにはすっかり疲れ果て、さまざまなダメージを負っている。

しかし、細胞の自殺であるアポトーシスは、これとまったく違う。アポトーシスの場合、細胞は自分自身の死に向けて、きちんと順序だった計画を立てる。自分のDNAを短く切り刻み、代謝を命じられなくしてしまう。それまでは細胞内の化学作用を調節していた高度に精密なタンパク質を燃やす（過酸化水素を使って酸化する）。死にあらがうどころか、自分の代謝をシャットダウンするために効果的で整然とした行動を取り、自分自身を隣人の食料に変えていくのだ。細胞は最後に自身の細胞膜を溶かしてしまい、自らの遺灰に相当する水性物質を周囲にばらまく。

アポトーシスの引き金を引くのは、自己管理プロセスだと考えていいだろう。細胞は自分がウイルスに感染していることを感知すると、ウイルスに成長と拡大のチャンスをあたえるよりも、自らの死を選ぶ。前癌性《ぜんがんせい》の細胞は、自分が前癌性であることを見抜き、自分自身を抹殺する。赤ん坊の体が形成されるとき、その形のほとんどは創造によってつくられるのではなく、破壊によってつくられる。望まれていない中間的な部分が、アポトーシスによって除去されるのだ。

こうした理由から、胃の内壁の細胞は体全体のために自らの命を絶つ。しかし、独立して生きている細胞がほんとうに自らの命を投げうち、隣人のために最大限の献身をするだろうか？

## 殺人から自殺へ――細胞暗殺者を飼い慣らす

第一章で紹介したミトコンドリアのこと（六九ページ参照）を覚えていらっしゃるだろうか？真核細胞の内部に点在してエネルギーを発生させている、あのごく小さな細胞小器官である。

細胞がなにかをするときには、電気化学的エネルギーが必要になる。真核細胞は糖に酸素を結合させて燃やし、エネルギーをほかの細胞が使えるような形にして提供する。遠い昔にも細胞核は存在した――しかし、現在の細胞に見られる完全な代謝機構はなく、ミトコンドリアの祖先は侵入バクテリアだった。死をもたらす侵入者は細胞のなかに入り、そこにある糖を燃やし、自分自身の複製をつくるためにエネルギーを使った。彼らは寄生者であり、部外者であり、日和見主義的で貪欲で利己的だった。

ミトコンドリアは自分自身のＤＮＡを持っている。ということは、彼らは細胞核の指示ではなく、自分の義務にしたがっていることになる。略奪してまわる山賊の集団のように、彼らは自分自身の複製をつくるために宿主細胞の代謝機構を勝手に使う。最終的に、彼らの蛮行は宿主細胞を死に至らしめ、ミトコンドリアは海に吐き出され、ほかの宿主細胞を探しだしてふたたび侵入する。

しかし、この関係には「共存」の種子がまかれている。ミトコンドリアの生活は宿主細胞から盗むことに依存している。より効率よく盗むことができれば、より速く成長し、より早く生殖活動ができるようになる。しかし、すべての寄生生物と同様、ミトコンドリアは恩をあだで返している。より効率よく盗むことができれば、より速く宿主細胞を殺してしまうことになる。宿主細胞が死ぬとミトコンドリアはふたたび冷たい海に戻るが、その大部分は寄生できるほかの細胞群を探し当てるまえに死んでいく。

短期的な進化は、寄生者を宿主と戦わせようとしがちである。しかし長期的には、たいていの場合、このふたつは平和的な共存に向かう。一般的に、寄生者は時とともに毒性を減らす方向で進化していく。理由はひとつ――利己的な寄生者は宿主を殺したいのではなく、より効率よく甘い蜜を吸えるように、ずっと生かしておきたいからだ。

もう一歩進むと、寄生者は宿主の手助けをはじめる。宿主の能力を向上させるサービスを提供するのである。そうすれば宿主はさらに繁栄し、寄生者はさらに多くのものを盗めるようになる。進化した協同は生物学の中心テーマだ。

バクテリアは有毒な寄生体から進化してミトコンドリアになった。それぞれの真核細胞のなかには何百ものミトコンドリアがおり、激しくエネルギーを消費している細胞のなかには何千もいる。現在生息している動植物に力をあたえている化学エネルギーのすべては、ミトコンドリアがもたらしているのである。

Column

### シンビオジェネシス

若いシカをむさぼり食っているオオカミが、そのすべてを完全に消化せずに、オオカミとシカのもっとも優れた特徴を併せ持った新しい動物に変身したところなど、想像できるだろうか？　しかもその新生物が、オオカミとシカとの相互作用から生まれた、新しい能力を身につけているとしたら？

それではまるでファンタジー小説だ。しかし、進化の歴史上のさまざまなポイントにおいて、バックグラウンドも、遺伝子も、ライフスタイルも、能力も、弱点も、すべてまったく違う生物同士が混じり合い、新しい生命体を形成してきたのである。どの場合も、新しい生物は飛躍的な進歩を遂げ、より複雑になり、適応度が増し、もともとの生物にはなかった能力を身につけた。片方の生物がもう一方を食べて完全に消化しない場合もあれば、小さいほうの生物が大きいほうの生物に寄生し、まずは宿主を殺さないことを学び、ついで宿主を手助けすることを学んでいく場合もある。

二〇億年以上前、地球がまだいまの半分くらいの年齢だった頃、最初の真核細胞が形成された。スペインの微生物学者リカルド・ゲレロによれば、地球の歴史において、この真核細胞の誕生よりも革命的なことはその後起こっていないという。真核生物以前には、バクテリアと（おなじくらい微小な）古細菌が存在するだけだった。このふたつはたいした内部構造を持たず、遺伝子は細胞のなかを循環しているプラスミドと呼ばれる小さな環のなかに存在していた（これは現在も変わらない）。

真核細胞はそれよりも約百倍も大きく、構造も複雑で、しっかりと統制・統合されている。遺伝子はすべて細胞核内の染色体のなかにあり、采配を振るっている。細胞のなかには何百もの違ったユニット（細胞小器官）があり、細胞が必要とするさまざまな仕事を行なうため、それぞれが特殊化している。こうした仕事には、エネルギーの生成、各種のタンパク質の製造、侵入者からの防御、周囲の環境の探知、細胞の形態変化、小さな繊毛《せんもう》をオールのように動かすことによる水中移動などがある。細胞内には、用途別につくられた特製分子を必要な場所に運ぶための道路網がある。特製分子には荷札がついており、どこに運べばいいかわかるようになっている。細胞が新たに獲得したこの複雑な構造は、リーダーシップの必要性を生みだした。その役割を請け負ったのが細胞核だ。これはいわば、中央政府のような存在である。

一般によく知られている大型の生命体は、動物も植物も菌類も、すべて真核細胞でできている。しかし、単細胞の真核生物（原生生物）でさえ、その祖先であるバクテリア集団よりも構造的に複雑でずっと大きい。わたしたちは体の大きな生物を見ると、短絡的に「より高度な生物」と考えがちだが、バクテリアと古細菌はそうした体の大きな生物よりも代謝的にはるかに多様で、最終的にはずっとタフである。

ダーウィンは「すべての進化的変化は、だんだんと増加していく形で起こる」と信じていた。それから一世紀後、スティーヴン・ジェイ・グールドによって、進化の歴史における非常に急速な変化を説明する「断続平衡」という概念が一般化した。化石記録を調べると、なにか新種が出てくるまえとあとでは不連続性が見られるというのだ。長年にわたって生物科学を研究しつづけたリン・マーギュリスは、大きな進化的変移に注目し、びっくりするほど急激な変化を進化にもたらすものは吸収合併と買収のプロセスだと提唱し、この理論をさらに前進させた。彼女がわたしたちに遺した概念こそ、シンビオジェネシス

（ふたつの有機体が合わさって新しい有機体になること）だったのである。

## アポトーシスとなんの関係が？

過去に遂げてきた進化の痕跡として、ミトコンドリアは自分自身のDNAの断片をまだ持っており、独自の生殖サイクルにしたがっている。細胞がいつもどおり自分の代謝活動を行なっているあいだも、ミトコンドリアは死に、古いミトコンドリアから新しいミトコンドリアが複製される。人間が運動をするとき、筋肉は「もっとエネルギーが必要だ」というメッセージをうけとる。するとこんどは筋肉が、ミトコンドリアに「増殖しろ」とシグナルを送る。ミトコンドリアは住《す》処《みか》に使っている細胞よりも寿命が短い。彼らは燃えつきて死に、リサイクルされなければならなくなる。

ミトコンドリアは山賊だった頃の名残もとどめていて、細胞を殺す力を秘めている。ただし、その能力を利己的な目的のために使うことはもはやない。殺人＝自殺を開始するシグナルは、細胞核の指令センターから発せられる。しかし、破壊を行なうのは、単純で非常に反応性に富む化学物質（ミトコンドリアのエネルギー発生サイクルの一部）である。この過酸化水素（$H_2O_2$）——水に余分な酸素をくわえたもの——は、一般的に消毒薬として使われており、ドラッグストアで買うことができる。これもまたミトコンドリアの生産物である。量が過剰だと、シグナルにもなるし、破壊手段にもなりうる。過酸化物は毒性が非常に高いため、細胞に致命的なダメージをあたえてしまう。そこでミトコンドリアは、効果的な化学的手段を身につけ、過酸化物ができるとすぐにフリーラジカル捕捉剤で拭《ぬぐ》い去る。自己破壊のシグナルを受けとると、ミトコンドリアはそれに応え、ずっと大量の過酸化物をつくりだす。こうして〝契約殺人〟がはじまる。過酸化物は細胞内に広がり、必須の生化学物質を燃やし（酸化させ）、細胞を効率よく破壊する。

アポトーシスの進化の歴史についても、その起源がミトコンドリアにあることも、生物学者たちはよく知っている。しかし、そこにこめられた過激なメッセージは、いまだに理解していない。そのメッセージとは、自己破壊能力――およびそのメカニズム――は、最初の真核生物が生まれるよりもまえから、真核細胞のライフサイクルの一部だったことだ。それどころか、前章で説明したテロメアよりも歴史が古い。

歴史的にいうと、アポトーシスは哺乳動物の発達プロセスの一部として発見され、現在では全生物にとって利益となる「創造的な破壊」と理解されている。しかし、アポトーシスはプログラム細胞死の一部でもある。生物が老いると、アポトーシスを引き起こすシグナルが発信され、きちんと機能している健康な細胞が死にはじめるのである。

## ハンガー・ゲーム――より大きな集団に仕えるために

子宮内の受精卵の段階では、人間の手はたんなる肉の盛り上がりである。やがて指が形成されるが、外肢として突きだしているわけではなく、未分化の細胞の塊にすぎない。五本の指が形成されるのは、指と指のあいだの細胞がアポトーシスによって自壊したあとだ。これは、石材を彫って人間の像をつくる彫刻家が指と指のあいだの石を削っていくのに似ている。

子宮のなかで脳が発達してくると、探索のためにたくさんのニューロン（神経細胞）を伸ばしていくが、標的にたどりつくのはそのうちのほんのわずかである。そのほかのニューロンは、アポトーシスによって死んでしまう。

人間の免疫システムは、侵入者を正確にとらえて攻撃するB細胞が存在するからこそ成立しているが、これが達成されるには、膨大な種類のB細胞がつねに大量に生みだされると同時に、侵入者をとらえられないB細胞がアポトーシスによってどんどん自殺していくことが前提になっている。

また、オタマジャクシが成長してカエルになるときにしっぽを失うのもアポトーシスによるものだし、人間の皮膚や血液や肝臓の細胞が新しいものと定期的に入れ替わるのは再生のためのアポトーシスによっている。

体内の細胞は、自分が菌に感染したことを察知すると自分を破壊する。たくさんのウイルスを道連れにして、感染の拡大を防ごうとするのだ。前癌症状はアポトーシスの引き金を引く。この反応をコントロールする〝有名な〟遺伝子はp53と呼ばれている。前癌病変が悪性腫瘍化するには、p53遺伝子を迂回《うかい》して突然変異しなければならない。

アポトーシスのこうした機能は、進化生物学者にも素直に理解することができる。ここでは、全体のために有機体のほんの一部が犠牲になっているだけだからだ。体内の細胞はすべておなじ遺伝子を持っているので、利害の共通性は保証されている。体細胞の最終的な任務は、生殖細胞の成功を確実なものにすることだ。生殖細胞は体細胞とおなじDNAを持っており、そのDNAを次世代に受け渡す。

しかし、単細胞の酵母がべつの酵母のために自殺するとなると話はべつで、進化生物学者はこれを異端的な説と見なした。ヴァルター・ロンゴがこの現象を発見したのは、まだカリフォルニア大学ロサンゼルス校の大学院生だった一九九〇年代のことだった。この発見のせいで、研究者としてのロンゴの人生は大きく狂ってしまうところだった。科学界の人間の大多数は、ロンゴの報告した実験結果をありえないことと確信していたからだ。ロンゴは学会から抹殺される危険を冒して自説を主張しつづけ、「ミトコンドリアは独立したバクテリアが進化したものだ」という証拠を提出しようとしたときのリン・マーギュリスとおなじ目に遭ったのである。しかし、ロンゴの粘り強さと、実験計画の明確さのおかげで、彼の説は最終的に受け入れられたのだった。

酵母は単細胞の菌類である。スープのなかに栄養分があれば、酵母のコロニーは狂ったように成長する。熟しすぎた果物のなかでもよく育ち、熟れたリンゴを黒いゴムの塊のように変えてしまう。酵母の細胞は〝出芽〟し、自分自身の小さな複製をいくつもつくりだす。複製は液体のなかを流れていき、一時間に二回以上のスピードで子供を産む。しかし、周囲の糖をすべて使い果たすと、細胞は胞子になり、また繁殖できるチャンスがくるのを待つ。胞子となった細胞は飢え死にをしない。ロンゴが発見したのはまさにその事実――食物が不足している期間、細胞が餓死を待っていないこと――だった。しかも、彼らはフライングをする。食料不足を感知すると、全体の九五パーセントがアポトーシスで自分自身を犠牲にするのである。酵母は自分自身を切り刻み、そのタンパク質を消化し、自分自身をいとこたちの食物に変え、乾いた胞子になった残りの五パーセントが新しいスタートを切ってうまく生き残れるようにする。この行動がいかにして成立しているかは興味深い。というのも、この九五パーセントと五パーセントはまったくおなじタイプの細胞だからだ。どの細胞が生き残るかを決めているのは誰——もしくはなに——なのか？酵母のなかで、それぞれの細胞に「おまえは生きろ、おまえは死ね」と告げているのはなんなのだろう？

おそらく、偶然も何割かは作用しているのだろう。遺伝子的にプログラムされたこの行動は、時の運に支配されているのである。さもなければ、細胞群体は自分自身を犠牲にした細胞の数を感知し、残った細胞がしかるべく行動し、胞子になるように指示できるのかもしれない。

ロンゴの実験結果にネオダーウィニストたちが懐疑的だった理由がここにある。酵母に向かって「おまえは自殺せずに、ほかの酵母が自殺するのを待て」と指示する突然変異を想像してほしい。この突然変異の指示を、ほんのすこしだけ変えさせたとする。なにも厳密である必要はない。生き残る酵母の割合を五パーセントから六パーセントに引きあげるだけでいい。あとは自然選択が面倒を見てくれる。自殺せずに胞子を形成する細胞が、この突然変異を次世代に伝えていく。「出芽し、飢え、胞子を形成する」というサイクルをくりかえすうちに、生き残る割合が五パーセントよりも六パーセントの酵母のほうが優勢になり、やがては彼らの子孫が胞子群を支配するに至るはずだ。時がたてば、またべつの突然変異が割合を七パーセントに引きあげるだろう。こうして、コロニーに益をもたらした適応が、利己的な行動によってゆっくりと蝕《むしば》まれていく。こう推論する生物学者たちは「単細胞生物がほかの細胞のために自殺することは絶対にない」と確信していたのだ。

わたしにいわせれば、この推論はどこも間違っていない。進化に対する妥当な解釈だし、筋の通った説明だ。しかし、実験で反対の結果が出たときに、その実験結果を否定する根拠にはならない。そもそも、理論家は実験結果を尊重し、自分が現実を見失っていないかをチェックしなければならない。さらに、進化論はそれほど基礎がしっかりしたものではなく、一〇〇パーセントの確信を持って予測など立てられないのだ。この分野は、生物学全体がかかえている以上の例外と謎に満ちている。ロンゴの論文に起こったことは、「なにが知られていて、なにが妥当で、なにが興味深くて、なにが新しいか」に関する、判断上の深刻な誤りだった。科学界の権威がこのようにふるまうとき、進歩は妨げられる。

ロンゴの論文は激しい議論を巻き起こした。ロンゴは非常に注意深い実験主義者だった。しかし、理論家たちはロンゴの実験結果をひと目見て、理解も知識も自分たちのほうが上だと思いこんだ。「こんなことが起こるわけがない。理論的にありえない。きみはどこかでミスを犯したんだ」というわけだ。ようやくのことで論文が専門家の審査を通ると、こんどは実験手順が激しい攻撃にさらされ、「きみの見ているものは、きみが思っているものとは違う」という理由をあげつらわれた。そして二〇年後のいま、科学界はロンゴの実験結果を、あたかもそれがたまたまの例外であるかのように受け入れ、より深いメッセージをしっかりと理解していない。

アポトーシスの進化の起源や、アポトーシスとミトコンドリアの関係を理解している研究者にとって、大昔の単細胞生物のなかにもすでに自殺メカニズムを持っていたものがいることは、意外でもなんでもない。かつて酵母のコロニーを飢餓から守っていたのとおなじ機能が、いまでは体を感染から守っている。病気にかかった細胞は、死ぬ可能性がすでに高い。とすれば、感染体からごちそうを奪うために自発的にすぐ死ぬことは、小さな犠牲にすぎない。たくさんの細胞が飢えに襲われたとき、たったひとつの健康な細胞がほかの細胞のために死んだとすれば、そのほうが犠牲はずっと大きい。その健康な細胞にしてみれば、周囲のほかの細胞が死んで食物を提供してくれるか様子を見たくなるというものだ。

老化も細胞自殺とおなじ意味を持っている――個体が自分を抹殺することが、コミュニティの健康のためになるのである。これこそまさに集団選択だ。厳格なネオダーウィニズムにおいては理論的に否定されているが、集団選択は自然界においてもっとも古く、もっとも効果的なサバイバル・メカニズムのひとつなのだ。

## アポトーシスと人間の老化との関係

テロメア短縮と全身の老化が明らかに連動していることは、細胞老化を解説した前章の最後で説明したとおりだ。それと同様に、アポトーシスも全身の老化の一因であることが立証されている。ただしこちらのほうは、〝きわめて明らか〟というわけではない。人間の細胞老化は、わたしたちにとって全面的に有害であり、体を破壊するだけで利点はなにもない。[*] アポトーシスの役割はもっとあいまいである。病気に感染した細胞、欠陥のある細胞、癌《がん》細胞などを排除するために、わたしたちはアポトーシスを必要としている。[2] こうした細胞がトラブルの原因となっている

＊細胞老化は――たとえば癌に対するファイアーウォールとして――個体に奉仕しなければならないという、よく知られた理論がある。しかし、テロメア短縮は癌を予防する効果よりも促進する効果のほうが大きいことがはっきり証明されている。これについては、二〇一三年にわたしが雑誌『バイオケミストリー』に発表した記事を参照いただきたい。[3]

ことを体が認識することが非常に重要なのだ。ゆえに、わたしたちはアポトーシスなくして人生のいかなる段階も生き抜くことができない。

しかし、人間が老化するとアポトーシスの反応はどんどん速くなってくる。健康でしっかり機能している細胞がアポトーシスによって自壊していき、その結果、全身がダメージをうける。これは人体病理学的に証明されているし、ある動物実験（遺伝子操作によってアポトーシス反応を遅くしたマウスを使った実験）でも証明されている。アポトーシスが関与している高齢者の病気には、アルツハイマー病、パーキンソン病、筋《きん》萎縮《いしゅく》性側索硬《せいそくさくこう》化《か》症（ルー・ゲーリック病）、筋肉減弱症（サルコペニア）、骨《こつ》粗鬆《そしょう》症、ハンチントン舞踏病などがある。[4]

幼少期を過ぎると、人間は誰もが脳細胞を失いはじめ、新しいニューロンの成長がそれに追いつかなくなる。年をとると、脳細胞が失われるスピードはさらに速くなる。アルツハイマー病は脳細胞が大量に失われることと関連している。比較的健康なニューロンが自壊していくことが、アルツハイマー病の主要原因になっているのか？[5] これについては生化学的にもはっきりとした証拠がある。しかし、これはあまりに過激な説なので、ほとんどの研究者は仮説として提唱しているにすぎない。ただし、アルツハイマー病の遺伝リスクと関係のある遺伝子変異は、アポトーシスの調節とも関わりがある。

アルツハイマー病の疫学的な特色のひとつに、「使うか失うか」という現象がある。頻繁に神経インパルスを発しているニューロンがアポトーシスから守られていることに、明確な生理学上の理由はない。にもかかわらず、知的活動と晩年の学習が認知症の予防になることはよく知られている。

これと同様の現象として、家族や友人とのつながりが多い高齢者ほど健康で、長寿や幸福を享受していることが挙げられる。あたかも自然がわたしたちに、「その年になったきみたちが、コミュニティのために馬車馬のように働くのが無理なのはわかっている。しかし、わたしたちはきみの英知をいまだに高く評価している。もしきみが自分の脳を活用しないなら、もう退出してもらう頃合いかな」といっているかのようだ。集団レベルにおける自然選択は、そんなにも知的かつ巧妙になりうるのか？　たしかに、ネオダーウィニズムの枠組みのなかで考えれば、これは思いもよらない驚くべきことだ。しかし、進化がどのように機能しているか（多層選択）をもっと広い視野から見れば、こうしたことは起こってもおかしくない。

## 筋力低下、パーキンソン病、閉経

筋肉減弱症は、「加齢とともに筋力が低下する」という非常にありきたりな現象に対する医学用語である。筋肉の強度を維持するには、より多くの活動と運動が必要になる。いくら運動したり栄養をとったりしても、筋肉は最終的に痩《や》せ細り、衰えていく。筋肉が失われていくのはなにが原因なのか？[6]　理由の一部は、健康な細胞がアポトーシスによって自壊していることにある。

パーキンソン病に罹患《りかん》している知り合いがいる人は少なくないはずだ。この病気の急性期には激しい痛みがともない、患者はなにをすることも——歩行どころか、カップにお茶を注ぐことさえ——困難になる。しかし、初期段階で気づく人はほとんどいない。高齢者にとって、パーキンソン病の症状はごくごく一般的な——普遍的ともいえる——ものだからだ。若い人がパーキンソン病にかかることはめったにない。羅患率は年齢とともに急激に上昇していく。パーキンソン病は、脳の特定部分の特定の神経細胞（黒質のドーパミン作動性ニューロン）が失われることが原因で発症する。人間の運動能力はこうした細胞に依存しているのだが、その細胞が無断離隊してしまうらしいのだ。

アポトーシスの作用がわたしたちを老化させるさらなる例として、女性の閉経がある。[7]女性は何万もの卵細胞を持って生まれてくる。しかし、実際に卵巣に押しだされて受精のチャンスをあたえられるのは、そのうちの数百にすぎない。毎月、十数個の卵細胞が成熟するが、卵管膨大部まで入ってくるのはたったひとつだけで、そのほかの卵細胞は、卵胞閉鎖と呼ばれるプロセスで死んでしまう。これはアポトーシスと密接に関係している。女性の卵細胞の圧倒的多数は無駄に死んでいき、やがて卵細胞がなくなって、受精能力は失われてしまう。これはアポトーシスと生殖可能年齢とのあいだに直接的なつながりがあることを示している。この視点に立てば、女性の生殖能力の〝死〟は、プログラムされた細胞自殺の直接的な結果だといえるだろう。

アルツハイマー病、パーキンソン病、筋肉減弱症、[8]生殖能力の喪失——程度の差こそあれ、これらは長生きをした人間すべてに影響をあたえる。この四つはすべて自殺遺伝子の働きによるもので、プログラム細胞死と関係している。こうした自殺遺伝子はフリーラジカルを発生させるミトコンドリアの遺産であり、ミトコンドリアの創造と破壊の能力は、現代の真核細胞に受け継がれているのである。

大昔の細胞自殺の機能は、もっと高いレベルで再浮上し、いまでは人間の老化を含む集団適応に吸収されている。動物における老化は、すべての個体に一定の寿命を強いることで、ひとつの個体（もしくはひとつの遺伝子タイプ）による支配を避ける手助けをする。多様性はコミュニティの健康を維持するのである。

## 第六章のまとめ

アポトーシス、もしくは細胞自殺は、プログラム死のもっとも古い形で、一〇億年以上の歴史がある。複数の細胞が集まって動物や植物を形成するようになるよりもずっと昔に、個々の細胞は食料不足になるとそれを察知してコミュニティのために自壊することを学んでいた。酵母のコロニーがトラブルに見舞われると、ほとんどの細胞が自分を犠牲にして死に、自分自身を消化して残った仲間のための食物に変わる。

細胞老化と同様、アポトーシスも現在まで存在しつづけている。このふたつはどちらもプログラム死のごく古い形で、人間の老化の一因になっている。複製老化とアポトーシスはどちらも、わたしたちを老いさせる生化学の一部で、目的を達成するための手段だ。人間が年をとると、健康な細胞のなかに不可解な自殺を遂げるものが出てきて、筋肉の萎縮（筋肉減弱症）や脳細胞の喪失（認知症やパーキンソン病）の原因となる。

# 第７章

*chapter.7*

# 自然のバランス
## ——人口のホメオスタシス

### 広い視野に立つ

老化は個体の適応にはマイナスであるにもかかわらず、進化の過程において遺伝子にプログラムされるに至った——これが本書のメインテーマだ。本書をここまでお読みになった方は、この説に対して、最初に感じたほど違和感を覚えなくなっているのではないだろうか？

ほとんどの進化生物学者は、ネオダーウィニズムの枠組みを通して科学を理解している。しかし、じつはこの枠組み自体が不完全であることを、わたしたちはここまでさまざまな根拠を挙げて検証してきた。しかし、どのように不完全なのか？　この枠組みにはなにが欠けているのか？　老化遺伝子は生物に対して不利に働き、生殖のチャンスを妨げるにもかかわらず、ゲノムのなかに固定されているという矛盾を、この枠組みはどう説明するのか？　老化は〝適応コスト〟を支払ってまで進化してきた。老化と死のせいで、個体が残せる子孫の数は減ってしまうのである。

老化にはなにかプラスの面があるはずだ。個体が適応を失うというマイナス面を埋め合わせるだけの、なにか強力な利益があるはずなのだ。利益は明らかにコミュニティにとってのものであって、個体にとってのものではない。老化が多様な種に見られることから考えて、その利益は生物の基礎特性に関係しているはずだ。では、いったいそれはなんなのか？

「老化は死亡率を平均化することによって、生態系をできるかぎり安定させている」というのがわたしの答えだ。死ぬべきときがプログラムされ、事前にいつ頃か予測できれば、全員が同時に——飢饉《ききん》や疫病による絶滅で——死ぬという悲劇を避けることができる。

もし進化が個体レベルでのみ作用するものだとしたら、この世界は情け容赦のない熾烈《しれつ》な競争に満ちた場所になり、共食いや凶悪な競争がはびこっているだろう。繁栄している種は、ほかのさまざまな種を犠牲にして成功を手にしたことになる。もちろん、その成功は一時的なものにすぎないはずだ。いいかげんな商品をどっさり売りさばいて夜逃げし、悪い噂《うわさ》が追いかけてこないように祈りながらつぎの街へ向かう商人のようなものだ。さもなければ、宿主をかならず殺してしまう寄生者のように、急速に成長して繁栄したとしても、そのうちに寄生する相手がいなくなり、死に絶えてしまう。

捕食者は獲物を食いつくさないように気をつけなければならない。さもないと自分が飢えることになってしまうし、（最悪の場合は）子供を飢えさせることになる。これはあえて説明するまでもないだろうが——自分が捕食している種を荒廃させてしまう種は、母なる自然の恩恵に浴することなどできないのである。

## 用心深い捕食者

「捕食者にとっての最高の戦略は、極端なくらい控えめにすることである」という点に関しては、やや説明が必要だろう。捕食者は攻撃的になる傾向があり、集団で行動すると、手に入る獲物を半分食べてしまう。より多くのエネルギーを手に入れた彼らは、赤ん坊をつくって食べものをあたえる。しかし、その成功の行きつくところは？　次世代の捕食者は数が二倍になり、獲物は半分になってしまう。子供たちは必死に狩りをし、獲物の数をさらに減らしていく。絶滅の危機に追いこまれるのは時間の問題だ。

科学界に大きな影響をあたえた「捕食者になる方法」という学術論文で、ニューヨーク州立大学ストーニーブルック校の教授であった生態学者のラリー・スロボドキンは、捕食者にとって最高の長期的戦略とはなにかを考察した。[1] その結果わかった最高の戦略は、獲物の群れにほとんど手をつけずに放っておくことだった。獲物の個体数を調整するため、すでに生殖活動を終えている老いた個体や、体に欠陥のある個体を狩るだけにしておくのである。獲物の数を最大限に維持し、望みうる最大数の捕食者を長期的に支えていくには、これがいちばんの方法なのだ。

この考え方は徹底的に検証され、生態学の世界において完全に正しいと認められている。にもかかわらず、「動物は抑制戦略にしたがって進化する」という考えは、ほとんどの進化生物学者から否定されている。一般に正しいとされている進化の原理は、「捕食者は個体にとってベストな戦略に向かって進化していく」と予測している。これはすなわち、

「獲物を手当たり次第に食いつくし、そのエネルギーを使ってできるだけ速く生殖活動をしろ」という意味である。もしこれがコミュニティのほかの捕食者たちの利益を侵害する場合は、攻撃的な捕食者はより大きな利益を手にする結果となり、その子孫がより速くそのコミュニティを支配することになるだろう。

生態系を荒らす種は、自分で自分の首を絞める。生命は指数関数的増加を示す傾向がある。これは上昇曲線の一種で、ある時点でいきなり急上昇する。この種の成長は致命的な危険を秘めている。集団は簡単に拡大しすぎてしまう。今年の収穫を最大化することが、将来的には何年にもわたる凶作をもたらしかねない。生命が「人口爆弾」の信管をはずそうとする方向に進化するのは、驚くことではない。

しかし、この考えは驚くほどの論争を呼んだ歴史がある。事実、一九六〇年代には議論の中心となり、数学者のクーデターにつながり、集団選択の概念に対する極端な排斥運動が起こったのである。

## なぜ純粋な利己主義を主張するのか？

「生態系は進化しない。集団は進化するが、安定して変化のない生態系において、一回につきひとつの遺伝子が進化するだけである」

八〇年以上にわたり、進化生物学者たちのあいだでは、これが信仰箇条だった。しかし、この考えはどこからきたのだろう？　自然の法則なのか？　観察結果を一般化したものなのか？　論理的必然なのか？　これはネオダーウィニストたちの思考の基礎をなす根本原理であり、それに対して疑いを差しはさめば、彼らのほとんどは怒りだすだろう。

ところがこれは、たんなる仮定にすぎないことが明らかになっている。ロナルド・フィッシャーと同時代の科学者たちが、非常に複雑な計算をすこしだけ単純化するために導入したアイディアにすぎないのである。

もちろん、仮定を単純化することに問題はなにもない。「シンプルさは究極の洗練である」とダ・ヴィンチもいっている。単純化は科学の本質であり、物理学における驚くべき進歩をもたらした。アインシュタインは「ものごとはできるだけシンプルにすべきだ。しかし、シンプルすぎてはいけない」と条件をつけている。

単純化は仮定の意味を明確にし、理解するのに役立つ。これは必要である。その後、なにかうまくいかなくなったときに、ステップをもう一度たどり直し、問題の原因を突きとめることができる。変化のほとんどない生態系で支配権を得ようとする遺伝子を特別視する仮定は、進化論の思考の一部になって久しいため、この分野の科学者たちはそれが仮定にすぎないことを忘れてしまったのだ。

還元主義とは、部分を理解することで全体を理解しようとする考え方である。たとえば、化学者はまず一個の分子の動きに関する実験を行ない、たくさんの独立した分子でできている気体の動きを推測する。物理学者の場合は、まず電子の性質を理解し、つぎにその知識を応用し、結晶性固体について理解しようとする。生物学においても、わたしたちはそれぞれの動植物の個体を化学的性質に基づいて理解しようと努め、つぎに個体の行動に関する知識を使って生態系の動きを理解しようとする。

しかし、このプロセスが理解に至るという保証はない。還元主義の問題は、うまくいくときもあるが、うまくいかないときもある点だ。

気体分子運動論は、たくさんの分子が密閉空間内でどう飛びまわるかをモデリングすることで、たいへんな成功をおさめた。しかし、一個の電子の性質は、結晶のなかの電子を研究する固体物理学の分野に、なんのヒントもあたえてくれない。固体のなかで、電子は一個一個のときとおなじ動きをせず、ほかの電子とがっちり結びついてしまう。すべての電子は波動方程式に当てはまる。そしてその波動方程式は、「電子はどれがどれかを特定できず、結びついたひとつのものとして反応する」という量子力学の法則に組みこまれている。

これと同様に、生態系における動植物のそれぞれの個体は、気体のなかの分子のようなもの、もしくは固体のなかの電子のようなものではないか？　一羽の鳥の行動を知るだけで、ムクドリの群れの力学が理解できるだろうか？　一匹のミツバチを知るだけで、ミツバチの巣箱を理解できるだろうか？　それとも、全体はいついかなるときも部分の総和より大きいのだろうか？　あらかじめ知ることはできない。もっともシンプルなモデルを最初に試し、動物はそれぞれの個体が独立していると仮定することは、明らかに正しいアプローチである。しかし、この仮説が現実の観察結果や生態系と衝突したら、わたしたちはスタート地点に立ち戻り、もっと複雑なモデルを試してみなければならない。

わたしたち人類が生物圏を荒廃させてしまうまで、生態系はどれもほぼすべて安定していた、と生物学者たちは考えている。フィッシャーとネオダーウィニストたちは、進化のメカニズムと原則を理解しようとし、そのバックグラウンドとして安定した生態系を仮定した。「遺伝子は現われては消えていくが、生態系は安定した環境として存在しつづける」。この仮定の単純化は論理的である。実際、この仮定は暗黙の了解で、口に出されることもない。安定性はこの世界が機能していくうえでの基本であり、わざわざ気にとめる価値さえない。

## なぜ安定した生態系が存在するのか?

わたしたちは「原野や森やサンゴ礁や沼といった生態系は、そこに生息している生物が世代交代しても変わらずにずっとつづいていく」と考えがちである。これはなぜだろう? 伝統的に考えて、ふたつの見方がある。

最初の見方は、「そもそもそういうものだからだ」とするものだ。「どこかに存在している『見えざる手』が、集団のバランスを維持している」という考え方である。それぞれの動物は自分自身の血族だけのために戦っているが、すべての種がおなじことをしているので、ひとつの種だけが突出することはないというわけだ。

二番目の見方は、積極的な協同があるとするものだ。「個体の行動は進化のプロセスのなかにプログラムされている。この進化のプロセスは、個体だけではなく、個体が参加しているコミュニティや全生態系にも利益をもたらす」という考え方である。

最初の見方に立った場合、集団は需要と供給の法則に支配されている。草が豊富に生えていれば、シカが栄え、さらに多くのシカが生まれる。シカが多くなりすぎて草が足らなくなると、シカは腹を空かせ、そのうちの何割かは死に至り、何割かは子供を産んで育てるだけのエネルギーが得られなくなる。

これはもっともシンプルな仮説だ。さまざまな種が仲よく繁栄するために、多くの種のあいだで特別な「安定適応」が共進化する必要はないのかもしれない。もしかしたらそれは、水面の高さがおなじレベルになったり、転がる岩が山から谷に落ちていくように、起こるべくして起こったのかもしれない。これは筋が通っているように聞こえるし、スタート地点にはぴったりだ。二〇世紀の進化論の基礎を築くにあたって、フィッシャーがここをスタート地点に選んだのも無理はない。

しかし、この仮説が正しいとは思えない。この章では、それがなぜなのかを説明していこう。

まず理論的な理由のひとつとして、生物学の法則のひとつである指数関数的増加が挙げられる。指数関数的増加はある時点で急激な上昇を示し、暴走して行きすぎてしまう傾向がある。コンピュータ科学者が、個体がどう行動するかを合理的に仮定した生態系モデルを設定して計算したところ、個体数は激しく変動する傾向があった。これには観察によって立証できる根拠がある――安定した生態系に侵略的な種が現われると、ほぼ例外なくシステム全体が内部破壊してしまい、かなりあとにならないと新しい安定状態が確立しないのだ。地域生態系を毎年観察すると、一般的に、新しい変種は古い変種を一対一で置き換えていくことによって自己確立するのではなく、数世代にわたって爆発的に繁殖し、ついで起こる個体激減を生き抜こうとする。

「見えざる手」が存在するとする最初の見方には、疑いの目を向けられることがほとんどない。一方、「全生態系のコミュニティは、相互の利益のために共進化してきたのではないか」とする二番目の見方には、根強い偏見がある。集団選択は論理的に間違った考えであり、大規模な集団選択が共適応した生態系を生みだすことはまったくありえないという、広いコンセンサスがある。こうした偏見がどこからきたかについては、すでに第三章で見たとおりだ。

## 独断的な定説

ネオダーウィニズムの考える進化は、「個体同士が徹底的な競争をし、生殖のスピードがもっとも速いものが勝つ」ことを前提にしている。コミュニティ間の〝合意〟が競争を抑制するという概念は、この基本的な理解を土台から崩してしまう。ここでいう〝合意〟が、意識的に伝達されたり認識されたりするものではなく、遺伝子のなかに協同として暗号化されているのだとしても、事情は変わらない。動物の遺伝子ばかりか、意識を持たない植物の遺伝子さえも、動物や植物を利己的に行動させることができるし、協同させることもできる。

ネオダーウィニストによれば、集団における個体同士の基本的な関係は、遺伝子的支配をめぐる競争である。個体数を適度にたもつために生殖を抑えることは、ネオダーウィニズムの根本原則である競争を否定することになってしまう。協同のように見えるものはすべて、適度の無慈悲ささえもが、血縁の個体に存在する自分自身の複製に気を配っている遺伝子がつくりだした幻想だということになる。

集団選択に批判的だったジョージ・C・ウィリアムズはその著書のなかで、個体数制御が進化するという説をからかい、その可能性を頭から否定した。

「『集団が生殖活動を制御することで、その環境に生息可能な個体数を超えないようにする』という表現は、密度調節は集団全体が適応した結果であり、そうした適応なしに個体数の安定はありえないとほのめかしている。こうした解釈には、正当な根拠がまったくない」[2]

ウィリアムズが攻撃の矛先を向けていたのは、V・C・ウィン＝エドワーズの著作だった。[3]ウィン＝エドワーズは、個体数制御は自然界のいたるところに見られると考えていた。「社会的行動を通じて個体数密度を制御する——ひとつの仮説」といった記事や、ライフワークの集大成ともいえる『社会的行動に関する動物の分布』（この本はウィン＝エドワーズが失脚する原因にもなった）のなかで、ウィン＝エドワーズは何十もの例を挙げてみせた。

個体数は爆発的に増えることがあるし、環境収容力を超えてしまうことがある。種全体が一気に絶滅して、生態系を死に絶えさせてしまうこともある。安定した生態系を当然のものと思ってはいけないし、どんな種も生態系を破壊することはできないと考えてはいけない。歴史上の実例に目を向けても、計算生態学者の研究を参照しても、わたし自身が構築したコンピュータ・モデルを見ても、指数関数的に増殖しようとしている多くの無関係な種が共存する安定した生態系を構築するのは、とてつもなくむずかしいことがわかる。自然界に安定した生態系がある唯一の理由は、進化がそう手配しているからだというのがわたしの考えだ。

もっとも重要なものがなんであるかに、ウィン＝エドワーズは気づいていた。わたしたちの周囲に見られる調和と協同のほとんどは、進化した適応を意味するのだ——わたしはそう信じるようになった。この見方こそが、老化を理解するためのバックグラウンドになるのではないか。

バランスを崩した生態系は、崩壊して絶滅へと向かう危険がある。個体数のバランスを崩した種をひとつかふたつ失った生態系は、そこに生息している種をすべて死に至らしめるかもしれない。しかし、強い生態系は繁栄し、そこに生息しているさまざまな種をともに成長させながら、領土を広げていくことができる。強い生態系は（内外からの）攪乱《かくらん》に耐え、バランスを乱されても回復することができる。強い生態系は環境や状況の変化にフレキシブルに対応し、長期間にわたって持続する。生態系内の重要な種は、コミュニティのホメオスタシス（恒常性）によって守られ、管理される。

## ロッキー山イナゴ――モラルの物語

一九世紀の後半、アメリカの中西部はロッキー山イナゴの定期的な大発生に悩まされていた。この害虫は甚大な被害をもたらし、人々の記憶にいつまでも残った。ローラ・インガルス・ワイルダーは幼い頃の記憶をこう記している。[4]

茶色の大イナゴが、まわり一面に落ちてきました。ローラの頭にも顔にも腕にもぶつかり、まるであられのように、ザーッと音をたてて落ちてくるのです。

その雲は、あられのようにイナゴをふらしているのでした。いいえ、それは雲ではなく、イナゴのかたまりなのです。イナゴの群れが太陽をかくし、光を消してしまっているのでした。イナゴのうすい大きな羽が、ギラついて光るのです。何千というその羽が空に舞い、キシキシいう音をたてておりてくると、地面や家に、ひょうかあられのようにはげしくぶちあたるのです。

ローラは、夢中でイナゴをはらい落とそうとしました。からだにも服にも、イナゴはイガイガした脚でしがみつきます。頭をふりたてながら、とびだした目玉でじっとローラを見つめています。メアリイは悲鳴をあげて家へ逃げこみました。地面はイナゴでびっしりで、ほんの少しの土も見えなくなってしまいました。ローラは、どうしてもイナゴの上を歩かないではいられず、歩くたびに、イナゴはクシャッとつぶれ、足のうらにはツルッとしたいやな感じが残りました。

——ローラ・インガルス・ワイルダー『プラム・クリークの土手で』
（恩地三保子訳／福音館文庫）

一八七四年、イナゴの大群は五〇万平方キロの土地を覆いつくしたといわれている（参考のためにいっておくと、カリフォルニア州の面積は四二万五〇〇〇平方キロである）。雲が下降してきたとき、大地の緑は何マイルにもわたってすべて食いつくされた。地面には卵塊が積もり、翌年も災厄を再現する用意を整えていた。

しかし、ロッキー山イナゴが最後に目撃されたのは一九〇二年。博物館や研究室には現在でも標本が残されているが、生きているものは一匹もいない。昆虫学者たちはこのイナゴの盛衰に興味を持ち、ワイオミング州の氷河へ旅をし、一〇〇年以上のまえの氷を掘ってイナゴの死骸を探した。

ロッキー山イナゴは持続可能な個体数を超えてしまったために絶滅した。こうしたイナゴは、攻撃的な競争と豊かな生殖能力の点で〝適応〟できなかったために死に絶えたわけではない。そのまったく逆だ。あまりに攻撃的で、あまりに多産だったために消えていったのだ。それぞれの個体は超優秀な競争者だったが、集合的には、まるく輪になっておたがいを撃ち合う銃殺隊だった。

彼らはどこからきたのか？　たぶん、常軌を逸した突然変異が、まったく制御不能な怪物をつくりだしたのだろう。もしかしたら、ヨーロッパやアジアからやってきたイナゴが祖先かもしれない。この突然変異型はきわめて機動性があり、攻撃してはすぐに退却するライフスタイルに依存していた。彼らは大地に飛来し、すべてを破壊し、移動していく。イナゴの大群は一回に何百マイルも飛行し、新たなる攻撃目標を見つけだす。それだけのスタミナと羽がなければ、勢力を振るえるのは一シーズンだけだったにちがいない。

ある意味で、ロッキー山イナゴが絶滅した正確な理由は謎である。彼らは大地の緑を卵に変える超効率的な破壊マシンだった。最後の一匹に至るまですべて死に絶えてしまったのはじつに不思議だ。その一方で、彼らの消滅は完璧に予測できることだった。より攻撃性の低い形に進化し、食物である植物との長期的な共存を図らないかぎり、自分たち自身の成功の犠牲者となって消えていくしかなかったのだ。

昆虫の生命を支えている森林生態系は、数百万年前にできた土台の上に築かれており、数万年も持続している。当然のことながら、その間に現われたスーパー捕食動物は、なにもロッキー山イナゴがはじめてではない。となれば、このスケールの生態系は侵略に対して強いと断言することに、ある程度の慰めを見出すことができる。アメリカ中西部の森林は、イナゴが消えてからの数十年でもとの姿を取り戻した。

こうした事例が最近ではまれだとしたら、自然選択が数億年にわたって作用してきたからだろう。それぞれの個体は超優秀だが、集団としては自分たちの数を抑制できず、集団的消滅を避けられない種は、自然選択に罰されてきたのだ。

## 生態系の安定性？

生態系は非常に複雑なので、その研究はシンプルな環境を想定するところからはじめるのが通例になっている。たとえば、一種類の捕食動物と一種類の被食動物の関係を考えてみよう。ほかに動物がまったくいない世界を仮定したとして、そこにライオンとガゼルは共存できるだろうか？

まずはこんなふうに考えてみる。その世界にはたくさんのガゼルと少数のライオンがいるとする。この場合、ライオン間に競争は起きない。ライオンは簡単に獲物を手に入れることができるので、全頭がなに不自由のない生活を送っても、ガゼルは個体数を回復することができる。反対に、ライオンの数が過剰だった場合はどうか？ この場合、ガゼルの数が少ないため、ライオンは食物不足で何割かが餓死してしまう。すると、ガゼルの集団に対するプレッシャーが減り、個体数が持ち直す。これなら安定したシステムがつくりだされそうだ。システムがどちらかの方向に均衡を崩すと、均衡点のほうへ揺れ戻す傾向——これを「負のフィードバック・システム」と呼ぶ。

しかし、当然のことながら、それとはべつの場合も考えられる。ライオンの数に比較してガゼルの数が過剰に多いときには、ガゼルの子供が大量に生まれ、ライオンの小さな群れでは間引くことができなくなる。次世代になると、バランスはさらに崩れ、ガゼルが多くなりすぎてしまう。

反対に、ライオンが過剰に多すぎる場合を考えてみよう。獲物がたっぷりいるとき、ライオンは老いたガゼルや虚弱なガゼルしか狩らない。しかし、空腹のあまり死に物狂いになると、無防備な子供のガゼルまで食い物にする。すると、次世代には、ガゼルの個体数がさらに減ってしまう。一方、たくさんの母ライオンたちは、さらにたくさんの子ライオンをかかえることになる。これは「負のフィードバック」とは反対の「正のフィードバック」で、過剰に多いものが加速度的にさらに多くなっていくループ現象である。ライオンの集団の圧倒的な増加は、ガゼルがすべて死んでしまうまでつづく。

純粋に頭で考えるだけでは、こうした極端に単純化した〝生態系〟が安定しているのか不安定なのか、はっきり判断できない。より複雑な現実の生態系の場合には、さらに判断がむずかしくなる。

## 瓶のなかの生態系

一九六〇年代の後半、レオ・ラッキンビルがカリフォルニア大学ロサンゼルス校動物学科の大学院生だったとき、コンピュータはまだ新しいおもちゃだった。生態学者が個体数増加の方程式を解くことができたのは、このコンピュータのおかげである。

コンピュータの分野は、数学者と物理学者によって切り開かれてきた。そのやり方は、古典物理学においてもっとも実り豊かだった方法とおなじだった。まず、ひとつのシステムが長い時間をかけて現在の形に至るまでの道筋を方程式化するのである。生態学的なシステムの微分方程式化に関してはすでに理論的な論文がたくさんあったが、実際の実験に裏打ちされているものはほとんどなかった。

「結果として、単純な『捕食者=被食者システム』の数学モデルは、現実の実験をはるかに超えて進化し、極度に洗練されている」と、ラッキンビルは書いている。[6] ラッキンビルが博士論文のために立てた計画は、もっともシンプルな数学的解答と、実験室でつくりだせるもっともシンプルな生態系を比較することだった。

ラッキンビルは栄養液の入ったガラス瓶を用意し、二種類の原生動物を培養した。二種類の原生動物のうち、片方はもう片方を餌《えさ》に生きている。ラッキンビルが微生物を選んだのは、ライオンやガゼルよりも扱いが楽だからだ。都合がいいことに、実験に使った微生物の寿命は四八時間しかなかったので、ラッキンビルは老衰で死ぬまえに論文を仕上げることができた。彼が期待していたのは、実験の結果から、大型の生物の世界にも適用できる、生態学におけるより広い教訓を引きだすことだった。

世界中の池で、繊毛虫《せんもう》ディディニウムはゾウリムシを食べて成長している。ラッキンビルは、実験室でシンプルな生態系をつくるのは簡単だろうと考えた。ゾウリムシに餌をあたえ、そのゾウリムシをディディニウムの餌にすればいいのである。

実験の結果は、ラッキンビルが期待していたよりも面白いものだった。ディディニウムかゾウリムシか、どちらか一方の利益になるように瓶内の環境をいくらセッティングしても、いつも決まってふたつのうちどちらかが起こるのだ。ゾウリムシが捕食者のディディニウムを回避し、すべてのディディニウムが死に絶えるか、捕食者のディディニウムによってゾウリムシが完全に消滅し、ディディニウムが餓死するか。これはあっというまに――最初の三日間のうちに――起こる。ひとつの瓶のなかで飼育するかぎり、捕食者と被食者がバランスよく共存する安定したコミュニティをつくることは、どうしてもできなかった。

ラッキンビルは注意深く観察し、分析を行なった。その結果、集団生態学の新しい考え方を生みだした。この状況を説明するために理論家たちが使った微分方程式は「中立安定」だった。これには安定解と不安定解があり、どちらも長い時間をかけて循環する。理論家たちは、自然は安定解を維持する方法を見つけだすと想像していた。しかし、研究室での実験では、安定性は手に入りにくいことがわかった。方程式は正しい結果を予測できなかったことになる。

理論はどこで間違ってしまったのだろう？　方程式は「即座にフィードバックがある」という仮定に基づいて構築されていた。成長と成熟にかかる時間遅延が組みこまれていなかったのだ。一世代の寿命が短く、個体の入れ替わりが速く、個体数の変動が遅い場合、これはうまく働く。しかし、ラッキンビルが発見したのは、実際には個体数が急激に変化することだった。もし死亡率が低ければ、個体数は一世代で倍に増える。これを統御する方程式は構築されていなかった。「捕食者＝被食者システム」には、方程式では説明がつかない過剰な行きすぎの傾向があったのだ。

現実世界の池は、瓶のなかにつくった生態系とはちがう。現実の池には、おたがいのことを妨害するたくさんの種がいる。瓶のなかのディディニウムは捕食者の脅威にさらされていないから、飢え以外の原因で死ぬことがない。しかし、現実の池にはディディニウムを捕食する昆虫がいくらでもいる。また、現実の池は大きく、場所によって環境が違っていることも重要だ。ある場所では元気よく繁殖しているゾウリムシが、ほかの場所では絶滅してしまうことが、いつでも起こりうる。ディディニウムは池のどこへでもゾウリムシを追っていけるので、豊かな猟場へ移動できる。さらに大きなスケールでは、世界の大平原や大森林でもおなじパターンが見られる。捕食者がやってきて、被食者を食いつくして去っていき、数年かかってその地域が回復するというサイクルが一〇年単位で循環しているのである。

## すべてはタイミングである

負のフィードバックに基づいた、本来的に安定したシステムのモデルとして、わたしたちは自由競争市場を思い浮かべる。需要と供給の法則が作用し、供給過剰な商品の価格を自動的に下げ、不足が生じると商品（もしくは職業）への代価が上昇する。しかし、このフィードバックには時間的な遅れが生じる。

たとえば、医師が不足すると医療費と医師の給与が上がるが、さらに多くの医師をシステムに呼びこむ唯一の方法は、学生を医大に送りこみ、インターンやレジデントとしてさらに三年間の実習を積ませることだ。悪くすると、医大はすでに定員がいっぱいで、新しい学生を受け入れる余地はないかもしれない。新しい医大を開校して運営をはじめるには一〇年必要だ。しかし、医師が足らないのはいまなのだ！

人間社会の経済界では、情報伝達と計画があり、人々はいくらかの予想に基づいて仕事をする。だから、いまここに挙げた医師不足の仮想状況は、実際には起こる可能性が低い。しかし、自然がどのように機能しているかの例としては、いくらかの理解を提供してくれる。

現在の医師不足に対処するためだけに医大をつくるとしたら、新人の医師たちが現場で働きはじめるまえに、病院での治療を受けられずに多くの人が死んでしまう。状況が自然によくなりはじめる頃には、国が維持できる以上の医大ができていて、コミュニティが最終的に必要としている以上の医師を育てているだろう。約一〇年後、学校教育と実習を終えた新人医師は、この職業に一生を捧げようと大きな意欲に燃えている。となると、現在の医師不足は、次世代に過剰な数の医師をもたらすかもしれないのだ。医師という職業のステータスは下がり、職業にふさわしい収入を得ることができなくなる。そのような状況では、よっぽど献身的な人間以外は医師をめざさなくなり、医師が過剰になった三〇年かそこらあとには、さらに厳しい医師不足が起こりかねない。

はっきりと安定性をめざす適応がなければ、生態系はまさにこのように作用する。生態系における負のフィードバックには、許容しがたいほどの遅れが生じる。とくに、大型の動物の場合、一世代の寿命が長い。現在の食料事情に基づいて生殖活動をすることはできない。なぜなら、つぎの世代は飢えるかもしれないからだ。ツンドラに棲むトナカイが被覆《ひふく》植物を手当たりしだいにすべて食べてしまったら、子孫は飢えることになるが、ツンドラが再生するまでには何十年もかかる。アラスカのトナカイは頭がよく（この知性は脳ではなく遺伝子に刻まれている）、控えめにしか食べず、隔年にしか生殖活動を行なわない。もっと南方に生息している彼らのいとこ（おなじ種）は、毎年生殖するだけの余裕があり、実際にそうしている。これは生態系を破綻させないための協同の一例である。自分自身の適応にはマイナスであっても、個体が種の利益のために行動するのである。

## 北極の狩猟地区が失敗に終わったわけ

ベーリング海に位置するセントマシュー島は、山ばかりの不毛な土地である。夏のあいだは植物のほとんど生えないツンドラで、冬になると食べものがほとんどなくなる。一九四四年、島に棲むもっとも大型の動物はハタネズミ（ネズミに似た齧歯類《げっしるい》で、レミングやマスクラットとおなじ科に属する）と、それを獲物にしているわずかなキツネだけだった。ここに猟場をつくろうと考え、野生動物管理官がその年に二九頭のトナカイ（セントマシュー島の二〇〇マイル東に浮かぶヌニヴァク島に生息していたもの）を導入した。

トナカイは繁殖し、個体数は一シーズンごとに約三分の一ずつ増えていった。これは並はずれた割合だと思われるかもしれない。しかし、一組の雄と雌につき子供が一頭でもできれば、それくらいの増加率にはなるのである。

個体数の急激な増加が可能であることは、生態的地位が空っぽの場合には有益な適応能力といえる。おそらくこれは、自然災害が起きたあとの救いの手になっているのだろう。かくして、トナカイの個体数は、導入に成功した外来種に典型的な軌道——急激な上昇曲線——を描いた。動物学者はこの島のトナカイの収容力は二〇〇〇頭程度だと見積もった。個体数が実際にこのレベルに達したのは、一九六〇年頃のことだった。

しかし、急激な増加の論理は冷徹であり、そのたった四年後には、トナカイの個体数は六〇〇〇にまで膨れあがった。[7]一九六四年の冬は過酷だった。トナカイには予想不能なほど劇的に過酷だったわけではないが、例年よりも雪が多かったのである。冬の終わりには、群れのほぼ全頭が飢え死にしていた。翌年の調査では、四二頭のはぐれ者が確認された（そのうちの一〇頭が娯楽と科学の名目で撃ち殺された）。トナカイは普通一八年から二〇年生きる。ということは、大繁殖から絶滅までの全物語が、一頭のトナカイが生まれて死ぬまでの期間内に展開したことになる。

こうしたドラマティックな個体激減を科学者が目撃することはめったにない。記録にあるケースはすべて、べつの文明の侵略によるものか、未開の生息環境に外来種が新しく入ってきたときに起こったものだ。もちろん、これは意外ではない。自然の生息環境で絶滅イベントが起こったのは、人類が記録を残すようになるよりもずっと昔であることがほとんどなのだ。

それでも、わたしたちは疑問に思う。集団がドラマティックな局所絶滅を経験するとき、なんの痕跡も残すことなくすべてが消えてしまうのか？　それとも、いくつかの個体はどこかで生き延びているのか？　生き残った個体は、死んでいった個体とは違う遺伝子構造を持っていたのか？　そして、絶滅イベントはゲノムに痕跡を残すのか？

そう、もちろんこれは予測してしかるべきことだ。この手の話は、あなたやわたしの耳には、古典的なダーウィン主義者の論理に聞こえる。成長の限界を早い時期に察知することを学んだ集団は、絶滅を回避することができる——絶滅に屈しない集団だ。食料不足に先立って個体数増加をセーブする遺伝子を持っている集団は、競争相手の集団が消えていくなかで、長期間にわたって生き残り、祖先から受け継いできたものをさらに子孫へと伝えていく。

驚くべきなのは、こうした力が自然界に働いていることではない。この物語がメインストリームの進化理論家たちによって強く否定されている点だ。生態学の一般的な教科書には、「この『集団選択派』の説明が否定されている背景には、強力な根本的理由があり……」と書かれている。[8] ネオダーウィニストたちは、どうしてそう考えるようになったのか？　目の前にそれとは反対の証拠があるというのに、どうしてそこまで自説に固執できるのか？

ネオダーウィニズムの理論は「遺伝子は数世代で広まり、その間、集団の大きさは安定したままであることが期待できる」という仮定に基づいている。しかし、セントマシュー島のトナカイはたったの四年で二〇〇〇頭から六〇〇〇頭に増大したではないか。それにつづく悲惨な集団的消滅は、トナカイを絶滅寸前まで追いこんだ。しかもそれは、島への定住にとてつもなく〝成功〟したことの直接的な結果なのだ。

これらのトナカイはもともとヌニヴァク島に生息していた。なぜヌニヴァク島では過剰に増殖しなかったのか？　はっきりした答えはわたしにもわからない。しかし、ヌニヴァク島に生息しているオオカミをはじめとする捕食動物が、セントマシュー島にはいないことと関係しているのではないか。ヌニヴァク島のトナカイたちの生殖活動は、高い死亡率に合わせて調節されていた。ヌニヴァク島の生態系ではそれが、安定した個体数を維持するのにちょうどよかったのである。捕食者に殺される危険から解放されたトナカイたちは、自分たちを餓死に追いこむほど増殖してしまったのだ。

## 捕食者は獲物の個体数を維持する方向へ進化する

生態学者のラリー・スロボドキンが提唱したアイディアは「賢明な捕食者仮説」と呼ばれている。捕食者は抑制を身につけるというのがスロボドキンの主張である。

進化の過程で、捕食者は獲物の個体数を間引くことを学んだ。ただし、自分たちの個体数よりも少なくしないようにすることも忘れなかった。当然のことながら、こうした知識を身につけたのは脳ではなく遺伝子だ。その間には試行錯誤もあり、あまりに貪欲なものは絶滅をくりかえした。進化は「子供たちのために獲物をたっぷり残しておけ」と教えるのである。

進化には恐ろしく長い年月がかかるため、このプロセスを実際に観察したことのある進化科学者はいない。しかし、非常に似た現象は疫学の分野でよく知られている。人を死に至らしめる細菌性寄生生物は、たいていの場合、だんだんと毒性が低い方向に進化していく。すぐに宿主を殺してしまう寄生生物は、宿主を長いあいだ生かしておく寄生生物に較べ、生き残っていく確率が低い。細菌は一世代の寿命が短いうえに、医療科学はつねにつぎの伝染病に目を光らせているので、有毒な病原体から良性の細菌へのこうした進化は、しばしば観察されている。

## 協力的進化の理論を支持した唯一の数学者

二〇世紀における進化生物学の方向性は、おもに数学と物理学からの侵犯者たちの影響によって決定づけられた。アルフレッド・ロトカとR・A・フィッシャーは数学者だった。マックス・デルブリュックとレオ・シラードは物理学者だった。ジョージ・プライスとJ・B・S・ホールデンは物理化学者だった。量子力学の父として名高いエルヴィン・シュレーディンガーさえもが、『生命とは何か』という画期的な本を執筆している。[9]

こうした科学者たちは、進化がどう機能するかを示す基本モデルとして、「定常人口における遺伝子頻度」というネオダーウィニスト・モデルを採用していた。そのうえ、自然選択を考えるときの標準的な方法として、このパラダイムを確立するのに手を貸した。

ただひとり孤立していたのは、数学者から生態学者に転じたマイケル・ギルピンだ。ギルピンは方程式を手書きで計算するには複雑すぎるシステムを理解するとき、コンピュータを使っていた。進化がつくりだせるのは利己的遺伝子だけだという結論を立証するために、手書きで計算できる程度の単純な方程式が使われていることを知ったギルピンは、コンピュータでなければ扱えないようなもっと複雑な方程式を使えば、違う答えが出るのではないかとひらめいた。彼はコンピュータ・シミュレーションをつくった。一九七五年当時、これは先駆的な仕事であり、コンピュータ・システムのなかで進化と生態学が統合されたはじめての例だった。

当時はアースデイ（環境保護の日）が制定されて間もない頃で、スタンフォード大学で数学の博士号を取得したばかりだったギルピンは、エコロジーに強い興味を持っていた。そこで彼は、自然界における人口制御に関するウィン＝エドワーズの仮説を、数学的にはっきり証明しようと考えた。当時のコンピュータは扱いにくいうえに高価で、複雑な計算をさせるために操作するだけでも、膨大な忍耐力と深い専門技術が必要だった。しかし、ギルピンにとってそれはお手のものだった。彼には自分の論点を明晰かつ正確に伝える数学的才能があった。

ギルピンは捕食者抑制の問題に関する詳細な小論文を書いた。[10]「より多く食べる捕食者はより高い出産率が得られるため、地域集団を支配することができる」と彼は仮定した。しかし、貪欲になりすぎると、彼らの子供たちは（さらには周囲の個体の子供たちも）早晩すべて飢えることになる。ギルピンはコンピュータ・モデルを使って、飢饉と絶滅は集団レベルにおける進化をもたらす力があることを明示してみせた。コンピュータの計算をちりばめながら、彼は自分の計算の背後にある仮定は妥当であることを、論理的かつ数学的に論証した。そして、現実世界はあらゆる点で、彼の構築したモデルよりもさらに捕食者抑制をうながす力があるようだと主張した。

ギルピンは「進化力のバランスは、未来の世代のことを考えて獲物を乱獲しない、抑制的で控えめな捕食者を生みだす」と明らかにしてみせた。その結果生まれる捕食者は、スロボドキンによって描かれた長期的な最適化が生む捕食者とはちがい、完璧な分別を持つ存在ではなかった。しかし同時に、ネオダーウィニズムの方程式によって予測されたような、貪欲な利己主義者でもなかった。彼らは「近視眼的な大食いの捕食者」と「長期的展望を持つ賢明な捕食者」の中間的存在だった。完璧な利己主義者ではないが、完璧な利他主義者でもない。ギルピンの小論文は浅薄な批判と嘲笑を受けもしたが、基本的には黙殺された。

ギルピンは、飢饉が進化を推進する強力な力になることを明らかにしてみせた。飢饉は貪欲になりすぎた集団をすばやく効果的に抹殺してしまうのだ。一九六〇年代から七〇年代にかけての進化理論家たちは、「生殖の高速化という個体選択の直接性や効率に対抗できるほど効果的な集団選択メカニズムが、はたして存在するだろうか」と疑問に思っていたが、ここにその答えがあった。食物の供給が途絶えた場合、集団はたった一世代で絶滅してしまう可能性がある。捕食者は食物がどれだけ入手できるかに応じて生殖活動を抑制することを〝学習〟しなければならない。捕食者の個体数の増加をとめるのは、大海原を航行中のオーシャン・ライナーをとめるようなものだ。急激な増加にはかなりの慣性が生じているため、食料が乏しくなるまえにブレーキをかけなければ、間に合うようにとまることはとてもできない。

ギルピンの仕事は、現在ではすっかり時代遅れになっている。当人自身も、数理生態学研究から離れてモンタナ州に移住し、もっと切迫した問題である生物の保護運動に身を投じている。振り子が揺れ戻り、進化した生態系力学の重要性が認識されれば、ギルピンの開拓したコンピュータ・モデルは、いつの日か時代を先取りしたものとして高く評価されるだろう。

## 進化をもたらす力としての人口制御

安定した生態系は、なにもしないでは手に入らない。自然界にホメオスタシスが見つかったとしたら、それは長い共進化のプロセスの結果であることが多い。

専門家ではない一般人には——それどころか、集団遺伝学を専門に学んでいない科学者にも——これはごく当たり前のように響くかもしれない。しかしこれは、ネオダーウィニズム的思考の領域外のプロセスであり、古典的進化論を利己的遺伝子説を超えたものへと拡げる方法になりうるかもしれない。個体数の安定は、さまざまな原因が重なって起こる——それぞれの個体が生態系的に安定しているか否かを話し合っても意味はない。重要なのは、集団レベルの進化をもたらす個体数の不安定性は、あっというまに破壊的な結果をもたらすかもしれない点にある。

一九六〇年代、集団選択に最初に影を投げかけたきわめて重要な論拠は、「作用するのに時間がかかりすぎる」という点だった。集団選択は全個体の絶滅を必要とするが、これは個体の死とちがってめったに起こらないと考えられており、「個体を犠牲にすることで集団に利益をもたらす形質はすべて、集団に対するその利益が目に見える効果を現わすよりもずっとまえに、集団内におけるたった数世代の個体選択によって消える」と主張されていた。いまのわたしたちは、食物資源が許す以上に個体数が増大し、絶滅して忘却の彼方に消えていくには、数世代あればじゅうぶんであることを知っている。

個体選択説を支持するジョージ・C・ウィリアムズやジョン・メイナード＝スミスといった科学者は、集団消滅がめったに起こらないことに気づいていたものの、その理由を問うことなく、「自然界とはそうなっているのだ」と受け入れていた。しかし、「進化の過程の初期段階において、集団消滅はもっと頻繁に起こっていたのではないか。現在見られる生態系の安定を、わたしたちは当然のものと思っているが、じつはこれは長い時間をかけて進化してきた結果なのではないか」というのがギルピンの論理だった。すべての生命は生態系に適応する。出生と死の周期は、生態系を壊滅させてしまうような最悪の事態を避けるように適応している。ウィリアムズとメイナード＝スミスは、自分たちが証明すべきことを、そもそも当然のことと決めこんでいたのである。

二〇〇〇年代に書かれた学術論文のなかには、野生の生態系を調べ、非常に急激に変化することもあると結論づけたものがある。一個体の生涯よりも短い期間に、生態系的背景は劇的に変わりうる。この発見によって、「集団選択は個体選択よりもずっと遅い」という主張は根拠を失った。

## 地球上で軽やかに生きる

地球の基本は緑だ。自然に目を向ければ、食物連鎖はピラミッド型である。いちばん底辺は、膨大な種類の光合成細菌、藻、緑色植物。そのすぐ上は、そうした植物を餌にしている（もう少し数は少ないが、それでも膨大な数の）昆虫。その上は、そうした昆虫を餌にしている鳥や小型哺乳類、そしてそのさらに上に少数の捕食動物がいる。

しかし、こうした食物連鎖ピラミッドは、激しい個体競争というネオダーウィニズム的なプロセスからは決して生まれない。なぜか？　リソースをめぐる激しい競争が起こると、どの栄養段階［生態系における生物の役割による分類。生産者、消費者、分解者など］においても、捕食者種が成長の限界を経験しはじめるよりもまえに、被食者種が捕食者種によってほとんど絶滅してしまうからだ。ネオダーウィニズム的なプロセスを経ていたら、地球は緑ではなく茶色になっていただろう。木の葉や草はすべて、成熟するまえにガツガツ食べられていたにちがいない。

できるかぎり多くの子供を持つためには、できるかぎりたくさん食べ、共同で保存している食べものを「オレのだオレのだオレのだ」とばかりにひとりじめする必要がある。古典的なネオダーウィニズムによれば、空腹を満たしたあとも、隣人たちから食物を奪うだけの目的でガツガツ食べつづけなければならない。そうすることで、次世代の種子をまく競争における優位性を確保するのである（そうした行動は、進化理論家たちの専門用語で「spite＝悪意」というが、なぜそういうかは説明不要だろう）。多くの個体が利己的に行動すれば、食料の過剰な奪い合いが「共有地の悲劇」（三〇〇ページ参照）を招き、全コミュニティが壊滅してしまう。

これは自然界でもときどき観察できる。しかし注目すべきは、この壊滅を自然がどれだけ避けようとするかだ。あらゆる栄養段階において、捕食者は被食者集団の上に軽く腰をかけ、ありあまっている分はどんどん食べるが、被食者のコミュニティが最大限に繁栄することを許す。これはごく一般的に見られる現象だ。すべてにおいて過剰にならない。まさに「中庸を知れ」――ギリシアのアポロン神殿に刻まれた古代の警句――である。

これはスロボドキンの「どのように捕食者になるか」の予測に驚くほど近い。資源管理は指数関数的増加のもうひとつの結果である。獲物の集団が大きければ大きいほど、それが生みだす生物量は増大し、捕食者の食事として提供できる量も増える。獲物の量を最大に維持することは、大きな捕食者集団を持続的に支えるための最高の戦略なのである。

しかし、捕食者一匹一匹の目から見れば、獲物の集団は巨大であり、資源の無駄である。より多くの食物を手に入れた一匹の個体が、余分なエネルギーを生殖に向けて赤ん坊を産めば、その子孫は集団を乗っ取り、すべての子孫が両親の利己的な傾向を受け継ぐことだろう。もしあなたがネオダーウィニストとおなじ考え方をするなら、間違いなくこう予測するはずだ。「抑制のない利己主義は共有地の悲劇を招き、全員が飢えることになる」と。

自然界では、非常に多くの種がこの運命を避けてきた。いったいどうやって避けたのか？　遺伝子が利己的ではない行動をとることを〝学習〟するまでの長い年月に、集団レベルの個体激減や、種全体の絶滅がどれだけあったかは、想像にかたくない。ほとんどの場合、捕食者は利己的にふるまい、彼らの子供は飢えた。ごく少数の捕食者だけが、遺伝子の違った配列によって捕食者抑制を身につけたのだろう。生き残ったのは、そのごく少数だった。隣接した地域が荒廃から回復したとき、この少数は移住して拡大する用意ができていた。

局所絶滅が何度もくりかえされるなかで、持続可能な生態系だけが生き残っていく。もっとも強い生態系はたいてい、老化をはじめとする内蔵システムに支配されている動物を含んでいる。こうした内蔵システムは生活環境が最高のときでも成長をほどほどに抑え、過剰な個体増加が災厄を招くのを避ける（なわばり意識や、個体数密度を感知して生殖制限をすることなどもまた、個体数安定のための適応のひとつである)。

もちろん、これは疑いなく「集団選択」の説明であり、ネオダーウィニストたちはあくまで「進化はそのようには働かない」という認識を共有している。しかし同時に、わたしたちを取り巻く緑の地球がいまも持続している理由は、集団選択以外には説明がつかないのだ。

## 第七章のまとめ

個体数制限の進化は、長いあいだ議論の的となってきた。「動物は個体数密度を感知する能力を進化させることができ、将来的な集団的消滅を避けるために、頻繁な生殖活動を控える」というアイディアは、くりかえし嘲笑と揶揄《やゆ》の標的になってきた。一九五〇年代、V・C・ウィン＝エドワーズは自然を観察することによってこの主題を詳細に記録したが、数学理論の専門家たちから「きみは自分が目にしたものを誤って解釈している」といわれ、キャリアの頂点で彼の株は急落した。

生態系がバランスを維持できるのは「見えざる手」による操作のおかげなのか? それとも、生態系の構成要素である種(究極的には個体)が進化し、共進化のために個体適応度をある程度犠牲にするようになったのか? これが核心となる問題である。一九六〇年代にウィン＝エドワーズの本が否定されて以来、進化科学者の主流は「見えざる手」の後ろに列をつくって並んでいた。

しかし、わたしたちはこの章で、生態系の安定はただで手に入るものではなく、進化によって獲得された特性にちがいないというさまざまな証拠を目にしてきた。研究室におけるシンプルな実験でも明らかなように、捕食者と被食者は数世代にわたって共存をつづけると、かならず片方が絶滅する。微生物では、進化は毒性が減少する方向に進んでいく。これは頻繁に観察されるし、よく知られている。機能的な面から見た場合、捕食者はより大きな寄生者にすぎないので、このことは「利己的ではない行動は、つぎの世代のための進化である」という考えに信憑性《しんぴょうせい》をあたえる。

この考えには理論的な裏づけもある。マイケル・ギルピンが制作したごく初期のコンピュータ・モデルにおいても、それ以来の（わたし自身のものも含む）たくさんのコンピュータ・モデルにおいても、進化と生態系の相互作用は立証されている。[11] この相互作用の結果、最終的に中間点が現われる——中庸によって利己主義がやわらげられるのである。純粋に利己的な行動に基づいた複雑な生態系の集団をシミュレートしたコンピュータ・モデルにおいては、個体数は激しく変動するのが観察される。これは現実世界の動植物を観察した結果とは非常に異なっている。ゆえにわたしたちは、「利己主義の抑制」が進化してきたのだと結論づけざるをえない。

# 第８章

*chapter.8*

# 全員が一気に死ぬことがなくなる
## ──黒の女王の策略

### 全員が一気に死ぬことがなくなる

さて、いよいよここからがこの本の核心である。ほとんどの動物種になんらかの形の老化現象があるのは、動物があえて老化を獲得するように進化してきたからだ──これがわたしの説である。では、なぜ動物は老化を獲得したのか？　ここまでお読みくださった読者ならもうおわかりのとおり、「集団があまりにも急速に繁殖し、一気に衰えて絶滅の危機を迎えないようにするため」というのがその答えだ。

動物の集団において、外的要因による死は、多くの個体の命を一気に奪う傾向がある。飢饉《ききん》を考えてみよう。疫病を考えてみよう。干魃《かんばつ》や嵐や自然災害を考えてみよう。もし「老齢」というものがなければ、集団はチャンスを逃さずにどんどん成長をつづけ、やがては個体数の増加が食料不足を引き起こす。もしくは、個体数密度が高くなりすぎて個体が衰え、疫病の急激な発生を招く。前章で見たとおり、生殖活動を制限しなければならないほど食物が不足してしまってからでは、生態系の壊滅を避けることはほとんどできない。老化がなければ、動物は飢饉や疫病以外で命を落とすことがなくなり、死ぬときには全個体が同時に死んでしまう。

このような局所絶滅は生物に進化をうながす大きな要因であり、集団が絶滅を避けるために広く適応すると期待するのは、理にかなっている。しかし、この考え方は、進化研究の主流派の理論には反している。あなたが信じるかどうかはさておき、主流派は絶滅の回避を自然選択の本質的な目的とは考えていない。ネオダーウィニストたちは、ゲノムは絶滅を避けるために〝先を読む〟ことができないと主張し、「何度もくりかえされた局所絶滅が、集団の壊滅を起こしにくい組み合わせを選んできた」という可能性を認めなかった。

個体数制御はただで手に入ると思っている人もいるかもしれない。個体数制御は自然現象であって、ウサギの数が多すぎる場合には、そのうちの何割かが飢え、つぎの世代は自然に数が減ると考えているかもしれない。しかし、個体数過剰や個体激減もまた、前章で見たとおり、自然現象である。わたしたちはひとりまたひとり、内的な要因で死んでいく。そうすることで、自分たちをすべて同時に殺してしまう外的な災厄を避けるのである。

老化には、周囲の状況がいいときと悪いときの死亡率を平均化する効果がある。老化は生態系の安定を可能にする。個体数の変動をある一定の範囲に抑え、それを超えたらあとは破滅するしかない限界を超えないようにする。老化が進化したのは、年を取らない動物の集団は大きくなりすぎて食糧不足に陥り、そのまま絶滅してしまう傾向があるからだ。規制や制限がなにもないと、生態系はカオス状態になりがちだ。この〝カオス状態〟という言葉の意味は、あなたの常識的な解釈で間違っていない。しかしそれとはべつに、この言葉には――これから見ていくように――

数学的な意味もある。老化が選択して生物圏に定着させてきたのは、個体数の安定と、周囲の状況がいいときと悪いときの波によって引き起こされるカオスを避けることだ。これこそ、わたしが進化研究の世界に紹介する「人口統計学的老化理論」である。[1]

「老化は自然選択によって選ばれてきた」という理論に対するお決まりの反論は、「選択の強力な流れに逆らって老化が進化するのは困難だ」というものだ。老化を阻止する方向に働く選択は直接的で即時的だが、老化を獲得する方向に働く選択は間接的で長期的だというのだ。

しかし、人口統計学的老化理論はこの反論に打ち勝つ。なぜなら、絶滅は非常に迅速に起こり、一世代のうちに全個体を消し去ってしまうからだ（前章で紹介したセントマシュー島のトナカイがいい例だ）。人口統計学的老化理論は「老化はいかにして進化したか？」という一世紀にわたる難問への答えとなる。同時に、ネオダーウィニストたちの「自然選択は集団に対してよりも個体に対してのほうが効果的に作用する」という信仰箇条への答えにもなっている。

## ホルミシスという奇妙な現象

第四章で書いたことだが、動物は困難に直面すると寿命が延びる。飢え、重労働、極度の暑さや寒さ、微量の毒、さらには放射線にも寿命を延ばす効果がある。

「ホルミシス」は、自然界におけるこの奇妙な現象——ストレスへの適応における過剰補償——を意味する専門用語である。自然は経済的なので、わたしたちは「補償は不足気味になるだろう」と予想する。そのため、過剰補償を目にすると首をかしげてしまう。なにかおかしなことが起こっているのがわかるからだ。

たとえば、冬に屋外の気温が〇度のとき、わたしたちはエアコンの温度設定を一八度程度にする。なぜなら、一八度は快適帯の最下限であり、不必要なほど家を暖めて電力を無駄にしたくないからだ。夏は、屋外の気温が三二度の場合、エアコンの温度設定を二四度程度にするだろう。なぜならそれが、快適帯の最上限だからだ。夏に温度設定を一八度にしたり、冬に二四度にすることはない。エアコンの温度を必要以上に高くしたり低くしたりすることで電気代を無駄にするくらいなら、もっと有益なお金の使い道はいくらでもあるからだ。

細菌や寄生虫の脅威がなく、生きるのが楽で、たっぷり食物があり、骨の折れる作業があまりなく、暖かく、環境が清潔なら、動物は安逸な生活を送り、長生きすると思うだろう。ところが実際には、安逸な生活は送るが、長くは生きない。コンディションが理想的なとき、寿命はもっとも短くなるのだ!

外部からなんの攻撃もないとき、生体防御は落ちると考えるのが普通だ。侵入してくる細菌がいないと免疫システムは休暇をとり、仕事がないと筋肉は衰える。食べるものがふんだんにあると、体は効率よく機能する必要がない。反対に、伝染性の細菌がいると体が適応し、免疫システムが強くなると予想される。だからこそ免疫システムは、細菌にきちんと対処できるのだ。しかし、なぜ免疫システムは強くなるのか？　感染のストレスになぜ体は過剰補償するのか？

逆にいえば、体はストレスに対して驚くほどの強い反応を示すということだ。ストレスがないときに体がリラックスするのはわかる。しかし、ストレスがないと寿命が縮むほど防御を下げるのはなぜなのか？

生物はストレスをうけると寿命が延び、老化が抑制され、体がより強くなるようにプログラムされている。「ホルミシス」という言葉は、こうした適応反応のすべてを指す。ホルミシスに関する細かい点に関してはこれから見ていくが、そもそもはっきりしていることがふたつある。

ひとつは、ストレスがあったほうが体の働きが向上するのなら、「ストレスがないと健康は阻害される」ということだ。いいかえるなら、ストレス下では長生きすることが可能なのは、「進化が体の働きを向上させる余地がまだある」ということを意味する。進化的に見た場合、生きていくのが楽だと寿命はより短く、体はより弱くなっていくようにプログラムされている。ある一定の力と寿命が、ストレスにさらされたときのために蓄えられているのだ。

ふたつめは、「ホルミシスは死亡率を平均化し、飢饉や苦境時の衝撃をやわらげるのを助ける」ということだ。捕食者や飢饉や自然災害によって死亡率が上がったとき、老化は一歩後ろにしりぞき、被害を小さくする。これによって、豊かなときに個体数が過剰に増加するリスクを減らすと同時に、絶滅のリスクが高いときに余分な力と長命をもたらすことで、集団のセイフガードの役目を果たすのである。

ホルミシスは深いレベルで老化の系図に組みこまれている。そしてこれは、「老化はいかに進化してきたのか?」「どんな目的に奉仕しているのか?」といった疑問への手がかりになる。事実、老化に関連したもっとも古くて、もっともよく保存されている遺伝子は、ストレスに対する適応反応と関係がある。

ごく初期の原生生物の時代から、わたしたち生物はホルミシスをコントロールする遺伝子を持っている。もっともよく知られているふたつの例は、飢餓と身体活動に関連している。ひとつはインスリン経路だ。血中の血糖値が高いというシグナルを伝達する働きを示すインスリンは、飽満への反応によって分泌される因子で、老化を促進し、食物が豊富なときには寿命を縮める。もうひとつの例はROS代謝（ROSとは活性酸素種の略語で、フリーラジカルと同義）である。大量のエネルギーを消費する活動は、ストレスへの反応であることが多い。体を温めるために震えたり、飢えたトラから逃げるために走ったりするとき、余分な産生エネルギーがROSを発生させ、つぎにROSが体に対して「ストレス抵抗モードに入れ」と告げる。このシグナルは「わたしの妹たちや多くのいとこがストレスで死ぬかもしれないから、コミュニティの存続のために、わたしはいま老化で死なないほうがいい」という意味だ。第一章でも触れたとおり、酸化によるダメージは老化が原因だが、抗酸化剤で酸化を抑えることは、実際には寿命を縮めるのである。

本書をここまで読んできた方なら、この逆説的なふるまいの理由が理解できるはずだ。ホルミシスは死亡率の平均化と個体数の安定に役立つ。周囲の状況がいいときと悪いときの波を補完するために、自然選択は老化による死を調整する。たくさんの個体がすでに飢饉で死んでいるときには、老化はおとなしく後ろにひっこんでいる。しかし、食べものがたっぷりあると、老化による死は大手を振るいはじめる。

Column

### パラコート

パラコートは触れるものすべてを焼きつくす枯れ葉剤である。これは麻薬戦争でアメリカによって使用された。メキシコのマリファナ畑に飛行機で空中散布したのである。しかし、散布時に近くに居合わせた多くの第三者が死亡したため、使用は中止された。

マギル大学の研究所で、生物学者のジークフリート・ヘキミが線虫を培養している液体にパラコートを添加したところ、劇的に寿命が延びた。[2] パラコートを少量しか投与しない場合は効果が小さいし、多量すぎると死んでしまう。しかし、投与量を最適値に調整すると、線虫の寿命は七〇パーセント延びる。

なぜそんなことが起こるのか？　ヘキミは個体数制御の考え方を否定していたし、「ホルミシス」という言葉は避けていた。そこで、それにもっとも近い生化学の観点からの説明を好んだ。いわゆる活性酸素種（ROS）――もっと一般的な名称を使えばフリーラジカル――は体にダメージをもたらすが、同時に体の防御機能のスイッチを入れるシグナルを出す。適量のパラコートが線虫の寿命を延ばすのは、強力な代謝防御を起動させるシグナルに似たものを発信するからだ。

しかし、毒を投与されていないときは、なぜそれとおなじ防御システムのスイッチがオンにならないのか？　さらにいえば、こうした毒性を持つ薬品は、なぜ「生命が隠し持っているなにかを引きだすシグナル」になりうるのか？

最初の質問に対するわたしの回答は、「困難な状況に陥ったときのために、体はいくらかの適応度を蓄えておくようにプログラムされており、それによって、絶滅につながりかねない大きなストレスの衝撃をやわらげるようにしているのだ」というものだ。また、二番目の質問には「身体活動によって発生するROSは、ストレスのサインなのだ」と答えよう。遠い遠い昔、わたしたちの祖先の線虫は、快適な環境とストレスに満ちた環境を、ROSの有無で識別することを学んだ。そして、そのストレスシグナル伝達経路が保存され、五億年にわたって進化の系統樹を伝えられてきたのである。

## 数学的無秩序と生態学的無秩序

二〇〇六年、わたしは『進化生態学研究』誌に寄稿し、はじめて「人口統計学的老化理論」を紹介した。その記事には、「もしあなたがネオダーウィニストとおなじ考え方ならば、自然選択を推し進めるのは利己的遺伝子だけであり、その結果は集団の崩壊しかありえない」という証拠を含んでいた。同時にわたしは、まったくおなじ数学ツールを使って、老化は集団をその運命から救えることも実証してみせた。第二章でもお話ししたように、わたしは生物学における「数学的な証明」に対して警戒心を持っている。だから、あらかじめ警告しておこう。「いまここで論証されているのはなんなのか？　なにが欠けているのか？　述べられていない仮定や隠された抜け穴はないのか？」といった点を、あなたがた読者がご自分でしっかり考えてほしいと。

証拠は、もっともシンプルな生態系（生息しているのはふたつの種だけで、片方の種がもう片方を食物にしている）の観点からつくりあげられている。このふたつの種は捕食者と被食者でもいいし、ウサギと草でもいいが、ここではウサギの集団の成長率と草の成長について考えてみよう。さて、どちらのほうが成長が速いか？　ウサギか草か？

ウサギも草も進化している。そして、自然選択はより速く生殖するほうの集団に褒賞をあたえる。しかし、草はとっくの昔に進化の限界に達している。草は成長のためのエネルギーを太陽から得ており、ほかの葉をつくるだけのエネルギーがひとつの葉に蓄積するには一ヵ月かかる。光

■もっとも繁殖の速いウサギは、絶滅への片道切符を手にしている。

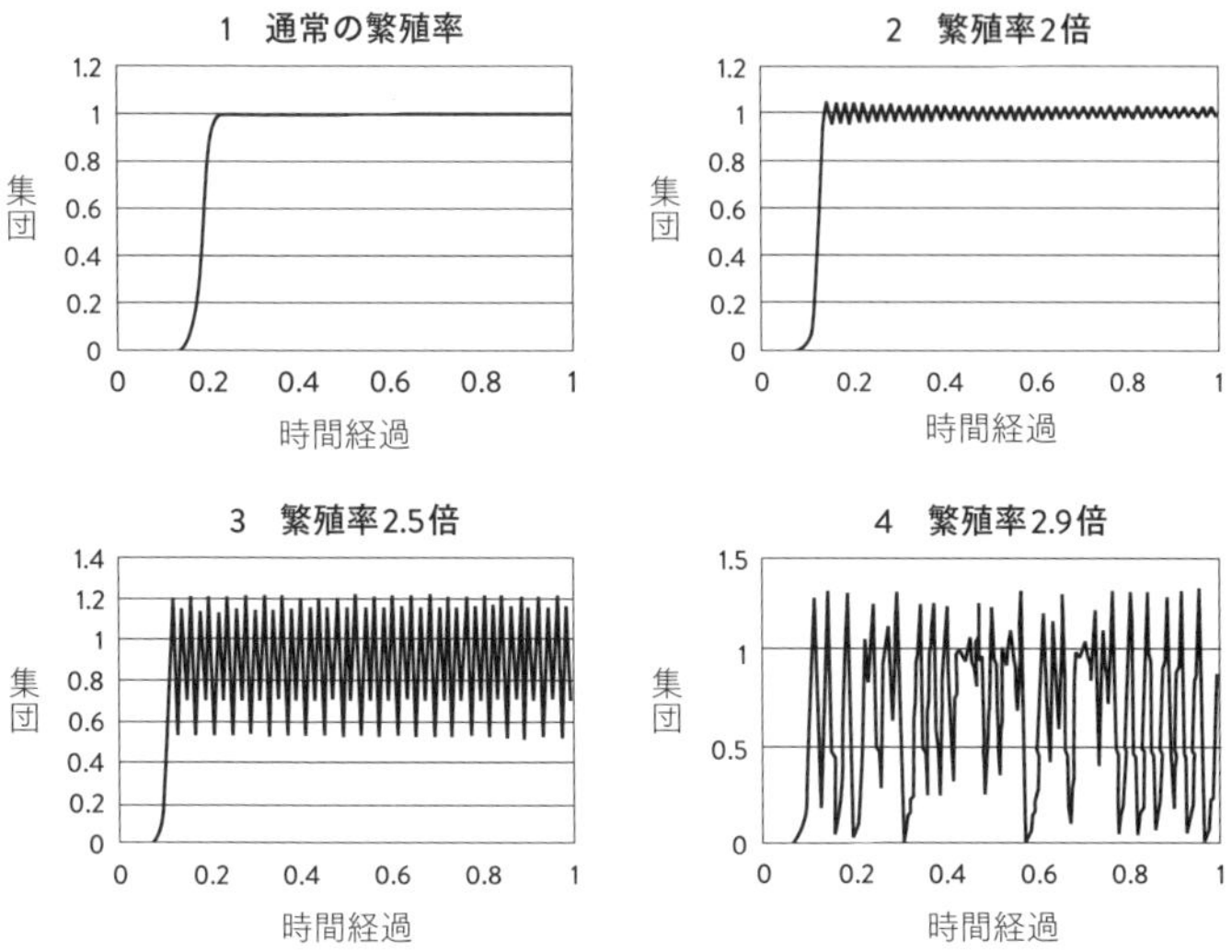


合成はこれ以上ないくらいに効率的であり、人間がこれまでにつくったどんなソーラーパネルよりも効率がよい。草の生殖スピードは天上に達している。

しかし、ウサギはより多くの草を食べるように進化できるし、より多く食べれば、より多くのエネルギーを手に入れ、より速く生殖できるようになる。一羽の雌ウサギがほかの兄弟姉妹よりも攻撃的な略奪をするように進化し、草を根こそぎ食べるようになったとしよう。この雌はより多くの赤ん坊を産むエネルギーを手に入れるだろう。生まれてきた子供たちは、攻撃的に略奪する本能を受け継いでいる。彼女の子孫は、たちまちウサギ小屋を支配するだろう。

しかし、勝利は長くはつづかない。草が食べつくされてしまうと、太陽の光をうける葉がなくなり、草が回復するのに時間がかかる。攻撃的な略奪によって個体レベルでの選択的優位性を手に入れたウサギたちは、次世代には飢えることになってしまう。

ウサギは草よりも倍増時間が短かいから、理論的には、より多くの草を食べることによってもっと速く繁殖するように進化し、もっと多くの赤ん坊をつくることができるはずだ。事実、過去において、ウサギは現在よりもずっと速く、より効率よく繁殖していたらしい。しかし、そうしたウサギの集団は、急速に絶滅した。これは、この八〇年間に発展したシンプルで驚くべき数学によって明らかになったものだ。記号論理学のカオス方程式の解がここにある。これは一九七三年にミッチェル・ファイゲンバウムが発見したものだ。前ページに掲げたグラフは、時間の経過とともに集団がどう変化していくかを示している。

1　もしウサギの繁殖速度が草よりも遅ければ、集団が環境収容力（一地域の動物扶養能力）を超えてしまうことは絶対にない。ウサギの集団は完全に安定している。

2　もしウサギが進化して繁殖率が高まれば、個体数は限度を超えてしまいがちで、環境収容力の前後を行ったりきたりする。

3　もしウサギが進化して繁殖率が草の二・五倍になれば、個体数は大きく変動する。

4　繁殖率が二・九倍になると、変動は激しく、変則的になり、集団はトラブルに陥る。

そして——5という番号は振られていないが——もしウサギの繁殖率が草の三倍（もしくはそれ以上）になれば、個体数は環境収容力をはるかに超えてしまい、そもそも最初のサイクルで絶滅してしまう。もちろん、三倍という数字は数学から導きだされたものであり、生物学から導きだされたものではない。ウサギが草の三倍の速度で繁殖できないという生物学的な理由はなにもない（しかも、ある種の環境においては、ウサギのスピード優位性はすでに三倍を超えている）。

これが意味するのは、「進化はちょうどよい生殖の速さを見つけなければならない」ということだ。そのためには、地域の草木がどれだけ速く成長するかを決める日射量や降雨量を考慮に入れなければならないし、捕食者のことも計算に入れる必要がある。繁殖速度があまりに遅すぎるウサギは、繁殖が速いか、一回に出産する子供の数が多いウサギに打ち負かされてしまう。しかし、このゲームをやっていて度を超したウサギは、孫を飢えさせる危険がある。

Column

**定義のための休憩**

これが意味のある質問であるかさえ明確ではない。まったくべつの生物を比較するうえで有意義な尺度にするためには、成長率というものをどう定義すればいいのだろうか？ 比較する必要がないのなら、生命は指数関数的に拡大しているといってほぼ正しいだろう。草が減った場合、倍の量に増えるにはおそらく一ヵ月ほどかかる。さらに一ヵ月待てば、草の量は四倍になるはずだ。

ウサギも似たような数学的法則に従う。さまざまな年齢のウサギ一〇〇羽からはじめると、二〇〇羽になるのに一ヵ月かかり、さらに一ヵ月で四〇〇羽になる。だとすれば、繁殖のスピード（成長率）は、草の量やウサギの数が倍になるのにどれだけかかるかを基準にすればいい。

## 個体数制御がすべての動物の普遍原理になる

すべての動物の生命は、食べものである植物の成長に依存している。最上位の捕食者でさえ、コミュニティ全体を支える食料生産植物よりも速く成長することはできない。

植物にはなんの制約もないが、動物は食物連鎖の底辺に位置する植物よりも二倍以上速くは生殖できない。数学的視点だけからすれば、これは明白で単純に見える。しかし、ネオダーウィニズムの基本原理とは真っ向から対立する。ネオダーウィニズムにおいては、「動物は物理的に可能なかぎり速く生殖できるように進化する」とされているのだ。

こうしたネオダーウィニズムの基本原理とは正反対のものが、集団選択説である。ネオダーウィニズムが主張する利己的遺伝子説では、より効率的な成長と速い繁殖がつねに求められる。たしかに、生物の全生涯――出生から、成熟、生殖、そして死まで――は、すばやく効率的であることを求められる。しかし、過剰なスピードや効率性が求められているわけではない。

集団選択説は「老化の進化」のコンテクストを変えてしまう。これまでの推論はつねに、「集団ではなく、個体にとってプラスかどうか」に基づいていた。そのため、長寿は進化上の優位性を提供し、自然選択はつねに寿命を延ばすとされていた。しかし、これは真実ではない。自然選択は生殖能力と寿命を調節し、生態系に合った――速すぎも遅すぎもしない――適正な繁殖スピードを生みだすのである。

わたしは二〇〇六年に、低い生殖能力と短い寿命がどちらも個体数カオスを避ける方向に進化することを立証してみせた。[3]「自然は低い生殖能力と短い寿命というふたつの解決法を見つけだした」とわたしは信じている。しかし、反対に「自然選択は高い生殖能力と短い寿命を好んでいる」とする根拠もいくつかある。これについては、本章の後半で見ていくことにしよう。

Column

## オーストラリアのウサギ――教訓話

オーストラリアは他の大陸から孤立しており、独自の種が進化してきた。オーストラリアにしか生息していない哺乳動物には、カンガルーやコアラといった有袋類がいる。

一八五九年、伯父を頼って英国からやってきたトーマス・オースティンは、故郷から遠く離れて孤独だった。故郷でいちばん好きなスポーツをどうつづければいいのか？「ウサギをすこしばかり輸入したって問題はないだろう。狩猟ができるようになるし、故郷に似た感じもちょっと出る」と、オースティンは書いている。

ウサギたちの順応性のあるライフスタイルは、不毛で捕食者のいない環境を開拓するのに理想的であるように思えた。一九世紀を通じて、彼らはどんどん増えていった。脆弱《ぜいじゃく》な土地は丸裸にされてしまった。土壌は荒廃した。草食の有袋類は絶滅に追いやられた。

オーストラリアの国民と政府は、ウサギの個体数をコントロールする実験をはじめ、生態学の授業もはじめた。ハンターに退治を頼んでどうにかなるレベルではなかった――銃器では一回に一羽ずつ仕留めていくしかない。効率の点では毒餌も大差がなかった。そのうえ、毒を使うと、ウサギの増殖を抑制している猛禽《もうきん》類にまで害がおよびかねない。フランク・フェナーはオーストラリアのウイルス学者で、一九三〇年代から四〇年代にかけて、非常に効率よくウサギを殺すウイルスを作製した。彼がつくったのは粘液腫ウイルスだった。

粘液腫症は膿《うみ》の詰まった腫瘍が皮膚にでき、数週間で失明や死に至る。一九五〇年、オーストラリア政府はこのウイルスを原野にばらまくことを承認し、壊滅的な結果をもたらした。

数週間、国じゅうが腐敗したウサギの臭いで満たされた。甘ったるいその腐臭は、強烈に胸の悪くなるものだった。あらゆる道路や小道をウサギが這《は》いまわった。ウサギたちはみな視力を失い、頭は腫れあがってウジがわき、ほとんど虫の息で、即座に殺してやるのが慈悲というものだった。

六億羽はいたと推定されるウサギは、最初の半年で九〇パーセントが死に絶えた。しかし、やがてウイルスの勢力が衰えた。第一に、生き残ったウサギたちは、ウイルスへの抵抗力が高い個体だった。第二に、ウサギたちはウイルスに対する後天的免疫を身につけ、それが集団に広がった。第三に、ウイルスは突然変異して致死性が下がった。

それから六〇年後、ウサギの個体数はいまだにオーストラリア国家を悩ませている。[4] 粘液腫症は世界的な問題となり、ヨーロッパでは家畜へのワクチン接種が必要になっている。

## 捕食者種の老化

生態学者は肉食動物だけでなく草食動物に対しても「捕食者」という言葉を使う。動物は自分自身でエネルギーを生みだすことができないため、生きるためにはほかの生物を消費する必要があり、なんらかの形で「捕食者」にならざるをえない。ゆえに、動物と植物の生態学的役割には、根本的な違いがある。

植物には老化しないものも多いが、ほとんどの動物は寿命が限られている。ここから、老化の目的は生態学的機能と関係があることがわかる。動物の老化は、生態環境を乱獲から守る方向に進化してきた。老化は個体数コントロール・プログラムの一部であり、個体にとってはマイナスだが、コミュニティが数世代でも長く生き延びるためには必要なのだ。生態系をおびやかす方向に進化した種は、あっというまに消滅する。「人口統計学的老化理論」ならばホルミシスの説明がつくし、植物には老化しない種が数多くあるにもかかわらず、動物はほぼ普遍的に老化する理由も説明がつく。

消費者（捕食者）種が生産者（被食者）種を守るためにすべきことは、なによりも繁殖の抑制である。老化は解決に必要な要素ではない。しかし、生涯の生殖生産を抑えるには、生存競争における個体競争力を制限するしかない。繁殖の抑制と寿命の短縮のどんな組み合わせでも、生産者種を守ることはできる。しかし、比較的高い生殖能力と寿命の短縮の組み合わせには、さらにもうひとつアドバンテージが加わる。多様性と進化可能性は集団の世代交代をうながし、適応度を高めるための実験をさらに推し進めていくのである。

Column

## 有限な惑星

一九六八年、生態学者のギャレット・ハーディンは『サイエンス』誌に「共有地の悲劇」という論文を発表した。[5] その後、この論文で紹介された法則は、進化生態学の世界だけでなく、経済学や社会学の世界でも認知されるようになった。これは一八世紀のアダム・スミスが唱えた「すべての個人は自分の利益にとってもっとも賢い決断をし、その結果、全員が可能なかぎり豊かな最善の世界が生まれる」という説（アダム・スミスよりも一世代あとのジェレミー・ベンサムはこれを「最大多数の最大幸福」と呼んだ）に対する返答だった。

ハーディンはアダム・スミスの説が正しくないことを示すために、複雑な話を提示した。誰もが自分自身の合理的な利益を追求した結果が、全員にとって壊滅的であるときもあるというのだ。

「小さな町のはずれに放牧用の共有地があり、町の住人は全員の合意のうえで、そこに自分の牛を放牧することを許されている。牛の数が少なく、牧草がじゅうぶんある場合は、この取り決めはうまくいく。しかし町が大きくなってくると、牧草地が牛で混み合ってくる。すると、草の取り合いが起こり、牛は昔のようには大きく育たない。以前よりも牛が大きくならなかったり、成長のスピードが遅くなると、そのぶんの埋め合わせをするため、酪農家たちは自分の牛をもっとたくさん牧草地に連れてくる。これは個々の酪農家にとっては合理的な判断だが、結果的には問題を劇的に悪化させる。翌年、牧草地はすっかり不毛になり、草はほとんど生えず、牛たちはみんな死んでしまう」

この記事のなかでハーディンは、まだ生まれて間もなかった環境保護運動を予言し、有限な惑星と共有資源（わたしたちが呼吸している空気や魚でいっぱいの海を含む）における個体数の成長について語っている。

### 被食者種の老化

ウサギは被食者種であると同時に捕食者種でもある。捕食者としてのウサギにとって、老化は役に立つ。なぜなら、ウサギの個体数が増えすぎて、食物である草が不足してしまうことを防ぐからだ。

同時に、被食者としてのウサギにも老化は有用だ。もし老化がなければ、もっとも弱くて動きの遅いウサギとは、「まだ若く、体が小さく、無防備なもの」ということになってしまう。大人のウサギが力とスピードを維持しつづけ、いつまでも最盛期のままだと想像してみよう。ウサギを捕食するキツネは、狩るのがいちばん簡単な未熟なウサギばかりを狩ることになる。その結果、捕食者から逃げつづけて大人になれる若い個体は、ごく少数になってしまうだろう。

わたしたちが現実に生きているこの世界では、老化はほとんどいたるところに偏在しており、捕食者は老いたものや病弱なものを狩り、ごく普通に〝群れを間引く〟ことで、遺伝子プールの強さや生命力の強さを維持する「自然選択」をもたらす。これは被食者種の長期にわたる健康にとって――とくに老化というものが存在しない状況に較べて――ずっとよい。老化のない状況では、若い個体の大多数が成長するチャンスを手にするまえに捕食されてしまい、個体の入れ替わりが妨げられてしまうからだ。長期的に見れば、被食者集団が大きくて安定していることは、捕食者にとってもまたいいことなのだ。

## 細菌に対する防御としての老化――赤の女王と黒の女王

雌雄同体（ヘルマプロディートス）という言葉は、ギリシア神話に登場する神ヘルメスと女神アフロディーテからとられたものである。雌雄同体は、ひとつの体に男女両方の性器を持っている。ほとんどの顕花植物は雌雄同体である。花にはめしべ（女性）とおしべ（男性）の両方がある。カタツムリやミミズをはじめとする無脊椎動物の多くは雌雄同体だが、ほとんどの脊椎動物は雄と雌に分かれている。

なぜ進化は性別を分けるという非効率を我慢しているのか？　なぜすべての生物を雌雄同体にして、適応度を倍にしないのか？

これは老化の問題と類似した疑問であり、進化論の信奉者たちにとって、長きにわたって解明すべきテーマだった。セックスはネオダーウィニズムのパラダイムにはフィットしない。事実、これは老化よりも大きな問題だ。老化は一般的に個体適応度の二〇パーセントを使うだけだが、雌雄異体のセックス（雌と雄が別個体の場合のセックス）の場合は、まるまる五〇パーセント使うのである。

セックスの問題に対してもっとも受け入れられている答えは「赤の女王仮説」だ。赤の女王とは『鏡の国のアリス』の登場人物で、生きたチェスのコマである。赤の女王はアリスに「その場にとどまるためには、全力で走らなければならない」という（「赤の女王仮説」という言葉は、一九七三年、生物学者のリー・ヴァン・ヴェーレンが最初に使った）。これは「動物や植物は生き残るために、つねに変化していく必要がある」とするものだ。寄生体ウイルスやバクテリアは、つねに宿主の脆弱な部分に目を光らす。彼らは時間単位で繁殖するので、驚異的な速度で進化する。とくにバクテリアは、迅速な繁殖のためだけでなく、遺伝子共有のためにも最適化しているので、宿主に足がかりを得るために、新しいトリックをつねに試してくる。

赤の女王仮説によれば、高等生物は継続的に変化している寄生虫から身を守るために、継続的に変化しなくてはならない。変化はつねに標的の位置を変え、微生物の攻撃が一箇所に集中するのを防ぐ。セックスは（老化とおなじように）集団の多様性を維持することを助け、多様性は集団に伝染病が一気に広がる危険を回避する。ある一家が全員感染した伝染病も、隣の一家には感染しないかもしれないからだ。

これがセックスの進化の正しい分析であるかどうかについては、残念ながら「遠い過去における進化の動機を読みとるのはむずかしい」というしかない。セックスにどれだけの優位性や利点があるとしても、雌雄異体であるというハンディキャップは非常に大きい。わたし自身としては、「人口統計学的老化理論」から導きだされる「生産者種を乱獲から守るため、個体の生存競争は抑制されている」という前提なくして、赤の女王仮説が成立するとは思えない。

しかし、ガチョウの肉にかけるソースは、カモの肉のソースにも使えるはずだ。赤の女王仮説のメカニズムがセックスの進化をうながしたのだとしたら、老化の進化をうながす効果はさらに大きくてもおかしくない。

「有性生殖は身を守るために遺伝子多様性をつねに増加させる」という赤の女王仮説は、「老化が淘汰されずに持続してきたのは多様性の増加で説明できる」というわたしの老化理論に似ている。そこでわたしたちは、この理論を「黒の女王仮説」と呼ぶことにした。

Column

## セックスはどのように進化してきたのか？

進化の歴史のどの時点で、個体は自分たちの遺伝子を共有することを学んだのか？　わたしはカール・ウーズの説を支持している。[6] おそらく生命は、ごく初期の段階からコミュナル（共同参加）なものだったのではないか。有用な生体分子があり、生物学の情報があり、すべては水たまりで（さらには海でも）共有されていた。そこには細胞壁もなく、個体もなく、競争もない。ただ、さまざまな分子が自分自身やおたがいの複製をなんとかつくろうとしているだけだ。細胞壁が進化すると、個体化と特殊化が起こり、生命のレシピに競争が加わる。しかし、情報と生命物質の共有は最初からそこにあった。そしてもちろん、それらは失われることがない。なぜなら、それらなくして、生命は生命ではないからだ。

# 進化は進化する

セックスによる遺伝子の共有は集団の多様性を維持し、新しい組み合わせを提供することで、自然選択が作用する余地をつくる。有性生殖の集団における進化は、遺伝子を共有しない集団よりも速く、より効率的である。かくして、セックスは「進化可能性」に貢献する。

進化可能性は、こんにちの生物学においてもっとも正当に評価されていない概念である。この主題に関する初期の議論は、専門家のほんの小さなグループの興味しか引かなかった。その状況が変わったのは、非常に尊敬されているひとりの進化生物学者が、頭の切れる先見的なコンピュータ科学者と手を組み、誰にも無視することのできないメッセージを念入りにつくりあげ、一九九六年に学術専門誌『エヴォリューション』に発表してからだ。[7]

進化する能力はごく当然なものだとダーウィンは考えた。その後の科学者たちの多くは、それをそのまま疑わなかった。「進化を起こす必要があるなら、自分自身の複製をつくれるシステムさえあればいい」と、よくいわれる。「すると、ときどき小さなエラーが生じて——偶然に——オリジナルよりも生殖能力の高い突然変異を生みだす」

大学生たちは、自然選択が起こるための必要十分条件は三つだと機械的に教えられている。

1 形質のばらつき
2 形質の遺伝性
3 異なった生殖能力につながる形質

しかしここに、もっと厳密で不可解な四つめの条件があることがわかった。一九九六年に、ガンター・ワグナーとリー・アルテンベルクが、進化するための能力は「遺伝子型と表現型の地図」と呼ばれるものに依存していることを立証したのである。

「遺伝子型と表現型の地図」とはなにか？　なぜそれがそれほどまでに重要なのか？　ここにひとつの例がある。眼をつくる指示を含んだＤＮＡを思い浮かべてほしい。このＤＮＡは端から端まで連続して読みとられる。体はそれらの指示を正確に翻訳していく。眼はふたつあるので、こうした指示のコピーもふたつある。

眼がごく近い場所にふたつある生物は、そのふたつがほんのちょっと離れると、より立体的な視覚を得ることができる。進化的な変化を発生させるには、なにが起これぱいいのか？

もし眼をつくる指示がＤＮＡに一列に並んでいるのだとしたら、ふたつの眼の位置を離すための唯一の方法は、現在ある眼の片方をつくる遺伝子を失わせ、眼のメカニズムをすべてゼロから――ほんの小さな変異をひとつひとつ積み重ねて――進化させなければならない。もしほんとうにそうしなければならないとしたら、なんと非効率的なことだろう！

コードを一列に並べることは、体を組み立てるプログラムをコード化するためのもっともシンプルでもっとも経済的な方法だ。しかし、もしコードが一列なら、絶対に進化することはできない。

事実、わたしたちのＤＮＡは一列にコード化されているわけではない。遺伝子にはヒエラルキーがある。眼をつくるための完璧な内蔵式サブルーチン〔共通した部分をひとまとめにして主プログラムから分岐させたもの〕は、遺伝子にプログラムされている。ヒエラルキーの頂点には「ホメオボックス遺伝子」が位置している。これは眼をはじめとする身体部分のサブルーチンを適切な時点に適切な場所で展開させるマスター遺伝子である。ホメオボックス遺伝子は、配管工や大工や電気技師を手配して仕事を割り当てるゼネコンのような存在だ。

Column

**ホメオボックス遺伝子**

はじめてホメオボックス遺伝子が発見されたのはショウジョウバエのなかだった。まだごく最近の、一九九五年のことである。これは「無眼」と命名された。この遺伝子を除去したところ、眼のないショウジョウバエが生まれたからだ。それ自体はとりたてて注目すべきことではなかったが、遺伝子操作の技術が進歩し、「無眼遺伝子」の複製をほかの細胞に挿入できるようになってから、あっと驚くようなことが起こった。この遺伝子を挿入すると、そこに眼ができるのだ。「無眼遺伝子」をゲノムのどこにいくつ挿入したかによって、ハエの羽や脚や尻尾などに挿入した数の眼が現われたのである。

遺伝子のヒエラルキーやサブルーチンは、いかにしてゲノムに組みこまれるに至ったのか？短期的には、このシステムは適応度になんの利益ももたらさない。事実、どれかひとつの器官をつくるためだとしたら、遺伝子にヒエラルキーを持たせることは（すべての指示を直線的に配列しないのは）、経済的でも論理的でもない。

しかし、遺伝子組織のヒエラルキー・システムは効率よく進化できる。これが直列システムだとそうはいかない。何十億年もの進化の歴史において、直列システムは、現在の世界のさまざまな動植物相に見られる複雑で微妙な適応を生みだすことができなかった。

「遺伝子型と表現型の地図」は、遺伝子のなかのDNA情報と、その情報が転写されて生みだされる体との関係である。それは同時に、DNAのなかの情報を〝読み〟とって翻訳し、生物をつくりだすメカニズムでもある。ほとんどのマッピングは――たとえ一〇億年のあいだに一〇億回試そうとも――進化することができない。わたしたちが持っている「遺伝子型と表現型の地図」は、すでに進化の効率を最大化しているのである。

ここからわかるのは、進化そのものが、高度に進化したプロセスだということだ。自然選択は生物を臨機応変で効率的でたくましい生殖者へと進化させただけでなく、最高に効率的な進化システムも生みだしたのだ。これは進化の進化、もしくは「進化の適応」とでも呼ぶべきものだ。

進化可能性は、短期的には個体を犠牲にするが、長期的にはコミュニティに利益をもたらす。これは「個体がつねに優先される」というネオダーウィニズム理論における進化の代償とおなじものだ。しかも、進化可能性適応はいたるところにあり、ゲノムの基本レベルに組みこまれている。進化可能性の進化なくして、生命は存在しえないのである。

Column

## 進化はいかにしてそこまで効率的になりえたのか？

数十億年のあいだに、地球上の環境は、化学物質の詰まった小さな袋から、甲虫やカバノキやプランクトンやネズミイルカなどでいっぱいの巨大な生態系に進化した。標準的なネオダーウィニズムのパラダイムでは、この変化は小さな増加の積み重ね（それぞれの増加は、本質的にひとつの改良によって構成されている）によって達成されたとされている。進化を教えている同僚のひとりはこれを、本を書くゲームにたとえている。このゲームでは、物語に使われている単語を一回につき一語だけ変更（もしくは、単語を一語だけ追加）することができる。このとき、新たに書き換えた物語は、前のバージョンを改良したものであると同時に、それ自体できちんと意味の通ったものでなくてはならない。童話『はらぺこあおむし』からはじめて、最終的にそれを『戦争と平和』にするのがゲームの目的だ。そのような仕事の膨大さ——小さな化学変化に基づいた巨大な進化（分子生物学では〝塩基対〟変化と呼ばれる）——を考えると、進化は全体論的なトリックを隠し持っているのではないかと考えずにはいられない。

## 進化可能性と老化

老化はこの物語の登場人物のひとりである。老化は進化可能性の改良に貢献しているからだ。ただし、「遺伝子型と表現型の地図」のように成功を左右する力はない。この件に関してはセックスほどの重要性さえない。セックスは進化のゲームを根底から変え、団結力のあるコミュニティの進化を可能にした。ただし老化は、進化的変化のペースで適度の量の違いを生むことができる。「遺伝子型と表現型の地図」は、進化を一〇億倍は効率的にすることができる——もしかしたら、一〇億の一〇億倍かもしれない。老化はおそらく、ふたつの要因（競争の公平性と個体群の多様性）を提供することで、進化的変化のペースを二倍にする程度だ。なら、これが老化が進化してきた理由なのか？　老化の目的は、進化の効率を二倍にすることなのか？　自分でも驚いたことに、わたしはある見解にたどりついた。そう、進化可能性は老化の進化と大きな関係があるのではないか？

この考えは「ワイズマンの老化理論」と呼ばれるものに近い。ただし、ワイズマンはそれを明確に表現したことはなかったし、進化可能性の概念を受け入れたりもしなかった。ワイズマンが書いているのは、「老いたものがその場を去る必要があるのは、生態的地位に若い世代が成長していく場所をつくるためだ」という点だ。残りの部分は、わたしたちがワイズマンに代わって埋めていかなければならない。

若い世代が成長する必要はなぜあるのか？　若者に大人を打ち負かすだけの適応度がないのなら、すでに存在している大人を維持するだけでどこがいけないのか？　それに対する答えは、「環境はつねに変化しているため、集団にも適応能力が必要となる」というものである。集団は個体の入れ替わりや、新しい変化を試す必要がある。さもないと、進化の過程を通じてより強く、より競争的に成長したほかの集団に、最終的には取って代わられてしまう。老化は個体の入れ替わりを促進する。とくに、若者の多くは自分たちが追い払おうとしている大人よりも潜在的に適応度が高いが、体は大人よりも小さいので、完全に成長した大人に勝つのはむずかしい。老化は競争を公平にし、そうすることで、進化のプロセスをほんのすこしだけ効率的にする。同時に老化は、ひとつの個体が生涯に残せる子供の数に上限を課すことで、集団の多様性を維持することを助ける。

老化が進化的変化のペースに大きな貢献をしていることは、誰しもが認めるところだろう。しかし、その代償は？　ワイズマンの老化理論に対するよくある反論は、「老化は個体に対して即座に代償（おそらく適応度の二〇パーセント）を要求する。そのため、進化可能性の利点がコミュニティの未来に大きな利益をもたらすずっとまえに、老化は集団から消し去られてしまうはずだ」というものだ。老化は個体の寿命を縮めるが、その利益を手にするのは、何百何千もあとの世代だけである。しかし、もうその頃には、老化はとっくの昔に集団から消えているだろう。なぜなら、寿命の短い個体は、寿命が長い個体に較べて、遺伝子プールに貢献する機会が少ないからだ。

この昔からの考え方は正しいとわたしは信じている。進化可能性への貢献は、それ自体では、老化の自然選択を説明するのにじゅうぶんではない。そこで重要になってくるのが「人口統計学的老化理論」である。自然は速い生殖と長い寿命のどちらかひとつを選ぶように強いられてきた。速い生殖と長い寿命が同時に起こると、集団をカオスに導いてしまうからだ。この選択がいったん強いられると、進化可能性のための利益は決定的要因となり、自然選択を長い寿命と遅い繁殖ではなく、短い寿命と速い繁殖に導く。

自然選択は「より多くの遺伝子を遺伝子プールに残せるのは誰か？」を競う全面的な（ネオダーウィニズムの）コンテストではない。動物はそのコンテストを完全に禁止されている。動物は生態系に適応する必要があるうえに、食物連鎖の最底辺の生産者種の搾取には限界があるからだ。個体の生殖率を制限する必要は基本的なもので、進化ゲームに組みこまれている。こうした状況下では、個体の〝老化の代償〟はない。もし生涯の生殖生産が「集団は生産者種よりも速く成長してはならない」という条件によって制限されているのだとしたら、老化はこの制限内にとどまるための方法のひとつである。「老化と不老」のあいだに競争はない。あるのは、「短くて子供の多い人生プラン」と「長くて子供の少ない人生プラン」の競争である。

進化可能性が決定的な優位性をもたらすのは、このコンテストにおいてである。高い繁殖力と老化が勝利をおさめるのは、不老と低い繁殖力の組み合わせに較べ、進化のスピードがずっと速いからだ。

## 第八章のまとめ

ダーウィン以来、「ダーウィンの唱える生存競争における熾烈《しれつ》な個体間競争のプレッシャーの下で、寿命が延びることを妨げているものはなにか？」という疑問は、老化に関する大きな謎だった。この疑問に対するわたしの回答は、「すべての動物種は、自分たちが食物にしている生産者種を食い荒しすぎてはいけないという絶対条件を課せられているため、個体の生存競争は抑えられ、やわらげられてきた」というものだ。個体間競争は、かつてない速さの生殖のためのものであり、これが共有地の悲劇――食物連鎖の土台が危うくなって全員が苦しむという事態――に行きつくのは避けがたい。その結果として起こる個体激減はあっという間で、破壊的だ。まずは土台ではじまり、全生態系が壊滅し、不毛の土地が残される。よりバランスのとれた方向に進化した近隣の生態系は、その後も拡大をつづけ、空白地帯となった不毛の土地を埋めていく。

それゆえに、動物は自分たちの個体ダーウィン適応度（個体数の増殖率）を最大化しないことをずっと昔に学んだということになる。臨界点を超えるほど繁殖率が上がると、あっというまに絶滅してしまうからだ。老化は、生産者種を守るために総生殖率が制限されている環境において、進化してきた。こうした環境では、〝老化の代償〟は発生しない。だからこそ、老化はさまざまな集団的利益に抵触することなく、ほとんどすべての動物において進化することができたのである。

●捕食者にとって老化は、生活環境がいいときと悪いときの死亡率を平均化する助けとなる。老化があるおかげで、集団は環境収容力を超えて飢餓や疫病で絶滅する危険を避けることができる。

●被食者からすると、老化があるおかげで、コミュニティにおけるいちばん脆弱なメンバーはもっとも若い個体ではなく、もっとも年をとった個体になる。捕食者が最初に狙うのは、もっとも弱くてもっとも動きののろい個体である。年老いて衰弱した個体を捕食者の餌食に差しだすことで、若くてより優れた個体が大人に成長するチャンスをあたえられる。

●細菌感染の危険にさらされているすべての動物にとって、老化とは、個体の入れ替わりを促進し、集団の多様性を維持することで、病気や疫病で全員がいっぺんに死ぬリスクを低下させてくれる。個体の入れ替わりが速ければ、進化のスピードが速い細菌に対する新しい防衛機構を進化させる助けとなる。老いたものの免疫システムが衰弱していれば、感染で最初に死ぬのはそうしたものたちであり、ほかの個体は集団免疫を発達させるチャンスを手に入れる。

すべての動植物は進化している。進化する能力や、ダーウィン淘汰から〝学ぶ〟能力は、ただでは手に入らない。すべての自己再生システムが進化できるわけではない。それどころか、進化する能力は、それ自体が進化した適応なのだ。老化は非常にたくさんの適応のなかにあって、生物の集団が迅速かつ効果的に進化する手助けをしているのだ。

# 第９章

*chapter.9*

# 長生きをするには

老化とは、体が自分自身に対して意図的にやっていることだとわかれば、健康法や長寿法にも新しい視点が見えてくる。寿命を延ばすためにできることもあるし、より健康になるためにできることもある。しかも、幸運なことに、このふたつはほとんどが共通している。寿命を延ばすためのプログラムは、現在の健康につながることも多く、さらには病気にもなりにくくなる（現在わたしが運営しているウェブサイトAgingAdviceには、健康と長寿のためのプログラムが要約されている）。

わたしがセルフケアのために推薦していることのほとんどは、すでに標準的な医学的アドバイスとなっている。運動、減量、アスピリンやイブプロフェンを毎日摂取することなどは、自分のためにできる最高のことであり、「そんな健康法、いまはじめて聞いた」という読者はいないだろう。しかし、本書で紹介するプログラムには、「黒の女王」を騙《だま》すための新しい方法もある。

ここでわたしは、読者のみなさんにお願いしたい。非常にむずかしいことではあるけれど、意識を飛躍させ、自然への崇敬の念をすべて疑ってみよう。わたしはカウンターカルチャー世代であり、最初のアースデイを大学生のときに祝った。文化的にも社会的にも、わたしは健康食品を常食するタイプだった。だから、「寿命を延ばすことに関して、自然はほとんどなんの役にも立たない」と口に出していうとき、その声にはつい悲しみが混じってしまう。

わたしが推薦する健康法や長寿法はすべて、人間や齧歯《げっし》類の研究に基づいている。「医学の世界では、純粋な理論がよいガイドになるとはかぎらない」とわたしは信じている。人間の理解を超えたことがあまりにも多すぎるからだ。実験室の線虫やショウジョウバエに効果のあるサプリメントや薬を、わたしは信仰していない。そうした単純な生物は、寿命を延ばすことが非常に簡単で、おなじトリックを人間に使ってみても効果はない。しかし、実験室のマウスに効果のあるものは、絶対とまではいえないものの、たいていはわたしたち人間にも効果がある。

人間の死亡率を下げることが判明した薬物には、抗炎症薬（アスピリンやイブプロフェン）、ビタミンD、糖尿病薬のメトホルミン（グルコファージ）などがある。魚油やターメリック（ウコン）は天然の抗炎症薬で、心臓病、脳卒中、認知症の予防に効果があるとされる。齧歯類にあたえると寿命を延ばす効果がある薬物には、メトホルミン、メラトニン、デプレニル（セレギリン）などがある。[1] マウスの寿命を延ばすうえでもっとも強力な薬に、ごく最近見つかったラパマイシンがあるが、これは人間が使用すると多くの感染症に対して無防備になるため、わたしは推薦しない。[2]

ビタミンDは断然優秀である。ビタミンDの血中濃度が高いと、癌《がん》や感染症のリスクが減る。

ただし、それがなぜなのかはわかっていない。

テロメラーゼ活性化（細胞産生に必要な「生物学的に支給された酵素」の生産を再開するための遺伝子のスイッチをオンにすること）は、未来のための有望なアイディアだが、たったいまできることは、効率的とはいいがたい。それでも、あなたの健康法にくわえる価値はあるだろう。

糖質制限ダイエットは、同時に断続的な断食期間をとることで、実際に摂取している食事よりも栄養が少ないと体に思いこませるためのもっとも簡単な方法であり、健康と長寿につながることが期待できる。

幸福で、仕事に情熱的で、友だちや家族と毎日交流している人は、鬱《うつ》傾向で孤独な人よりもずっと長生きする。[3] 自分がもらったギフトを他人と分け合えば、長く充実した人生を送ることができる。これは取るに足らないささいなことではない。

Column

### 寿命を延ばすことに対するよくある誤解

多くの人は「寿命を延ばすためのプログラム」と聞くと、体がすでに消耗して生命力がほとんどなくなったあとで、なんとか死を先送りすることだと想像する。しかし、アンチエイジングの科学は、介護施設での生活をもう何年か延ばすためのものではない。これはバイタリティや適応度や若々しい学習能力を維持し、そうした力がすべて失われてしまうと考えられていた晩年を充実したものにするためのプログラムなのだ。

## 「自然」を分析する

わたしたちのほとんどは、「自然派志向」の商品がブームになる以前の時代を思い出すことができない。しかし、五〇年前にはテクノロジーが王様で、わたしたちは自然を改良することになんの良心の呵責《かしゃく》も感じなかった。一九五〇年代、子供はまだ幼い頃に扁桃腺《へんとうせん》を切られた。喉頭感染症のときに赤くなる傾向があるため、医師は自然がミスを犯したと考えたのだ。一九五〇年代、スポック博士は母乳よりも乳製品を推奨していた。もちろん、「12の方法で体を強くする」と宣伝されたワンダーブレッドも忘れてはならない。

その後の半世紀にわたって、わたしたちは自然食品や化粧品、石鹼、漢方薬、さらには自然素材の洋服などを勧められてきた。自然＝健康。医学界は——とても立派なことに——体の働きを第一に考えることを学び、壊れてもいないものをあわてていじくりまわすのではなく、体に協力して自然治癒を推奨するようになった。こんにち、あらゆる病気に対する自然療法は、それが可能であるときはより好ましいと見なされている。

そこまではいい。しかし、つぎのステップに進むには、すこし考える必要がある。わたしたちは老化に関するべつの現実に順応しなければならない。自然食や天然のハーブ、自然療法などは、老化を防ぐとは思えない。

本書は「老化は進化のプログラムの欠陥ではなく、自然に正しく選択された設計特性である」と主張してきた。老化はごく深い意味において〝自然〟なものであり、進化によって生みだされ、遺伝子に組みこまれたものなのだ。

自然なものへの崇拝は、そもそも進化への信仰から生まれたものだ。自然なものとは、わたしたちの祖先である生物や人間が進化してきた環境の一部である。ゆえに、わたしたち自身も自然なものに適応していると考えられる。自然食がよいものだとすれば、それは進化がわたしたちの体に合わせて授けた食物だからだ（この論理をさらに推し進めると、原始時代の食事をそっくりそのまま再現しようとする「パレオ・ダイエット」に行きつく）。自然選択はジェット機時代の生活のペースや、スモッグを吸いこんだりコカ・コーラを飲んだりする生活に合わせて人間をつくったわけではない。とすれば、現代生活の不満の多くは、わたしたちが送っている生活と、進化がわたしたちに準備した生活がマッチしていないことから起こるのではないか？

そして実際、わたしたちの病気の多くが現代という時代の産物であるのは正しいように見える——喫煙や都会のスモッグによる肺癌、ジャンクフードによるメタボリック・シンドローム（脂肪の増加、高血圧、高血糖といった要因による2型糖尿病）、過剰な刺激による神経病、分裂した社会に生きることからくる鬱病。

人は金を儲けて使うことばかりにあくせくし、
自分たちを取り巻く自然に目を向けようとしない。

詩人のワーズワースがこの一節を書いたのは、一八〇二年のことだ！　二一世紀のわたしたちの生活モードを見たら、ワーズワースはなんというだろうか？　現代の西欧文明が生んだ孤独によって人間が負った傷、化学汚染、レトルト食品、人間の心理的欲求やバイオリズムを無視して押しつけられたスケジュール——これらはすべてすごくリアルで有害だ。しかし、老化とはあまり関係がない。

老化は現代社会が生んだ疾病ではない。きのう生まれたものではなく、古くから伝わってきたものだ。一九世紀の人々の写真を見たり、ヴィクトリア時代の小説に描かれた人たちの年齢を考えてみればいい。こうした人たちは、タバコや農薬やジャンクフードやコミュニティの崩壊以前の世界を生きていた。こんにちの標準からすれば、一九世紀の人たちはみな自然食を食べていたにもかかわらず、現代の同年齢の人間より、容姿も感覚もふるまいもずっと年寄りじみている。一九世紀の小説では、四〇代の登場人物はバイタリティを失っているし、五〇代の登場人物は現代の老人のように描かれている。そしてもちろん、当時は六〇代まで生きる人はごくまれだった。一九世紀の平均余命はいまよりずっと短かったのだ。これは、出産で命を落とす母親が多かったとか、壮年の人々が伝染病で死ぬことが多かったとかいった理由からではない。当時の人たちは、現代のわたしたちが人生の最盛期と考えている年齢で、すでに健康を害し、バイタリティを失い、認知機能が低下していたのである。

自然が体にいいという説は、「進化はわたしたちを組み立てるにあたって、最高の健康が得られるように設計したはずだ」という考えに由来する。「自然食を摂取することは、自然選択によって設計されたとおりに体を機能させる手助けをしていることであり、わたしたちは一歩うしろに退いて、体がわたしたちを癒やすためにしていることを勝手にやらせたほうがいい」——この仮定は、若者の病気にはよく合致する。しかし、本書をここまでお読みになった方なら、老化は遺伝子に組みこまれた自己破壊プログラムであることを理解しているはずだ。この場合、体は自分を癒やすためにベストをつくしたりはしない——それどころか、反対に自分自身に対して害をなすことをしている。

自然食や自然療法は、体が自分自身を破壊する手助けをするのである。

## ホルミシスと、体重を減らすというトリック

カロリー制限は、実験動物の寿命を延ばすための方法としてはもっとも古いだけでなく、もっとも信頼性が高く、世界的にも広く認められている。健康やバイタリティや長寿のためにこのアプローチをとろうとしている人はどんどん増えている。

しかし、多くの人は、長期的にカロリー制限をつづけることができない。しかも、カロリー制限をつづけることができている人たちさえ、空腹でイライラしたり怒りっぽくなったりを経験している。「カロリー制限をしても長生きできるかどうかはわからないが、人生が長く感じることだけはたしかだよ」というジョークがあるほどだ。

そのため、たっぷり食事をとってもカロリー制限したときとおなじホルモン活性を模倣する薬やサプリメントが販売されている。

食事量が多すぎるか少なすぎるかを、体は体内ホルモンであるインスリンを通じて判断する。これについてはたくさんの本が書かれているが、参考書出版社のクリフツノーツ社から刊行されている版ではこう説明されている。

よく運動をし、食事量を減らすと、脂肪が分解されて糖になり、その糖が血中に放出され

て筋肉にエネルギーをあたえる。これが低インスリン状態である。反対に、食事量が多く、あまり運動をしないと、糖は血中に蓄積され、インスリンが循環して体にシグナルを送り、糖を脂肪に変えさせ、困窮時のために蓄えられる。同時にまた、インスリンは体に「ここには食料がたっぷりあるから、生殖して死ぬのにいいときだ」と告げる。低インスリンは食料が少ないという体のシグナルで、「いまは生殖活動に不向きな状況だから、老化のスピードを落とせ」と体に告げ、飢饉《ききん》が終わったときに生殖が行なえるように体力と若さをたもつ。

澱粉《でんぷん》食品やスイーツを食べるとすぐに血糖値が上がり、インスリンが分泌される。パスタをボウル一杯食べると、体に「体脂肪をつけ、老化プロセスを加速しろ」というメッセージが送られる。糖質（炭水化物）は避けたほうが健康にいい。糖質を避けることは、実際にカロリー制限をすることなく、それと似た効果をもたらす方法である。糖質の少ない食事をとると、多くの人は満足感がより長く持続し、つぎに空腹を感じるまでの時間が長い。こうした利点は、ロバート・アトキンスやバリー・シアーズ（さらには一世代前のハーマン・トーラー）[4・5・6]によって普及した低炭水化物ダイエット（低糖質ダイエット）の根拠となっている。

おかしな話だが、人工甘味料は体にべつのペテンを仕掛ける。インスリン代謝はスクラロースやサッカリンに騙され、インスリンを分泌してしまうのだ。いくつかの研究によれば、その効果は砂糖そのものよりも悪いという。

中年になると、インスリン代謝はゆっくりとわたしたちに敵対しはじめる。より多くのインスリンが循環し、体はインスリンへの感受性を失い、血糖値を最適に維持するには、より多くのインスリンが必要になってくる。これはインスリン耐性、2型糖尿病、メタボリック・シンドロームであり、人間の老化の特徴である。この病気にかからない人はいない。中年になってインスリン感受性を徐々に失うことや、糖尿病前症の症状が出ることは、〝正常〟と考えられている。

インスリン感受性を失ったときの標準的な治療法は、すでに五〇年以上にわたって糖尿病に処方されているメトホルミンの投与である。この薬はとっくに特許が切れ、安価で購入できる。メトホルミンは一〇〇〇万人以上の患者が服用しているため、経験から得られた知識や疫学データが豊富にある。そのため、糖尿病でメトホルミンを服用していると、心臓病や一部の癌のリスクが下がることがたまたま発見された。

そこから、メトホルミンはアンチエイジング薬ではないかという発想が生まれた。メトホルミンを服用している糖尿病患者は、治療をうけていない糖尿病患者や、もっと〝現代的〟な薬を服用している糖尿病患者に較べて、ずっと長生きをする。最近のふたつの研究（スコットランドとウェールズで行なわれたもの）は、メトホルミンを服用している糖尿病患者は、メトホルミンを服用していない非糖尿病患者よりも死亡率が低いという。[7] 太りすぎでも糖尿病でもない普通のマウスは、メトホルミンを摂取すると寿命が三五パーセント延びる。五〇歳頃からメトホルミンの摂取をはじめると、ほとんどすべての人がその恩恵を得られることがわかった。

Column

## 病気としての老化

二〇一五年の春、ニューヨークのアインシュタイン医科大学のニール・バージライは、食品医薬品局から、特定の老年病に的を絞った薬ではなく、老化そのものを対象にした薬の、最初の臨床実験の承認を得た。実験の対象となったのは、メトホルミンだった。

この薬に効果があることを、どうすれば証明できるか？　バージライの実験計画案は、メトホルミンをアルツハイマー病の患者に投与し、心臓病の危険因子を下げられるかを見ることだった――逆に、心臓病の患者にメトホルミンを投与し、老化が原因の認知機能低下を抑えられるかを見てもいい。この計画は同時に、加齢と関係のある血中のシグナル分子をモニタリングする必要もある。

処方薬を好まない人たちには、インスリン感受性を改善する天然由来のサプリメントもある。ヒドラスチスを原料とするベルベリンは、五〇〇〇年の歴史を持つ漢方薬のハーブエキスである。これは短期的な臨床実験ではメトホルミンよりもよい代謝反応を生んだ。[8] マグネシウムは化学元素で、人間のほとんどはじゅうぶんに得ることのないミネラルである。ピクノジェノールはフランス海岸マツの樹皮から抽出される。レスベラトロールはポリフェノールの一種で、ブドウの果皮に含まれている。微量元素であるクロミウムも、インスリン・スパイク〔血糖値の急上昇によるインスリンの大量分泌〕を鈍らせる効果がある。アマチャヅルは中国の伝統的な生薬で、近年ではインスリン感受性を高める能力が注目されている。

食事前にやっておくと、「この食べものはエネルギーとして消費すべきもので、脂肪としてたくわえておくためのものではない」と体に伝える効果のあることがいくつかある。食事の二〇分前にガルシニアやアフリカンマンゴーを摂取すると、これとおなじ効果があるというエビデンスがある。シナモンとビネガーも効果的であるとされている（焙煎していない生のコーヒー豆のエキスにもこの効果があると喧伝《けんでん》されていたが、その根拠となった有名な研究は、偽のデータが使われていたとして、撤回された）。たんに毎食前にたった一杯の水を飲むだけでも、食物吸収のスピードが低下し、満腹感を得やすくなる。わたしの個人的なお気に入りは、食事前に一分か二分ほど激しい運動することだ。運動は腕立て伏せ、懸垂、挙手跳躍運動、階段昇降、ランニング、なわとびなど、なんでもいいが、顔が真っ赤になるくらい激しくやることが大切だ。

カロリー制限擬態は、アンチエイジング薬によって簡単に達成できる目標のひとつである。近いうちに実際に成果が出るだろう。しかし、効果は限定されている。この方法では、三年から一〇年ほど寿命が延びるのがせいぜいである（いまとなっては、ロイ・ウォルフォードが提唱した一二〇歳ダイエットが途方もない誇張であることがわかる）。[9] 体重を落とし、メトホルミンやレスベラトロールを摂取し、一週間に一回断食すれば、寿命が三年ずつ延びていくわけではない。長寿効果は加算式ではないのだ。

Column

## 地球というエクササイズマシン

宇宙へ行くことは永遠の夢だ――それは人間の太古のゆりかごである地球を離れ、子宮内とおなじ浮遊状態に戻ることである。宇宙飛行士は月の向こうから昇ってくる青い地球の美しさに息をのみ、惑星を九〇分で一周することに驚嘆し、薄いリボン状の大気圏に太陽光線が差しこんで宇宙船の白い船室に七色の光を投げかけるのを目にする――やがて、こんどは漆黒の夜がやってきて、地球はそこだけ星の見えない丸い影となる。

しかし、宇宙でのそうした魂の成長の裏側で、体は正常で健全な重力のストレスにさらされていないため、災厄に見舞われる。ＮＡＳＡの科学者によれば、火星への一〇ヵ月におよぶ宇宙旅行のあいだに、三〇歳から五〇歳の宇宙飛行士は無重力が原因で筋力が低下し、火星に着いたときには八〇歳の老人程度にまで衰弱しているため、宇宙服を着て赤い惑星を歩きまわることはできないだろうという。国際宇宙ステーションの乗組員は、規則正しく運動をしていても平均して一五パーセントの筋肉を失い、筋力が二五パーセント落ちる。

宇宙旅行から得られるもっとも思いがけない贈り物は、帰還したときに故郷を照らしている新しい光である。宇宙飛行はそれ自体が生理学的な教訓となり、老化への新しい理解をもたらしてくれる。わたしたちの若々しい体は、たんに栄養によってのみ維持されているのではない。地球という名のエクササイズマシンがわたしたちに課している、見ることも感じることもできない正常な引力の効果も非常に大きいのである。

## カロリーの問題ではない

「あなたの体重は、摂取したカロリーと運動で消費したカロリーの差である」

わたしたちはこの言葉をしばしば耳にする。専門知識のないライターが、この言葉を熱力学の第一法則であるかのように喧伝しているからだ。これは危険な誤解だ。

食物のカロリー含有量は、単純にそのカロリーを燃やして放出された熱量によって測られる。しかし、体の食物使用効率は非常に複雑で、食べものをどれだけよく嚙《か》むかや、その人の腸内細菌の種類によっても変わってくる。カロリー表によれば、おなじ重量で比較すると、ピーナッツのカロリー含有量はピーナッツバターとまったくおなじだが、実際にはピーナッツバターのほうがカロリー吸収率がずっと高い。

人によっては（幸運なことに？）代謝の効率が非常に悪いが、反対にどんなものを食べてもカロリーをすべて吸収してしまう（不運な？）人もいる。腸内細菌はわたしたちの代わりに食物を消化し、その報酬として自分に必要なエネルギーを要求する。ただし、腸内細菌の種類にもよるが、報酬は食物エネルギーのたった一〇パーセント、もしくはその半分程度にすぎない。

食物繊維はカロリー吸収を遅らせ、食べたものがすばやく腸内を通りすぎるのを助けることで、総吸収量を抑える。小麦ふすまを食べられるだけ食べれば、反カロリー食としての効果がある。ベジタリアンが実践しているローフード・ダイエット（生食ダイエット）は誰にでも勧められるものではないが、もし無理なくできるのであれば、体重を減らす効果的な方法である。ローフードは吸収が悪い。「黒の女王仮説」の視点からすると、これはいいことである。

ショウジョウバエや線虫を使った低カロリー・ダイエットの実験によると、食物の匂いをかいだだけでも、カロリー制限の効果が損なわれてしまうという。[10] マウスやラットを使った実験では同様の結果が出ていないが、臨床実験によると、食べものを見たり、匂いをかいだり、さらには頭に思い浮かべただけでも、血中のインスリン値は上昇するという。ずっと以前から減量に苦労しているわたしの友人は、よく「食べものを見ただけで太るんだよ」と冗談をいっている。奇妙な話だが、その言葉には真実が含まれているのだ！　食物――酵母ペースト――の匂いにさらされた実験用の線虫は寿命が短くなる。線虫の老化メカニズムが系統発生学的に維持されているのだとしたら、おなじメカニズムがわたしたち人間のなかにもあるはずだ。こうした動物実験の結果が人間にも当てはまるのだとしたら、食べもののことをひたすら考えつづけるのは避け、おいしそうな匂いからは距離をおいたほうがいい。パン屋で働くのは、つまみ食いする誘惑に耐えられる人にとっても、リスクがあるのかもしれない。

**断食**

どんなダイエットにおいても、もっとも重要なのは、無理なくつづけられる摂生法を見つけることだ。カロリー制限をあまりに厳密にやろうとする人は、最終的に体重が増えてしまうのがオチである。カリフォルニアで行なわれた一連の実験によると、ダイエットをはじめた人の九〇パーセントはその罠《わな》に陥ってしまうという。ダイエットに挑戦するときは、いくつもの選択肢を用意しておくのが望ましい。そうすれば、そのうちのいくつかを試し、どのダイエット法ならつづけていけるか判断できるからだ。

それが一時的なことだとわかっていれば、厳しい摂生に耐えられる人もいる。人間でもマウスでも、一日おきに断食するとよい結果が得られる。人間もマウスも、食事をとる日に二日分の量を食べ、食いだめをしようとしがちだ。こうなると、減量の効果は大きく低下してしまう。しかし、健康とインスリン代謝のためには、断続的な断食は実際に食事量を減らしたときとおなじくらいの効果がある。一日おきに断食をしているマウスは、カロリー制限をしているマウスとほぼおなじくらい長生きする。

わたしは一週間に一日断食をしている。水曜日の就眠前から金曜の朝食までは、たまに紅茶に砂糖を入れるくらいで、水分以外はなにも口にしない。また、就眠前の数時間と、朝起きてからの数時間は、なにも食べないようにしている。このスケジュールで生活するようになって一七年となるいまでは、苦痛を感じることはまったくない。

南カリフォルニア大学のヴァルター・ロンゴは、人間とマウスを対象に、四日間の断食の効果を研究した。ロンゴの報告によれば、これは免疫システムを若返らせる優れた効果があり、何年にもわたって役に立たなかった白血球を一掃し、加齢とともに着実に減っていくナイーブT細胞群を新しく増やすという。

第六章で紹介したとおり、ロンゴは大学院生のときに酵母の細胞自殺を発見し、自分の研究が正しいことを一〇年かけて科学界に認めさせた。近年におけるロンゴの最大のプロジェクトは、癌患者に対する断食の効果を記録することである。[11]化学療法の三日前から断食すると、治療にともなう吐き気、疲労、頭痛などからほとんど解放されるだけでなく、治療自体にも何倍もの効果が期待できる。食物に飢えると、正常な細胞は防御メカニズムのスイッチが入る。そのため、化学療法の攻撃にも傷つきにくくなる。しかし、癌細胞はその反対に、飢えによって死の準備をはじめる。[12]近年の研究によれば、ケトン食（糖質をほとんど摂らずに、脂肪を摂るダイエット）にも、マウスの癌腫瘍を破壊する効果があるという。

個人的な話だが、かつてわたしは四日間の断食を怖れていた。だからこそ試してみることにしたのだ。やってみると、怖れていたほど苦しいものではないことがわかった。食事をしないと頭の回転が遅くなり、思いついたことを言葉にするのがむずかしくなる。断食している日には走ったり泳いだりすることはできない。しかし、サイクリングやハイキングやヨガはできる。わたしにとって、断食の日々はたいてい、クリエイティビティが増し、アイディアが豊富になる。

直感には反してはいるが、食事をかためてとったほうが（爆食と断食を交互にしたほうが）、一週間にわたって毎日まんべんなく食べるよりも健康と長寿のためになるのはほんとうである。この問題はいまだ議論に決着がついておらず、あいまいで矛盾したエビデンスが報告されている。わたしの最終的な結論は、「試してみる価値はある」というものだ。いくつかの違うスケジュールを実験してみよう。どれが自分にとっていちばんいいかは、個人によって大きな差があるからだ。

Column

## 断食をしながら食事ができるか？

水分補給するだけで断食することは、誰にでも勧められるわけではない。意志の力が必要になるし、多くの人はどうしてもモチベーションと生産性が落ちてくる。空腹や生活の破綻を生じさせることなく断食の効果を手に入れることはできないだろうか？

被験者へのインタビューと生理学的測定に基づいて、ロンゴは「断食模倣ダイエット」という五日間のプログラムを考案した。そして、二〇一五年の春に最初の論文を執筆し、レニュートラという会社の設立を発表した。この会社は一ヵ月に五日間の「断食模倣ダイエット」のために用意した、天然由来の完全菜食フードを販売している。

このダイエット食は低カロリーで、タンパク質はほとんど含まれていない。おそらく、一回に数日以上この食事をつづけたら健康を維持できないだろう。しかしロンゴによれば、この五日間のプログラムは、四日間断食をして水分補給しかしないときとほぼおなじ生理反応を生みだすという。一回の食事は約三六〇カロリーで、タンパク質九パーセント、脂質四四パーセント、炭水化物四七パーセントから成る。第一日目にはこうした食事を三回（一〇九〇カロリー）、その後の四日間はそれぞれ二回（七二五カロリー）摂取する。

イーニッド・カスナーとわたしは、ロンゴの栄養比率に基づいて、三六〇カロリーの完全菜食フードのレシピをいくつも考案した。このレシピはウェブサイト fmdrecipes.org. で閲覧できる。

## 運動！

運動、運動、運動……そしてさらに運動だ。活発に動き、ワークアウトをし、ひたすら体を動かしつづける。長距離ジョギング、短距離ダッシュ、水泳、ヨガ・ストレッチ、筋トレ、そしてなによりも、インターバル・トレーニング式の激しい運動がいい。

自分のスケジュールに運動を組みこもう。車で通勤するよりも、自転車を使ったほうが早く会社に着けるかもしれない。エレベーターの代わりに階段を使えば、無理せずにインターバル・トレーニングができる。友人とはコーヒーショップではなく公園で会って散歩をする。もしオフィスで一日じゅう椅子にすわっているのだとしたら、トレッドミル・デスク（ランニングマシン付きのデスク）の導入を考えてもいいかもしれない。もしくは、単純にすわっている一五分間を立っている一五分間に変えてもいい。工夫を凝らして、頑張ってみよう。運動量は多ければ多いほどいい！　運動が健康にもたらす効果は広く深い。運動は気分を高めるための最高の手段であり、何年つづけても効果の低下しない唯一の鬱対策である。運動はエンドルフィン（体内性モルヒネ。鎮痛作用がある）の分泌をうながす。また、短期的には病気への抵抗力を改善し、長期的には寿命を延ばす。

ジムびたりの人はカウチポテト族よりも長生きするし、一流のアスリートはジムびたりの人よりも長生きする。実験によると、半分飢えたまま運動用の踏み車で一日じゅう走っているマウスがいちばん長生きをする。「耐えられるかぎりいちばん激しい運動をし、持久力が高まってきたら水準を上げげろ」というのがわたしのアドバイスだ。坐業《ざぎょう》についている人は忘れないでほしい。ほんのちょっとの運動でも、なにもしないよりはずっといいのだ。

ヨガは身体感覚に意識を向ける運動である。「年をとっても体のバランスと柔軟性を維持するための方法」と考えてもいいが、実際にはそれ以上の意味がある。

絶えず意識していることは学習につながり、それがさらに習熟につながる。インドのヨガの達人は、呼吸をコントロールできるばかりか、能力がさらに上がると、脈拍数や体温や代謝など、西洋医学では意識的なコントロールは不可能とされているものまでコントロールできるという。

さまざまなことをコントロールする力を身につけることで健康を維持し、老化のプロセスを遅らせるヨガ行者に関しては、信用できる逸話がいくつもある。ヨガには非常に大きな効果が期待できる。代謝コントロールとおなじくらいの効果が、バイオフィードバック（生体自己制御）によって直接実現できるかもしれないのだ。

高齢の人たちの多くは、関節炎の痛みで思うように運動ができないと感じている。逆説めくが、関節炎にいちばん効果的な治療法のひとつは運動である。耐えられる限度内でなんとか体を動かし、動かせる範囲を広げていくことが健康につながる。背中の痛みは、プールで何往復も泳ぐと楽に治療できる。

「健康と長寿にもっとも大きな効果があるのは耐久力を高めるための運動だ」という考えは、これまで長いあいだ常識とされてきた。しかし、二〇〇〇年にこの考えは覆され、直感ではなくエビデンスに基づいた新しい考え方に取って代わられた。健康のためには、非常に激しい運動を短時間やったほうが効果がある。もう息ができないと感じるまで全力疾走する。重いバーベルを数回持ちあげたほうが、軽いバーベルを何度も持ちあげるよりも効果が大きい。五回から一〇回くらいくりかえすと筋肉が悲鳴をあげるような運動を選ぶようにしよう。

心拍数が最大になるようなワークアウトを四分間やるほうが、ジョギングを一時間するよりも心臓血管の拡張に効果がある。四分間の運動をやってから、ペースを二〇パーセント上げてみて、九〇秒我慢できるか試してみる。しっかり全力疾走すれば、息のあがった状態が二分間はつづくはずだ。あまり意志の強くない人にとっては（いいだろう――かなり強い人にとっても）、午後に景気づけのアルコールを飲むのもお勧めだ。これはコーヒーを一杯飲むよりも体にいい。耐えられる人は、健康体操とウェイトトレーニングを力のかぎりやっても大きな効果を得られる。

ただし断わっておくが、この判断は生理学的指標に基づいたもので、平均余命に基づいたものではない。長生きにはどの方法がいちばん効果的かは、判断に時間がかかりすぎる。そこで研究者たちは、代用物として実験値を使う。興味深いことに、激しい運動は体にいいホルモンもどっと分泌する。血圧、インスリン感受性、筋肉量、肺活量、心拍数――こうしたすべての基準において、激しい運動がいちばん効果的であるようだ。


なぜ運動はそんなに体にいいのか？　わたしたちはこのことを疑問に思うことがない。運動が体にいいことはずっと昔から知られているので、不思議に思わないのである。

しかし、老化の「摩耗理論」のコンテクストにおいて、運動の効果はパラドックスだ。さまざまなタイプの運動は体に短期的なダメージを負わせるだけでなく、エネルギー産生を劇的に促し、フリーラジカルによるダメージを助長する。一般的な使い捨ての体理論の視点からすると、運動はカロリーを消費し、修復に使えるエネルギーを少なくする。そのため寿命は短くなると使い捨ての体理論は予測する。運動が広く体にいいことを説明する唯一の理論的概念はホルミシスだ。人間にとって、運動は絶食についで二番目に体にいい〝毒〟なのである。

ただし、補足説明しておくべき興味深い事実がある。実験室で動物のグループテストをすると、運動をかかさないグループは運動をしないグループに較べて平均寿命がずっと長いが、運動をしないグループのうちの一匹か二匹はかならず逆境に打ち勝つ。まったく運動しないのに、運動するグループのなかでいちばん長生きをする個体とおなじくらい長く生きるのだ。ここからわかるのは、運動の効果をどれだけ得られるかには遺伝的ばらつきがあり、長寿をまっとうするのに運動を必要としない個体もいるということだ。一〇〇歳以上の人に「長生きの秘訣《ひけつ》はなんですか？」と質問しても、おそらく運動のことなどまったく口にしないだろう。この幸運なグループに属している人は全人口の二パーセントしかいない。しかし、人間心理のトリックで、七〇パーセントの人は「自分はこの二パーセントに入っている」と考えるのだそうだ！

ホルミシスとは、体にストレスをあたえることである。その結果、体は過補償してより強くなる。運動は体のためになるが、やっているあいだはつらく苦しいだけで、習慣化しなければなかなかやったりしない。大きな苦痛をともなう激しい運動は、ほかのどんなことよりも多くの回避行動をもたらす。運動なんかしたくないという気持ちをうまく克服できる人のほとんどは、競争本能に訴え、「これは他人との競争なんだ」と考えて運動をする。運動プログラムを習慣化することに成功した女性の多くは、エクササイズのクラスに参加し、グループをつくっておたがいにサポートしている。個人的なことをいえば、わたしの場合は女性のやり方に近いが、サイクリングコースで隣を若者がすいすい追い越していくとアドレナリンがどっと湧きだしてくることは認めざるをえない。

Column

### あなたの体質に合った運動

統計値がどうであろうと、あなたの体には合わない運動もある。大切なのは、自分の体の声に耳を傾けることだ！　嫌でたまらない運動プログラムに自分を無理やり合わせようとしても、長続きしないのがオチである。耐えられるなら、激しい運動は効果が高いが、自分のスタイルに合わないと思ったら無理は禁物だ。イヌを連れて近所を一周して、よくやったと満足しよう。

長期的に見れば、運動は習慣だからやるもので、意志の力でやるものではない。身体活動はすればするほど体にいいが、そこにたどりつくには、いくら誓いを立てても意味はない。時間をかけて新しい習慣にするしかないのだ。肌荒れから不眠症まで、運動はさまざまな病気に効果がある。癌の予防にもなるし、心臓発作、心臓病、糖尿病にとってのいちばんの防衛線になる。

運動を楽しめるようになれば、それが習慣になるし、習慣が健康維持につながる。

## 体が自分を壊す四つの方法

年をとると、人間の体は自分で自分を維持できなくなるだけではない。率先して自己破壊をはじめる。これを起こすメカニズムは基本的に四つある。

1　炎症。若い頃、炎症は外部からの侵入者にのみターゲットを絞っているが、やがて識別力を失い、加齢とともに自分自身を攻撃しはじめる。炎症が攻撃するのは関節（関節炎）、動脈（アテローム性動脈硬化症）、ニューロン（アルツハイマー病）などだ。また、統計的に多くのタイプの癌にかかわりがある。

2　胸腺。T細胞を産出する器官で、年齢とともに収縮していく。免疫システムは侵入してきたウイルスや細菌に対して効果が低下していく。免疫システムの「第一応答者」である補体〔免疫システムを構成するタンパク質。病原体排除の補助をする〕は、老年期の関節炎や網膜の黄斑変性にリンクしている。

3　アポトーシスはダメージを負った細胞を効果的に除去する。しかし、老化とともに悪い細胞の一部を見逃すようになり、それが癌の発症につながる。これはアポトーシスが自分の仕事をしそこなったことを意味するもので、「第一種過誤」と呼ばれている。同様に重要なのが「第二種過誤」で、これは神経や筋肉などの重要細胞を含む正常な細胞がアポトーシスを起こすことを指す。

4　テロメア短縮——細胞の老化は、体に対する二重の攻撃となる。組織修復や再生は回数が減り、不活発になっていく。同時に、テロメアが短くなった細胞は炎症反応を促進するシグナルを発し、さまざまな身体機能を狂わせてしまう。

### 抗炎症性プログラム——アスピリン・魚・カレー

炎症は感染に対する重要な第一防御線である。しかし、体が老化するにつれ、炎症は無差別に展開し、あらゆる老人病を発症させる引き金となる。炎症が間違いなく〝自殺適応〟だと考えられる理由は、炎症と自己破壊の区別がまったくつかない抗炎症性物質にも、寿命を延ばす効果がはっきりとあるからだ。アスピリン、イブプロフェン、ナプロキセンといった非ステロイド抗炎症薬は、体の炎症反応全般を抑え、文字どおりわたしたち自身からわたしたちを守る。非ステロイド抗炎症薬を毎日服用すると、心臓病、脳卒中、認知症、癌の一部、さらにはおそらくパーキンソン病のリスクが低下する。これは薬やサプリメントで人間の寿命が延びると証明された唯一の例である！[13] 毎日アスピリンを服用した場合、寿命が三年延びると推定されている。

割合としてはごくわずかだが、アスピリンやイブプロフェンを（ときにはどちらも）消化器官が受けつけない人もいる。その場合には、ほかの非ステロイド抗炎症薬を数種類用意し、推奨されている用途よりも軽い症状——たとえば頭痛など——のときに使ってみることで、自分に合うものを探してみる。多量に服用したほうが効果が高いというエビデンスはない。アスピリンをアルコールやビタミンCと併用してはいけない。また、おなじ日にアスピリンとイブプロフェンを服用してもいけない。かかりつけの医師に相談しよう。どうしても体に合わない場合には、非ステロイド抗炎症薬という選択肢をあきらめることも大切だ。

ここ十数年、炎症はあらゆる老人病の元凶としてその名を挙げられている。それほど遠くない昔、心疾患はコレステロールがだんだんと沈着して動脈を塞ぐのが原因だというのが、医学界の一般的見解だった。一九九〇年代に、現在主流となっている考え方——アテローム性動脈硬化症は主として炎症性疾患である——が登場してきた。心臓発作や脳卒中は、動脈壁の炎症部がやぶれ、循環系のほかの場所がつかえて起こる。予防薬としては、コレステロール降下薬よりも、抗炎症薬がベストである。皮肉なことに、心臓病患者に毎日アスピリンを処方するもともとの理由は、「血をサラサラにする」ことで、閉塞をもたらす凝固のスピードを落とすためだった。アスピリンの（抗炎症薬としての）いちばんの効果が判明するずっと以前から、低用量のアスピリンが広く使われていたのは、たんに偶然であって、薬への理解があったからではない。

同様に、毎日非ステロイド抗炎症薬を服用することが癌のリスクを下げることも、その事実が統計的研究から浮かびあがってくるまでは、想像もされていなかった。心臓発作のリスクを下げるために非ステロイド抗炎症薬を服用していた人たちは癌の発症率が低く、疫学者たちを驚かせた。抗炎症性物質は、乳癌、大腸癌、胃癌、食道癌、リンパ腫など、さまざまな癌の予防に効果がある。

同様に、炎症と認知症のあいだに理論上のつながりがあることは、「非ステロイド抗炎症薬を服用している心臓病患者は、アルツハイマー病のリスクが大きく低下する」という事実が発見されるまで、まったく考えられていなかった。

アスピリンやイブプロフェンを毎日服用すると、関節炎の痛みや凝りがやわらぐと感じている人は多い。これは驚くことではない。数年前まで、変形性関節症の原因は、年をとるにつれて軟骨が摩損していくことが原因だと説明されていた。変形性関節症と違って、慢性関節リウマチは若い人にも一般的で、自己免疫疾患だと見なされている。しかし、このふたつの病気を分ける境界線はあいまいになりつつある。変形性関節症も「体が自分の軟骨を攻撃した結果、脊椎円板が炎症を起こしたもの」と見なされるようになってきているのだ。

天然の抗炎症サプリメントには、魚油やターメリック（クルクミン）などがある。クルクミンはターメリックに五パーセント以下しか含有されておらず、血中に吸収されにくい。場合によっては、より体内に吸収されやすいといって、クルクミンだけを抽出して販売していることもある。しかし、「たんにカレーをたくさん食べるだけで、一部の老人病の予防になる」という疫学的エビデンスもある。

処方薬のスタチン（血清コレステロールのレベルを下げ、脂肪を減らす薬）の効果のほとんどは、コレステロールに対する働きではなく、抗炎症薬としての働きにあると考えられている。心臓血管疾患のリスクを下げたいのであれば、スタチンよりも副作用の少ない抗炎症薬でおなじ効果が期待できる。

## メラトニンと体内時計

メラトニンは人間の体内時計と密接に関係のあるホルモンで、老化時計にも関係していると考えられている。時差ボケになった旅行者の体内時計をリセットする効果があるため、メラトニンはドラッグストアで人気がある。しかし、体に「もう寝る時間だよ」と思わせたいときに役立つだけではない。この薬にはもっと広い効果がある。

メラトニンは脳（とくに松果体《しょうかたい》）で生産され、血管をめぐって全身に効果をおよぼす。これは高レベルのシグナル伝達ホルモンで、遺伝子転写に影響をあたえる。

メラトニンを補うと齧歯類の寿命がやや延びるというはっきりしたエビデンスがある。メラトニンは老化防止剤だが、体が分泌する程度の少量だと顕著な効果は見られない。若い人は毎晩一定の時間になるとメラトニンが血中に分泌され、体に睡眠の準備をとらせる。その後、メラトニンの濃度は夜のあいだじゅう高いまま維持され、目覚める時間になると低下する。年をとると、夜になってもメラトニンが分泌されなくなる。睡眠障害が若い人よりも老齢の人にずっと多いのはそのためだ。眠りにつきやすくするため、就眠時にメラトニンを服用する老齢者も多い。

わたしの場合は、メラトニンを一ミリグラム服用すると眠りにつきやすくなる。ただし、朝に眼が〝ショボショボ〟したり、無呼吸症が悪化するなどの副作用がある。もしかしたら、夢見も悪くなっているかもしれないが――これははっきり断定できない。一ミリグラム以上服用すると、副作用がさらにひどくなり、朝起きるのが困難になる。

すべてのデータがそろっているわけではないが、メラトニンをサプリメントとして服用すると、癌の進行を遅らせ、免疫システムを強化し、老化防止に効果がある。ロシアの生化学者であるウラジミール・アニシモフは、自分の研究室でさまざまなアンチエイジング法を研究している。アンチエイジングのホルモンやサプリメントの開発が成功することを、アニシモフは信じて疑わない。メラトニンを使った長寿法に関連した研究の多くは、アニシモフの研究グループが行なったものである。

メラトニンは神経保護薬としての可能性があり、虚血（酸素欠乏）状態になった動物の脳を使ったテストでは、その効果が実証されている。アルツハイマー病の治療に役立つと期待されているほか、臨床上のエビデンスは不確実なものの、パーキンソン病に関してはデータが集まりつつある。経口薬として服用しても吸収されやすく、血中濃度がすぐに上がる。メラトニンは安価で、手軽に入手できる。

一九九〇年代のなかば、メラトニンの幅広い効果を紹介する本がいくつか出版された。変革の先頭に立ったのはウォルター・ピエルパオリだ。その後、避けがたい反動があった。しかし、そうした反論に挙げられた警告をいま読み返してみると、中身には乏しいことがわかる。彼らが指摘している最悪の問題にしても、「メラトニンはもっと研究が必要だ」という程度のことにすぎない。そのほかの効果は現在でも正しいままだ。医療業界におけるメラトニンのいちばんの欠点は、もはや特許を取得できないうえに、単価が非常に安いため、お金をかけて研究をするだけの魅力が企業に生じない点である。

## 免疫システムを保護する

免疫システムは年齢とともに効力が落ちてくる。高齢者は、若者にはまったく危険がない感染症(肺炎やインフルエンザ)で命を落とすことが多い。免疫システムはまた、癌細胞の番人として重要な役割を果たしており、癌細胞が目に見える腫瘍に成長するまでは一個ずつ破壊していく。このため、免疫システムの機能が低下すると、加齢とともに癌の負荷量が上がっていく。

これらは第一種過誤——免疫システムが体の敵を認識しそこない、攻撃しないこと——である。しかし、それよりももっと危険なのは第二種過誤だ。これは〝誤判定〟で、免疫システムが体に反旗を翻し、内部から組織を攻撃してしまうことだ。第二種過誤はあらゆる老人病とつながりのある炎症の背後に潜んでいる。それにくわえ、六〇歳を超えると自己抗体を持つ人が増えていき、そのうち五パーセントの人は、これまでは自己免疫疾患と診断されていた症状を示す。たとえば狼瘡《ろうそう》、クローン病、関節炎、喘息《ぜんそく》、橋本病、多発性硬化症などがある。免疫機能を助ける薬草としては、霊芝《れいし》やブラッククミンが知られている。人によっては、なんらかの理由で体調が悪いときに霊芝を摂取すると、短期的に免疫システムが向上する。レンゲソウの根やオーガニックのアロエジュースにも、免疫システムを刺激する効果があるとされている。マッシュルームやオートミールに含まれるベータグルカンにも効果があるとされ、これは錠剤でも入手が可能である。

しかし、免疫システムの機能に対してもっとも効果的だと確認されているサプリメントはビタミンDである。

## ビタミンD

およそ六万年ほどまえ、アフリカからやってきたとき、人間の肌はすべて褐色だったが、北に移住した者たちは色が薄くなっていった。肌の色が白に近ければ近いほど、太陽光の吸収量が多くなり、より多くのビタミンDを得ることができるからだ。

ビタミンDを大量に摂取することは、高齢者が免疫機能を維持するためにできる最高の対策である。ビタミンDの血中濃度が高いと、感染症やさまざまなタイプの癌のリスクが減る。関節炎、喘息、多発性硬化症、狼瘡といった自己免疫疾患は、ビタミンDの大量摂取に反応することがある（ほとんどのエビデンスは裏づけに乏しいが、なかには統計学的なものもある）。ビタミンDは骨粗鬆症《こつそしょうしょう》の予防に効果があることで知られ、老化の進行にともなうインスリン耐性や第二種過誤を遅らせる効果があるというエビデンスさえある。

ビタミンDの最大の供給源は太陽だが、太陽光は皮膚の老化を引き起こし、癌を発症させる危険がある。また、冬のあいだはじゅうぶんなビタミンDを得ることがむずかしい。日光浴でビタミンDを得る場合、夏は顔や腕だけを長いあいだ太陽にさらすのではなく、短時間だけ全身で太陽光を浴びるほうが望ましい。紫外線ライトでの日焼けも考えられるが、適度に使い、普段は太陽の光のあたりにくい部分にあてるのがいいだろう（ただし、人工光による日焼けには注意が必要である。たんに太陽光を浴びるよりも、発癌性との因果関係がはっきりしているからだ）。

栄養摂取勧告量と推奨血中濃度のあいだには不均衡があるようだ。ビタミンDの栄養摂取勧告量は六〇〇ＩＵ（それ以前は、長いあいだ四〇〇ＩＵだった）。六〇〇ＩＵは一五マイクログラム（〇・〇一五ミリグラム）にあたり、たいした量ではない。推奨血中濃度は二〇〜一〇〇ナノグラム／ミリリットルで、推奨範囲の最高値をめざすことが望ましい。たいていの人の場合、血中濃度を八〇から九〇に維持するには、毎日一万ＩＵ、もしくはそれ以上摂取すればいい。つぎの健康診断のときに血中濃度をチェックし、もし数値が低ければ、血中濃度が上がるまでは、ためらうことなく一日に二万ＩＵから三万ＩＵ摂取したほうがいいだろう。これは栄養摂取勧告量の五〇倍だが、一般的な一日のビタミンB、ビタミンCの摂取量と較べれば微量でしかない。血中濃度が一〇〇を超えても心配することはない。そのほうが体にいい人も少なくないからだ。

ビタミンDの大量摂取の唯一の欠点は、血中のカルシウム濃度が高くなることだ。これを避けるには、ビタミンKを同時に摂取すればいい。サプリメントの錠剤を購入するときにはビタミン$D_3$と$K_2$を探せばいい。

## テロメアを伸ばす

テロメアの長さは体の老化時計を構成する最重要要素であり、テロメアを伸ばせば若い頃の機能を取り戻し、実際に寿命が延びるという可能性は高い。こんにちの研究において、テロメアはアンチエイジング法のもっとも有力なターゲットである。しかし、効果的な治療法を見つけるためのレースは、企業秘密と、お話にならないくらいの財源不足によって、現状がまったく見えていない。同時にこのレースは、特許法と食品医薬品局の規制によって自由を阻害されている。現在の状況は、バカバカしくも腹立たしい科学と資本主義の衝突である。

テロメアについてはすでに第五章で説明した。テロメアとは、すべての染色体についている反復DNAのキャップで、細胞分裂が起こるたびに少しずつ短くなっていき、複製の回数を数えつづける。テロメアが短くなりすぎると、細胞分裂はペースが遅くなり、やがてとまってしまう。さらに悪いことには、細胞自体が毒性を持ち、体のほかの部分にダメージをあたえはじめる。シグナル分子を分泌して炎症を増加させ、アポトーシスによる自己破壊を加速させるのである。

幹細胞のテロメアの長さは、重要な寿命時計のひとつであるという仮説には説得力がある。テロメア短縮は、老いた肉体と若い肉体の機能が違うことのいちばんの理由かもしれない。この考えを信じている人は多く、何十万人もの人たちが、テロメアの長さを伸ばす効果がわずかしかない薬草のサプリメントを服用している。そして、多くのバイオ企業が、もっと効果のある薬や薬草を開発すべくしのぎを削っている。

テロメアを再建するための機構は、すべての細胞の細胞核のなかに「テロメラーゼ酵素のための遺伝子コード」という形ですでに存在している。テロメラーゼはテロメア伸長酵素である。しかし、口から摂取することはできないし、血中に注射することもできない。テロメラーゼの大きくて繊細な分子は消化を生き抜くことができず、血中から細胞核へ入っていくこともできないからだ（もしこうしたことが可能なら、テロメラーゼを多量に含んでいる魚の卵――イクラやトビコ、カラフトシシャモの卵など——をもっと多くの人がオーダーしているだろう）。

自然界では、テロメラーゼはそれぞれの細胞内でそれぞれの細胞が使う分だけが生産されており、体内を循環してはいない。大人の場合、テロメラーゼ遺伝子はほとんどつねにスイッチが切れている。そのため人間の細胞は、子宮を出たあとではほんの少しのテロメラーゼしか生産しない。テロメアを伸ばすための戦略として一般的なのは、細胞自体のテロメラーゼ遺伝子を活性化することだ。体を通り抜けて幹細胞に入り、幹細胞を通り抜けて細胞核に入り、細胞核のなかでテロメラーゼ遺伝子を見つけだして、その活性化のスイッチを入れることのできる分子を使うのである。

テロメラーゼ遺伝子のスイッチを入れる効果があるとされる薬草製品は、現在のところほとんど販売されていない。カルノシンと呼ばれる短ペプチド（タンパク質）にはこうした効果がすこしだけある。テロメラーゼ遺伝子を活性化するといわれている薬草には、レンゲソウ、アシュワガンダ、オトメアゼナ、ボスウェリア、緑茶、イカリソウ、オオアザミなどがある。いらだたしいのは、こうしたサプリメントを販売している会社は、自社製品の効果を細かく研究するだけの財源がないことだ。もちろん、大手製薬会社は興味を持っていない。ハーブエキスは特許が申請できないため、巨大企業が巨額の資金を投入しても、投資を回収する方法がないからだ。

この問題に関する調査研究を実際に発表した会社は、ゲロン・コープとＴ・Ａ・サイエンスの二社しかない。ゲロン社は非常に歴史の古い有名なバイオ企業で、老化科学を専門にしている。この会社は一九九〇年代に基礎研究を行なったが、収益が見込めないと判断してテロメアの研究はやめてしまった。Ｔ・Ａ・サイエンス社はニューヨークの小さな会社で、ゲロンの研究から生まれた優良エキスの権利を買った。T・A・サイエンス社は自社の特許薬であるTA－65の効果を証明するため、有名な研究者たちによる論文をふたつ発表している。同社はTA－65の成分を公表していないが、購入した錠剤を分析したところ、有効成分はシクロアストラゲノールで、これはレンゲソウの根を濃縮したもののようだ。幸いなことにレンゲソウは安価で栽培も簡単だが、シクロアストラゲノールは抽出するのがむずかしく、現在までのところ高価なままだ。

テロメラーゼを活性化するための薬草成分としてシクロアストラゲノールがベストかどうかはわからない。ビル・アンドルーズはこの分野の信頼できる科学者で、ゲロン社でテロメラーゼの先駆的研究を行なった。ネバダ州リノにある彼の会社シエラ・サイエンスは、非常に効果的な細胞試験を行なうことができ、何十万もの化学物質をふるいにかけ、どの化学物質がテロメラーゼのスイッチを入れるうえで効果的かを調べてきた。アンドルーズから直接聞いた話によると、現在手に入る薬草製品のなかで、レンゲソウのエキスはテロメラーゼ遺伝子のスイッチを入れるうえでベストとはとてもいえず、TA－65の持つ高い効果を考えると、シクロアストラゲノール以外の有効成分がなにかあるはずだという。

アンドルーズはT・A・サイエンス社をはじめとするさまざまな会社の製品の効き目を検証する効力検定（細胞培養を使った研究室でのテスト）を行なったものの、いちばんいい製品がどれかはわからないという。シエラ・サイエンス社は企業秘密を尊重し、ブラインドで分析を行なったからだ。記号だけで識別される黒い箱に入ったサンプルを受けとり、どの化学物質をテストしたか知ることなく、テロメラーゼ効力検定の結果を送り返したのである。この文章を書いているいま、ニュージーランドの会社が、現在知られているなかでもっとも強力なテロメア薬を使用したスキンケア商品の販売を開始した。これはもともとアンドルーズが開発したもので、これまではTAM-818として知られていた。

アンドルーズ自身は、テロメラーゼに最大限の効果を持ちながら、毒性は最小限の薬を開発したがっている。天然ハーブを発見するのではなく、遺伝子工学を応用した化学物質をつくろうとしているのだ。細胞内の効果に関しては道なかばであることを彼ははっきり認識しているし、最終的な製品は錠剤として利用可能で、血管を通じて体内を効果的に循環し、細胞核に効果的に吸収されなければならないと考えている。アンドルーズはあと一歩で完成すると主張しているが、シエラ・サイエンス社の研究は予算不足から失速している。資金提供をしていた個人投資家たちが、二〇〇八年のリーマンショックで大損をしてしまったからだ。

こうした事情から、テロメラーゼ・サプリメントが出たらすぐに試そうとしている人たちは、欲求不満に陥っている。いくつかの製品はいまでも手に入るものの、どの製品がいちばん効果的かについては信頼できる情報がなく、「短くなったテロメアを実際に伸ばすほどの効果があるものはない」というのが一般的な認識である。

## 第九章のまとめ

運動、ダイエット、サプリメント、ホルモン（メラトニン）、二種類の処方薬（メトホルミンとセレギリン）、そして社会とのつながりを重視した自己実現。もしあなたがこれらをすべて実践すれば、健康と長寿が大いに見込めるだろう。寿命はいったいどれくらい延びるのだろう？いいほうに考えれば、一〇年延びる。悪く考えれば、一〇年しか延びない。

中身が半分入ったグラスを見て、「まだ半分残っている」と考えるタイプの人ならば、「人生があと一〇年延びるのはさらなるお楽しみだ。この大いなるボーナスを、生きたいように生きて過ごそう」というだろう。個人的なことをいえば、わたしは朝目を覚ますたびに、実際には六五歳なのに、五五歳のルックスと身のこなしと感受性を維持していることに感謝する。反対に、「もう半分しかない」と考えるタイプの人は、「なんだって？　トラブルと面倒をこんなにかかえてるのに、あと一〇年だけ？　勘弁してくれ！」というだろう。

九〇歳を超えても生きられるかどうかは、遺伝子いかんによる部分が大きくなっていく。一〇〇歳以上生きる遺伝子を持っていないかぎり、この章で推薦した方法をとっても、あなたはそこまで長生きできないだろう。反対に、一〇〇歳以上生きる遺伝子を持っていれば、わたしがここで紹介したプログラムを実践しなくても、長寿をまっとうできるはずだ。

寿命を根本的に延ばすには、新しいテクノロジーが必要だ。幸運なことに、そうしたテクノロジーの完成は間近に迫っている——それについてはつぎの一〇章で説明しよう。つづく一一章では、さらに広く未来を予想していこう。

# 第 10 章

*chapter.10*

# 老化の近未来

## すぐそこまできているアンチエイジング薬の未来

これまでわたしは、「アンチエイジング治療はあと数年で実現するだろう」と説いてきた。わたしにとっていちばんの難題は、あなたがた読者のような人たちに、それが空約束でも遠い未来の夢でもないことを納得してもらうことだった。

しかし今年、いくつかの分野で進展が見られ、こんどは反対の問題が生じてきた。この本が実際に出版される頃には、この章は時代遅れになっているかもしれないのだ。あなたがこれから読む話が、あすの新聞の見出しになるかもしれないし、すでに過去形で語られているかもしれない。さらにいうなら、あなたがこの章を読む頃には、わたしがここで取りあげたトピックはすでに検証されたのちに否定されていてもおかしくないのである。

新しいアイディアがいくつも熟しつつある。メイヨー・クリニックの医師ジャン・ヴァン・ドゥーセンの考案した老化細胞除去法や、ロヨラの生化学者フォン・リーが発見したＦＯＸＮ１（胸腺を刺激して再生させるホルモン）などのように、独創的な発見が大きな期待につながった例もあるし、C60のような思いもかけない発見もあれば、幹細胞治療や、短ペプチド、テロメラーゼ活性剤など、古いアイディアに対する基本理解がようやく深まったせいで実用化につながったものもある。[1,2]

　こうしたなかでもっとも期待できるのは、体の寿命時計を調整する方法だ。この本では、「体は自分が何歳か知っているし、それに合わせて行動を調整している」という立場をとっている。しかし、体はどうやって時間の経過を認識しているのだろう？　情報が保存されている場所がどこかにあるはずだ。時計はひとつかもしれないし、独立した時計がいくつもあるのかもしれない。一般によく知られているふたつの時計は、胸腺の収縮と、幹細胞のテロメアの短縮である。それとはべつに、エピジェネティクス――遺伝子発現のタイミング――に基づいた時計が、すくなくとももうひとつあると考える相応な理由がある。幼児期の成長、性的な成熟、骨のサイズ、歯の抜け替わりなどはすべて、適切なときに遺伝子のスイッチをオンにしたりオフにしたりすることでコントロールされている。エピジェネティック調整は、体の発達の支配者なのだ。青春期を過ぎてからも、エピジェネティック時計はずっと時を刻んでいると考えていい。エピジェネティクスは老化の決定要素の中心を成すものなのだ。

　エピジェネティクス制御のひとつに、DNAのメチル化（メチル基によるDNAの修飾）がある。これは何十年もつづく変化をもたらし、ときには子孫に遺伝することさえある。一九世紀のアイルランドで起こったジャガイモ飢饉《ききん》の生存者たちの統計調査によると、この飢饉に遭った人たちの孫は、深刻な肥満の傾向があるという。エピジェネティクス（文字どおりの意味は〝遺伝子学の外側〟）は、一世代に限定されない、生理学的な体の微調整に関わっているのである。こうした微調整は祖先から受け継がれていくが、DNA配列自体の変更によってではない。

ヒト組織のなかのメチル化解析もまた、老化の測定に使うことができる。これによって驚くべきことがわかった。たとえば、乳房組織は体のほかの器官よりも速く老化するのだ。メチル化はその原因を取り除いても体に残存する。たとえば喫煙をやめた場合、心臓発作のリスクは数週間のうちに低下するが、DNAメチル化異常はそのまま蓄積されているため、癌《がん》のリスクは数年にわたって生じつづける。そのほかのプロセスはプラスの効果を持っている。運動やカロリー制限などで生じる効果は、エピジェネティクスによってもたらされもので、メチル化によってその効果がしばらく持続する。

自然の精巧さに驚嘆せざるをえないのは、さまざまな寿命戦略をつくりだしたことだけではなく、現在の状況に呼応して寿命を変化させる〝柔軟性〟である。この柔軟性はエピジェネティック＝後成的に実現されている。

科学的に解明されていないだけで（もしくはたんにわたしが知らないだけで）時計はほかにもあるのかもしれない。

わたしたちの目の前には心躍る可能性が広がっている。この時計をリセットし、体に「自分は実際の年齢よりずっと若い」と思いこませる方法がわかるかもしれないのだ。もしこれが実現すれば、あとはすべて体がやってくれるだろう。

わたしたちはすでに、寿命を延ばす効果がある物質や治療法をいくつも知っている。となれば、それらを組み合わせたらどうなるか知りたくなるのが人情だ。もしかしたら、そうした効果がすべて同時に得られるかもしれないからだ。しかし、効果は単純な足し算ではない。もしそうなら、すでに二〇〇歳まで生きる人がいてもおかしくないだろう。さまざまなアンチエイジング治療を組み合わせたらどうなるか？　医療老人学にとって、これはつぎなる大きな問いである。

寿命を延ばす方法でもっとも手軽なのは、エネルギーを感知して起こる代謝を利用したものだ。現在知られている一般的な治療薬の多くは、実際の摂取量よりも少ない食事しかとっていないと体に思いこませるトリックを応用している。こうした薬には、メトホルミン、レスベラトロール、ベルベリン、ラパマイシン、アマチャヅルなどがある。これらは太り気味の人ほど大きな効果が期待できる。ただし、効果が重複するらしく、すべてを一度に服用しても、一種類しか服用しないときより効果が上がるわけではない。これによく似た薬としては、カルノシン、コエンザイムQ10、リポ酸、ピロロキノリンキノンなど、エネルギー代謝に作用するものがある。こうした薬は運動していない人に効果が高い。

抗炎症薬はまたべつの次元の治療薬だ。アスピリン、イブプロフェン、クルクミン、ボスウェリア、キャッツクロー、魚油などにはこうした働きがある。こうした薬もまた、効果が重複するようだ。何種類かのサプリメントを同時に服用すると効果が限界に達してしまうため、たくさん服用しても意味はない。

本書では、幹細胞のテロメアは独立した時計であるかのような説明をしてきた。実際には、この時計はほかの時計と相互に作用している。エネルギー補給サプリメントや抗炎症性サプリメントのなかには、テロメラーゼを増やしたりテロメアの長さを伸ばす効果があり、そこから波及して、さまざまな老化シグナル（とくに炎症シグナル）のレベルに作用するものもある。

ここには明るい面もある。いくつかの治療法を組み合わせることで、それぞれの独立した効果が同時に作用することがわかり、より大きな効果が生まれるかもしれないのだ。なぜか？　体には自己破壊モードがいくつかあり、そのうちのひとつを服従させても（もしくは、たとえ完全に抹殺しても）、ほかの自己破壊モードがすぐに現われるのである。しかし、そのすべてをいっぺんにコントロール下におけば、制限はなくなる。体は非常に長い年月にわたって正常に機能すると期待できる。老化モードの種類はいったいどれくらいあるのだろう？　生化学の謎がもうすこし解けるまで、はっきりしたことはわからない。しかし一部の専門家は、その数はどうにか人間の手に負える程度――おそらく一〇以下――ではないかと推測している。

もちろん、はっきりはわからない。複数の治療法を同時に行なうマウス実験や臨床実験は、まだはじまったばかりだ。組み合わせは無数にあるし、個人的要因も無数にあるため、違った投薬法を無数に試してみなければならない。一五種類の治療法に対して、相互に作用すると思われるふたつの組み合わせは一〇五通りあり、三つの組み合わせは四五五通りある。わたしの考えでは、こうした組み合わせをテストすることは、大きな可能性を秘めている。わたしは「哺乳動物の寿命を延ばすことが証明された治療法を、いくつか組み合わせて行なう研究をすべきだ」と強く提唱し、これを最小限のマウスを使って行なう統計的手法を紹介してきた。

## 老化した細胞を除去する

テロメアの話は第五章と第九章でもすでに紹介した。それぞれの染色体の端にはDNAが長く伸びていて、TTAGGGが何度も何度も――何千回も――くりかえし書きこまれている。これは染色体の端を劣化から守るためのものだ。細胞が分裂して染色体がコピーされるとき、コピー作業は染色体のいちばん端にたどりつくまえに終了する。そのため、細胞分裂のたびに染色体は短くなっていく。

テロメアが危険なほど短くなった細胞は、老化期に入る。自分の役割を縮小するだけでなく、周囲の組織ばかりか、体全体を破壊しはじめる。老化した細胞は仕事がうまくできず、本来すべきことをしなくなる。しかし、怠惰なだけならまだいい。実際には、炎症を引き起こすシグナル分子を吐きだして周囲の細胞を毒すばかりか、癌化するリスクも高い。そのうえ、周囲の細胞まで癌化しやすくなる。最悪の場合、老化した細胞は周囲の細胞を（たとえそれらの細胞のテロメアが短くなくても）老化状態に誘導することで、連鎖反応を引き起こす。

オランダ生まれのジャン・ヴァン・ドゥーセンは、アメリカのミネアポリスにあるメイヨー・クリニックの医師で、老化した細胞の働きに詳しい。彼は老化した細胞をすべて除去したらどうなるだろうと考えた。高度な生体工学技術を駆使し、ヴァン・ドゥーセンはマウスの胚芽にひとつの遺伝子を植えつけた。この遺伝子操作から生まれたマウスは、老化した細胞のマーカーフラッグがアポトーシスのシグナルの引き金を引く。細胞は老化するとｐ16というタンパクを生みだすのだが、ヴァン・ドゥーセンはこのｐ16に、ＡＰ２０１８７という薬に反応する受容体（レセプター）を植えつけたのだ。その結果、細胞が老化すると、ｐ16がＡＰ２０１８７に反応して自殺してしまう。こうしてヴァン・ドゥーセンは、老化した細胞だけを毒殺できるようにし、正確な実験ができるようにした。特別に遺伝子操作されたこれらの実験マウスは、ＡＰ２０１８７を投与されると老化した細胞がすべて消えてしまう。一方、薬を投与されなければ、老化した細胞とともに生きつづける。

実験はヴァン・ドゥーセンの期待をはるかに超えた劇的な成功をおさめた。老化した細胞を除去されたマウスは健康に生きつづけたのだ。目も、骨も、関節も、筋肉も、すべて治療によって若返り、通常よりも二〇パーセントから三〇パーセント長生きした。老化した細胞をつねに除去しつづければ、老化症状は遅らせられるだろう。薬の投与を晩年になってからはじめた場合、マウスに逆転や若返りは起こらないが、老化症状の発現はゆっくりになる。

この画期的な成功から三年後のいま、ヴァン・ドゥーセンはこれとおなじ実験を、遺伝子操作をしていない普通のマウスを使ってやろうとしている。老化した細胞だけ――おそらく一万個に一個程度の細胞――を殺し、ほかの細胞には影響をあたえない薬を開発しようとしているのだ。開発中の薬は普通のマウス（遺伝子操作していないマウス）に効果があることがすでに証明されており、ヴァン・ドゥーセンによれば、臨床実験ももうすぐ行なわれるという。

この画期的なテクノロジーの未来は、ヴァン・ドゥーセンひとりの肩にかかっているわけではない。カリフォルニアのスクリップス研究所は、老化した細胞のなかの細胞自殺メカニズムのスイッチを入れる（と同時に、正常な細胞にはなにも影響をあたえない）化合物のテストをしている。まず名前を挙げるべきは、ダサチニブという抗癌剤と、クランベリーやクレソンやラディッシュに含まれているクェルセチンというフラボノイドだろう。このアイディアに着目している会社が世界にいくつかあり、老化細胞除去に基づいた効果的な治療法を市場に出すべく競い合っている。最初に適用されるのは、おそらく関節炎やアルツハイマー病だろう。しかし、この治療法は主要な老人病すべて――心臓病、虚血性脳梗塞、癌など――のリスクを下げる可能性も秘めている。

## 小さな分子に大きな効果

前章でご紹介した、ウラジミール・アニシモフはサンクトペテルブルクにあるペトロフ腫瘍学研究所の生物老年学者で、長年にわたってマウスを使った薬のテストを行なっている。アニシモフは「まだグラスに水が半分残っている」と考えるタイプの人間で、これまでにたくさんの発見を報告しており、そのうちのいくつかは西欧の研究所でいまも再現実験が行なわれている。彼はメラトニンやメトホルミンが持っているアンチエイジング効果を検証してきたが、その最大の発見はエピタラミンだろう。この治療法は三〇年以上にもわたり、すぐ目に見える場所に隠れていた。

一九七〇年代のはじめ、アニシモフは体内の器官から、老化に重要だと思われるタンパク質をいくつも抽出した。[3] タンパク質というものはほとんどが巨大分子で、何百何千ものアミノ酸ががっしりと結びつき、その鎖が折り重なり、ねじれ、巻きつき、独特な形をしている。しかし、アニシモフが抽出したタンパク質はどれも、数個のアミノ酸がつながっているだけの短鎖だった。彼が若いマウスの胸腺から抽出し、チムリンと命名したタンパク質がある。このタンパク質には大きな効果がいくつもあると期待されている。いまのところそれより大きな効果を持っているのは、神経作用（脳の電気活動）とホルモン（化学物質）分泌の中心である視床上部から抽出したものだ。視床上部の一部は松果体《しょうかたい》で、メラトニンを分泌する〝第三の目〟である。松果体は体内時計としても知られ、起床と睡眠のサイクルを司っている。松果体時計が長期的な時間経過を記録しているという証拠はないが、メラトニンにアンチエイジング効果があることを考えると、なにか関係があるのかもしれない。

最大の発見であるエピタラミン（別名エピタロン）はたった四つのアミノ酸から成るタンパク質である。

アニシモフは数十年にわたってエピタラミンを使った実験をくりかえし、ラットやマウスの癌を抑制し、寿命を延ばすことに成功した。エピタラミンは胸腺の再生につながるとされており、それに関してはチムリンよりも効果が高い。年をとった人間がエピタラミンを摂取すると、死亡率が下がるとされている。

この研究がロシア以外ではほとんど注目されていないのはなぜか？　この実験を再現しようという動きや、エピタラミンを販売しようという動きは、西欧でもあるのか？　エピタラミン（非常に高価で、海外の製造業者からしか入手できない）は、メラトニン（安価で、どこのドラッグストアでも入手できる）よりも効果が高いのか？　アメリカやヨーロッパの老年学会も、この薬の研究をはじめるべきときはきていると思う。

## 胸腺の再生

体のもっとも集中的な防衛を司っている白血球はT細胞である。このTは、胸の上部（胸骨のすぐ後ろ）にある親指大の器官、胸腺（thymus）の頭文字からとられている。T細胞はこの胸腺において分化・成熟し、侵入者を認識することができるようになる。

胸腺のサイズは思春期前に最大となり、その後は何十年にもわたって収縮していき、七五歳のときにはもともとのサイズの五分の一になっている。胸腺組織が失われていくと、T細胞の能力が低下していく。T細胞は第一種過誤と第二種過誤を引き起こす。老化したマウスを使った実験によると、胎児の幹細胞で胸腺を若返らせるとマウスの免疫システムが改善し、感染症全般に対抗する能力が向上するという。とくに胸腺の皮質は、胸腺から分泌されたT細胞が体のほかの組織を攻撃しないようにしている。

胸腺は時限爆弾であり、ある一定の年齢になると――ほかの原因で死んでいなければ――人間を殺してしまう。胸腺は生涯を通じてだんだんと収縮（医学用語では〝退化〟）する。この収縮は子供の頃にはじまり、晩年に破滅的な結果を迎える。体の免疫システムは、基本的に胸腺の働きに依存している。免疫システムは健康な組織に侵入してくる細菌を攻撃するだけでなく、健康のさまざまな面に関係している。人間の免疫細胞はつねに、前癌性細胞が本物の癌細胞になるまえに攻撃し、抹殺しつづけている。激しい炎症や自己免疫疾患は、老化によって免疫システムが自分自身を攻撃しはじめることで起こる。

胸腺は生体防御の主力となるT細胞が訓練を行なう場所である。胸腺は年を追うごとに収縮していくため、免疫システムは正常に働かなくなる。九〇歳の人間の胸腺は、子供の頃に較べて一

○分の一程度の大きさしかない。若い人にはまったくなんでもないウイルス感染に老齢者が弱いのは、それが最大の理由である。関節炎は典型的な自己免疫疾患だが、アルツハイマー病など、ほかの病気にも自己免疫疾患の特徴は見られる。[4]

　胸腺を維持するか、収縮した胸腺を再生できれば、こうした老人病の多く（もしくはすべて）に福音がもたらされるだろう。ヒト成長ホルモンを使っていくらかの成功が得られたが、ヒト成長ホルモンへの反応には大きな幅があり、長期的な効果には懸念がある。胸腺治療の最近の飛躍的な前進は、大いに期待が持てそうで、わたしはその初期実験に自分の体を使ってもらうことに同意したほどだ。[5]

「転写因子」は、多くの遺伝子の発現を同時に一瞬で変えることのできる暗号化された化学シグナルで、いくつかの遺伝子発現のスイッチをオンにし、ほかのものをオフにすることができる。ＦＯＸＮ１は若いマウスの胸腺から単離した転写因子で、それを老化したマウスに再導入することによって、スコットランドの研究チームは胸腺を刺激しつづけて再生することに成功した。大きくなった胸腺は、見た目も機能も若いマウスの胸腺と変わりがなかった。

　年をとるにつれて血中における不足がいちばん目立ってくるのは、ナイーブT細胞である。ナイーブT細胞は、過去に襲ってきた特定の感染体と戦うように事前訓練されておらず、新しい侵入者に警戒するように教えこまれる。ということは、ＦＯＸＮ１で再生した胸腺は、豊富なナイーブT細胞を生みだすと期待できる。

　スコットランドで行なわれた実験では、マウスは遺伝子操作されており、ある薬が引き金となってスイッチが入るＦＯＸＮ１遺伝子のコピーを過剰に持っている。わたしやあなたはこうした過剰なコピーを持っていない。そのため、老化した胸腺にＦＯＸＮ１を注入するべつの方法を見つけなくてはならない。ＦＯＸＮ１は錠剤で摂取できるものではない。巨大タンパク質分子なので、消化のあいだに細切れになってしまうからだ。テキサス大学の研究グループはＦＯＸＮ１遺伝子を含んだＤＮＡの小さな断片（プラスミド）を胸腺に直接注射し、ある程度の成功を収めている。理想は細胞自体のＦＯＸＮ１遺伝子のスイッチをオンにすることであり、これにはすでにいくつかの候補者がある。ＦＯＸＮ１薬が実現する可能性を疑う理由はどこにもない。

## バッキーボール

わたしたちは学校で、自然界において炭素はふたつの形でしか存在しないと教えられた。黒くてつるつるしているグラファイト（黒鉛）は、鉛筆の芯に使われていることでも知られている。もうひとつのダイヤモンドは、高温高圧な環境（研究室や地底の深い場所）で生成され、硬くてきらきらしている。

「同素体」とは、同一元素の単体のうち、化学構造が違うものを指す専門用語である。炭素の第三の同素体が発見されたのは、一九八五年のことだ。これはロウソクの炎の煤に含まれるごく一般的なものだが、ユニークな特性を持っている。六〇個の炭素原子がサッカーボールの形に――六角形と五角形がジオデシック・ドームとおなじ配列で――並んでいる。この新しい合成物は、ジオデシック・ドームの発明者の名前にちなんで、バックミンスターフラーレンと命名された。

バックミンスターフラーレン、もしくは「バッキーボール」とも呼ばれるＣ60は、生化学製品ではないし、生化学的な活動をするとは考えられない。しかし、二〇一二年にフランスの研究所から劇的な報告がもたらされた。[6] バッキーボールをオリーブオイルに溶かしてラットにあたえたところ、寿命がほぼ二倍に延びたというのだ。ちなみに、オリーブオイルに溶かすという点が重要である。C60の分子はがっしりと凝集しているため、かきまわしてオイルに溶かすのに数週間かかる。普通のようにがっしり凝集した純粋なC60は、毒とおなじ作用をし、細胞の代謝を阻害する。

おそらくフランスの研究チームは、その数年前にワシントン大学で行なわれた研究にインスパイアされたのだろう。ワシントン大学の研究者たちはマウスにC60をあたえ、一一パーセントというもっと控えめな寿命の延びと、IQの向上を報告していた。一一パーセントという数字は、哺乳動物の研究においては決して馬鹿にならないもので、これがきちんと立証されれば、C60は「齧歯《げっし》類にあたえると寿命が延びる物質リスト」の上位に位置することになるだろう（これとは対照的に、ショウジョウバエや線虫の寿命を延ばす薬や治療法は枚挙にいとまがないが、哺乳動物の実験に成功するものはほとんどない）。

免責条項——この実験にはたった六匹のラットしか使われなかったし、論文の最初のバージョンには、誰にでもわかるようなとんでもない間違いがあった。そのため多くの研究者は、論文で報告されていることはすべて実験ミスによるものだと考えた。もしC60が作用するのなら、どうして作用するのかという疑問が浮かんでくる。この分子は細胞内でミトコンドリアに飲みこまれ、そこに蓄積してフリーラジカルを除去する。そう、バッキーボールは抗酸化物質なのである。わたしはそこにも首をかしげざるをえない。ワシントン大学のチームはC60のことを、効果が信頼できる抗酸化化学物質——スーパーオキシドジスムターゼ（SOD）——の代役であると書いている。
フランスの研究の反復実験にはあと数年かかるだろう。しかし、それまで待っていられないという熱心な人たちもいて、自分の体で実験をし、その経過をブログやメーリングリストで公表している。

## 炎症——赤ん坊と浴槽の湯

炎症は本書にくりかえし登場するテーマである。なぜなら、炎症は老化した体の自己破壊モードのなかで、もっとも明白で、もっともありふれたものだからだ。

単純で〝愚かな〟非ステロイド抗炎症薬は、高齢者の死亡率を下げ、平均余命を延ばす。しかし、この薬の将来的な可能性には限界がある。なぜなら、炎症は自己破壊的な性格があると同時に、重要なプラスの機能も担っているからだ。そのため、強力な非ステロイド抗炎症薬には副作用があり、使用に限界があるのだ。この分野にほんとうの進歩をもたらすには、炎症の破壊的な役割部分だけを標的にし、防御的な部分には手を出さない、選択的で〝賢い〟抗炎症薬が必要である。

ユタ大学のディーン・リーが率いる研究グループは、この問題に取り組みつづけている。彼らは二〇一二年に飛躍的な前進を遂げた。破壊的な炎症だけを抑制し、良性の炎症には干渉しないシグナル経路を発見したのだ。[7] シャーレのなかで、彼らはARF6という標的シグナル分子を同定した。[8] そして、治療のために、ARF6の末端（アミノ末端の12アミノ酸）とまったくおなじものを持つペプチドをつくりあげた。

ドアの鍵穴に差したキーを途中から折ってしまったことはあるだろうか？　この場合、ノブがまわらなくなってしまうばかりか、折れたキーを鍵穴から抜くこともできない。こうなったら、修理するのはあきらめ、新しいドアロックを買う必要がある。研究グループがつくったペプチドについているARF6末端は、折れたキーのような役目を果たす。この末端は本物のARF6分子のように、受容体にぴったりフィットする。しかし、本物のARF6分子とは違い、受容体の構造を変えることはない。鍵穴に差さった状態のまま、本物のキーが差しこまれるのをブロックする。ペプチドのARF6末端は、本物のARF6を妨害し、仕事をさせないのである。リーの研究所は体を守るための炎症には干渉することなく、ARF6が伝達して引き起こす炎症反応をブロックすることに成功したのだ。

彼らはARF6末端を持つペプチドをマウスの静脈に注射しつづけた。これはすばらしい成功を収め、炎症の重要な機能を損なうことなく、マウスの関節炎を治療することができた。

バクテリアのなかには宿主を直接殺さず、激しい炎症反応を引き起こすことで、宿主を死に至らしめるものがある。ドクター・リーのチームはマウスにリポ多糖（死に至る炎症を引き起こす化学物質）を投与して免疫性をテストした。ARF6端末を持つペプチドで防御されているマウスは炎症反応を抑え、ほとんどが生き延びたが、防御されていないマウスはリポ多糖を投与されるとほとんどが死んでしまった。

この発見はまだ新聞の一面を飾っていない。しかし、ドクター・リーの率いるチームは、関節症をはじめとするさまざまな老人病（とくに冠動脈疾患）の原因となる炎症の治療法が、今後大きく変わるだろうと信じている。

## アポトーシスの調節の改善

アポトーシスはプログラムされた細胞死であり、健康な代謝の重要な一部である。ダメージを負ったり病気になったりした細胞を、体は排除する必要がある。突然変異を起こした細胞が前癌化すると、細胞の機構が問題を感知し、アポトーシスを引き起こす。

しかし、年をとるとアポトーシスは〝調節異常〟になるらしく、第一種過誤と第二種過誤を引き起こす。癌化した細胞が自己破壊しなくなり、健康な細胞が不必要に自分自身を殺してしまうのだ。いくつかの組織では、ほんのちょっとのきっかけでアポトーシスのスイッチが入り、健康な細胞が死んでしまう。

突然変異した細胞を持つマウスの寿命を延ばすことに成功した最初期の遺伝子操作のひとつは、p66Shc遺伝子をターゲットに据え、アポトーシスのスイッチを入りにくくしたものだった(実験は遺伝子操作によって癌への耐性を持たせたマウスを使って行なわれた。アポトーシスが機能しなくなると、癌による死が増加すると考えられたからだ。これは「アポトーシスによる癌の抑制と、健康な細胞の維持のバランスが、自然選択によって最適化されている」という前提に立ったものだが、わたしはその前提を疑問に思う)。

老人病のなかには、組織の喪失をともなうものがある。サルコペニアは加齢とともに筋肉の量が減っていく病気だ。〝正常〟な老化においても、脳細胞はつねに減少しつづける。アルツハイマー病では、脳の神経細胞の一部が一挙に消えてしまう。アポトーシスを促進する遺伝子p53の働きは、老化とともに急激に活発化する。数々の実験によると、細胞自殺はサルコペニア患者の健康な筋肉を奪い、アルツハイマー病患者の神経細胞を奪うらしい。

しかし、人間が年をとるにつれ、アポトーシスは体を癌から守ることにだんだんと失敗するようになる。若い頃ならアポトーシスによって自分自身を抹殺していたはずの細胞が、年をとると抹殺しなくなる。また、アポトーシスは過去の病気の記憶を提供する白血球（CD８陽性細胞）の入れ替えを維持する役目も担っているが、老化するとアポトーシスが機能しなくなり、免疫システムを妨害するアネルギー細胞（無力な細胞）を放置したままにする。

アポトーシス・シグナルの一部をブロックし、アポトーシスを全般的に減らすことで、人間の平均余命を延ばすことは可能だろうか？　この考えは、細胞老化と炎症の例から導きだされたものだ。細胞老化と炎症のプロセスはどちらも、老いが原因で起こる自己破壊であり、このふたつの場合は、ただやみくもに抑えればアンチエイジング戦略としての効果がある。しかし、アポトーシスの場合、おそらく話はそれほど簡単ではない。ヒントは「カロリーを制限された動物は、アポトーシスの全体的な速度が速くなる」という点にある。わたしが思うに、アポトーシスの防御的な役割が重要すぎるため、アポトーシスを単純に低下させることで寿命を延ばすことは不可能なのではないか。どの細胞を殺し、どの細胞を生かすかを決めるシステムの理解力を復活させる必要があるのだろう。

なら、アポトーシス問題にはどう立ち向かえばいいのか？　「現時点でできることはあまりない」というのが答えだ。運動はアポトーシスの調節の維持に役立つ。ただしこれは、運動をすべき理由がもうひとつ増えるにすぎない。ターメリックに含まれるクルクミンは癌細胞のアポトーシスを強化し、健康な細胞には影響をあたえないというエビデンスが、細胞化学から得られている（ただし、まだすべての動物からではない）。ショウガにも同様の効果がある。N－アセチルシステインはどんなドラッグストアでも売っているサプリメントだが、クルクミンとおなじように、癌細胞のアポトーシスだけを選択的に促進する。レスベラトロールにも同様の効果があるというエビデンスも報告されている。

二〇〇三年頃、レスベラトロールが酵母の寿命を延ばすことが発見され、大きな興奮を巻き起こした。そこから、「フランス人は高脂肪な料理を食べることが多いのに心臓病がすくないのは、赤ワインに含まれるレスベラトロールのおかげではないか？」という説が生まれた。つづく数年のうちに、レスベラトロールのサプリメントをあたえると線虫やショウジョウバエや魚の寿命も延びることがわかり、熱狂はさらに高まった。しかし、その後の研究で、マウスの寿命は延びないことが明らかになり、熱狂はいくらかおさまった。

わたしたちに必要なのは、健康な細胞で起こるアポトーシスだけを標的に選び、病気になった細胞を一掃するアポトーシスの初期機能は維持するようにつくられた〝頭のよい〟薬である。この問題は炎症の問題とよく似ている。炎症のほうも加齢とともにその特異性を失い、ある場所ではうまく機能しなくなり、ある場所では過剰に機能してしまう。ARF6の場合、炎症の選択的標的を同定するが、アポトーシスの場合はそのような目立った標的は発見されていない。緊急に必要とされているのは、老化細胞や前癌性細胞へのアポトーシスは強化すると同時に、健康な筋肉や神経組織へのアポトーシスは抑制する方法である。

解決法は「ミトコンドリアの能力の再生」にあるのではないだろうか。みなさん覚えていらっしゃるだろうが、ミトコンドリアは細胞のエネルギー工場であり、それぞれの細胞に何百も存在する。ミトコンドリアはまた、細胞の死刑執行人でもあり、細胞核からの命令でアポトーシスの引き金を引く。健康な細胞でアポトーシスが起こるのは、ミトコンドリアが正しいシグナルを受けとっていながら適切に応えていないためだろう。ミトコンドリアの初期の機能を再生すれば、望ましい効果が得られるはずだ。

## あなた自身の幹細胞

第一章でもお話ししたとおり、わたしたちの体には新しい組織をつくりだすことを専門にしている細胞がある。新しい皮膚細胞は古い皮膚細胞から生まれるのではないし、新しい肝細胞は古い肝細胞から生まれるのではない。体の更新は幹細胞が行なっており、数日ごとに生まれ変わる皮膚細胞や血液細胞、数ヵ月ごとに生まれ変わる筋肉細胞や骨細胞を新しくするには、この幹細胞が必要である。

幹細胞は老化するにしたがって機能が低下する。ただし、複製エラーを起こしたり、ダメージが蓄積するわけではない。幹細胞の老化はテロメアの短縮によるものだ。

テロメラーゼ活性化は、老化した幹細胞を甦らせる方法のひとつだ。この問題に対するもうひとつのアプローチは、人工多能性幹細胞（iPS細胞）テクノロジーである。iPS細胞をつくりだす技術は二〇〇七年に発見された。自分自身の皮膚細胞（部分的に分化した線維芽《せんいが》細胞）を、幹細胞に再プログラムすることができる。これを試験管で培養したのち、体に再移植することで、脊髄損傷の治療、パーキンソン病の症状改善、損傷を負った腱や軟骨の再生、骨粗鬆症の治療、老化で低下した免疫システムの回復などに利用することができる。

皮肉なことに、二〇〇〇年代にiPS細胞テクノロジーの研究に拍車をかけたのは、ブッシュ政権の愚かな政策だった。幹細胞の研究には胎児の幹細胞がどうしても必要だったが、妊娠中絶合法化反対の運動家たちが、その供給源を断つことをブッシュ大統領に決断させたのだ。そのため、代替策として、iPS細胞テクノロジーの研究がつづけられることになった。二〇〇七年、京都大学の山中伸弥の研究室が、通常の皮膚細胞を多能性幹細胞に変えることに成功したと発表した。アメリカ、ドイツ、英国の研究所はそのテクノロジーをさらに先へと推し進め、信頼性をより高めて増産し、細胞を遺伝子操作して、胚の幹細胞とまったく同等の能力を持たせた。

iPS細胞は胎児の幹細胞よりもずっと利用価値が高く、将来性がある。なぜなら、患者に再移植するiPS細胞は、その患者の細胞とまったくおなじ遺伝子を持っているからだ。胎児から採取したドナー幹細胞は、患者自身の白血球に侵入者と認識されて攻撃されるため、治療への使用が限られている。iPS細胞は再移植する患者の細胞を使ってつくられるから、患者の細胞とDNAが完全に一致するため、免疫システムは〝自分の体〟と認識すると期待できる。

iPS細胞テクノロジーはまだ人間の治療には使われていない。このプロセスには莫大な費用がかかるが、得られる利益は低いからだ。しかも、iPS細胞は成長して腫瘍になる危険がある。こうした問題が解決したときには、iPS細胞は胎児の幹細胞とまったく区別がつかなくなるだろう。となれば、その利用価値は絶大だ。アルツハイマー病、脳卒中や怪我による神経へのダメージ、心臓発作による心臓のダメージ、火傷、若年型糖尿病、関節炎などの治療への期待は高い。さらにその先の未来に目を向ければ、新しい幹細胞を供給することによって、皮膚や骨や血液といった体の重要器官を若返らせることができるかもしれない。免疫システムが年齢とともに弱くなる理由のひとつは、血液幹細胞が若いときのように新しい白血球を大量生産しなくなるからだ。

誰にも理由はわからないが、幹細胞は行く必要のあるところへ行き、そこで必要とされているどんな細胞にもなれるという、画期的な能力を持っている。この知性はどこからくるのだろう？彼らはどのように操縦されているのか？　わたしたち人間は、ただの仮説さえ思いついていない。しかしこの能力のおかげで、ｉＰＳ細胞の適用は、ほかの方法とは較べものにならないくらい有益で実用的である。あと数年もすれば、幹細胞の注入が体にアンチエイジング効果をもたらすかどうかが判明することだろう。

## テロメアは寿命時計なのか？

短期的に見た場合、老化した細胞の除去は有望なテクノロジーのように思える。しかし、最初からテロメアの長さを維持できれば、そもそも細胞は老化しないのではないか？

テロメア短縮と細胞の老化の基本的な物語は、エリザベス・ブラックバーンとキャロル・グライダーの先駆的な研究によって、一九九〇年代には知られていた（ブラックバーンとグライダーはこの研究で二〇〇九年にノーベル賞を受賞した）。

しかし、テロメアと人間の老化には関連性がないと広く信じられていた。「テロメア短縮への治療法は、テロメラーゼ（テロメアの長さを修復する酵素）という形でいま現実に存在しているのだから、テロメアの長さが人間の寿命を制限するはずがない」というわけだ。細胞はすべてテロメラーゼのつくりかたを知っている。つくりかたは簡単で、エネルギー・コストも代謝コストも実質上まったくかからない。しかし、人間のテロメラーゼは、ほとんどの哺乳動物のテロメラーゼがそうであるように、胚発生の初期段階にしか発現しない。胚細胞は、一生のあいだもつだけの長いテロメアを生みだす。「体は自分がなにをしているか知っており、とにかく自分を守ろうとする」というのが一般的な認識だ。それならば、大人になってから細胞がテロメラーゼ遺伝子を発現しないのであれば、それはテロメラーゼ遺伝子が必要とされていないからだ。テロメラーゼをどこか手の届かないところに隔離することには、なんらかの利益があるにちがいない。テロメラーゼを簡単に手の届かないところにしまっておくと、癌化した細胞の自己複製の暴走を抑える効果があるのでは……。

こうした考えは、二〇〇三年に吹き飛ばされた。平均余命とテロメアの長さのあいだに強力なつながりがあることが発見されたのだ。リチャード・コートンのことは、すでに二三一ページで紹介した。コートンはテロメアの長さを計測する技術の先駆者で、この新しいテクニックを使い、二〇年以上前に献血した人たちの保存用血液サンプルを分析した。つぎに、その人たちの追跡調査を行ない、献血したときから現在までの健康状態や死亡率を確認した。いってみれば、コートンは過去になされた予想を掘り起こしたようなものだった。血液サンプルから計測したテロメアの長さは、誰が死んで誰が生きているかを正しく予言していたのだ。テロメアが短い人たちは感染症による死亡率が高く、心臓発作による死亡率はさらに高かった。一方で、テロメアが長い人たちと較べ、癌の発症率が低いわけでもなかった。

テロメア短縮はほんとうに病気を引き起こすのか？　それとも、個人の病歴の受動的な記録にすぎないのか？　コートンはテロメアの長さと死亡率のあいだに関連を確立した。以来、この関連は、動物においても人間においても、さまざまな事例において正しいことが立証されてきた。

しかし、相関関係は因果関係と同義ではない。テロメア短縮は過去にうけたストレスによる傷跡のようなものだという説もある。感染や怪我から回復するために細胞がより頻繁に細胞分裂する必要があったときに起こるというのだ。コートンの説が発表されてから一二年後、デンマークのグループが六万五〇〇〇人の膨大なサンプルを使って実験の再検証を行なった。[9]彼らはコートンの発見を立証し、価値のある情報をつけくわえた。デンマークで行なわれた研究は、癌や心臓発作の発症率や死亡率とテロメア短縮のあいだにはつながりがあるという説を裏づけることになった。

テロメアは老化速度をコントロールする体内時計のひとつだとする仮説は、マイケル・フォッセルが一九九〇年代の後半に『不老革命』という本ではじめて提唱したときには、過激なものだと考えられていた。[10]しかし、いまでは先見の明があったと見なされている。コートンをはじめとする研究者たちの追跡調査のおかげで、この仮説は信頼性を増した。同時に、マイケル・D・ウェストの『不死細胞』という本が注目を集め、テロメアの短縮が老化の重要な原因であるという仮説をさらに強固なものにした。[11]この時代には、短縮したテロメアを持つ細胞が老人病のいくつかを引き起こすメカニズムがだんだんと明らかになっていた。老化した細胞は周囲の細胞を毒しはじめ、老化した体が自己破壊をするときにもっともよく使う手段である炎症を増加させる。

テロメアは危険なほど短くなるまえの段階で、周囲に影響をあたえはじめるようだ。テロメアは染色体全体の長さからすればほんの短いものでしかない（〇・〇一パーセント以下）。それにもかかわらず、テロメアの長さは染色体がどう折りたたまれ、染色体のどの部分が発現するかに影響をあたえる。どんな形質が遺伝子発現し、どんな形質が発現せずに沈黙するかは、この折りたたみによって決まってくる。テキサス大学研究所のウッディ・ライト（何十年もまえ、わたしは彼とハーヴァード大学で同級だった）は、遺伝子発現がテロメアの長さの影響をうけた例を何千も見てきたといっている。[12]

テロメア短縮は老化の重要な原因のひとつだという考えは、本書のテーマにもぴったり当てはまる。老化のスケジュールがプログラムされているのだとしたら、体はいま何歳かを知るための時計が（すくなくともひとつは）必要なはずだ。テロメアの長さは手軽な時計になるし、大人になってからはテロメラーゼがほとんど発現しないため細胞を老化させる。老化した細胞の毒性は都合よく自殺メカニズムを提供する。この仕事をするには、少量の老化した細胞だけでじゅうぶんである。

体が自殺する方法のひとつは、テロメラーゼの配給を制限し、体内組織を新しくする役目を担っている幹細胞のテロメアを短くすることだ。とすれば、テロメアを伸ばせば体の自殺をとめられるはずだし、寿命時計をリセットするまたとないチャンスとなるはずだ。

ただし、生物老年学者のほとんどはそう簡単ではないと考えている。テロメアを伸ばしても効果は期待できないという者もいるし、実際には癌を引き起こすだけだと怖れている者もいる。しかし、テロメア研究の第一線で活躍する研究者たちのほとんどは、テロメラーゼは人類が何千年にもわたって夢見てきた賢者の石であり、青春の泉であり、不老不死の霊薬であると信じている。

Column

## テロメラーゼ活性化から期待できるもの

二〇〇三年、リチャード・コートンはたった一四三人の血液をサンプルに、テロメアの短縮は死亡率の高さにつながることを発見した。二〇一五年までには、デンマークのグループが六万五〇〇〇人の人たちを対象にした研究でコートンの発見が正しかったことを立証した。コートンがサンプルにした人たちは全員が六〇歳前後だったが、デンマークでの研究の対象になったのはさまざまな年齢の人たちだった。

デンマークでの研究はサンプルの幅が非常に広かったため、テロメアの長さが健康におよぼす影響と、老化現象による影響を、はっきり分けることが可能になった。テロメアが短い人の平均余命と、おなじ年齢でテロメアが長い人の平均余命を比較すれば、テロメアの短い人を治療し、テロメアを若い頃とおなじ状態まで再生したらどんな効果があるかを推測することができる。こうして得られた回答は──「寿命が四年延びる」というものだった。テロメア治療に熱狂していた多くの科学者にとって、この結果はがっかりするほど短かった。テロメアのなかに寿命時計があるという説をバカにしていた人たちにとって、四年間は信じがたいほど大きかった。

---

前章で説明したとおり、テロメラーゼを錠剤にして服用しただけではなんの効果も生じない。テロメラーゼは巨大分子なので、消化管内で壊れてしまい、それを必要としている細胞核まで届かないからだ。テロメラーゼを静脈に注射することは、実験用のマウスにさえ試されたことがない。たとえ消化管を通り抜けられたとしても、幹細胞の細胞核に到達できるテロメラーゼはごくわずかだと考えられているのである。

現在では、多くの会社がテロメラーゼを使ったアンチエイジング法を研究している。なかには、細胞核に到達できるような形のテロメラーゼを開発しようとしている会社もある。しかし、より一般的で有望そうなアプローチは、細胞にシグナルを送ってテロメラーゼ遺伝子のスイッチを入れる物質——薬か、生薬か、サプリメント——を発見することだ。体がもともと持っているテロメラーゼ発現を刺激し、それをもっとも必要としている細胞核にテロメラーゼを発生させようというわけだ。

漢方薬の黄耆《おうぎ》（レンゲソウ）から抽出したエキスは、細胞核内にテロメラーゼを分泌させることができるといわれているが、効果を得るためには山のように大量のレンゲソウが必要になる。おそらく、活性薬品成分は合成できるだろう。ニューヨークのT・A・サイエンス社はレンゲソウのエキスを二〇〇七年から販売しており、テロメア短縮率を低下させることにわずかに成功したと報告している。同社がTA－65というブランド名で販売しているこの特許薬は、レンゲソウの根からシクロアストラゲノールを極度に精製したものだといわれている。この製品には効果があるようだが、おそらく実用には効果が弱すぎるだろう。マウスを使った実験によると、人間の服用量は一日に一五〇〇ミリグラムだが、二〇一四年時点で販売されているカプセルには五ミリグラムから二〇ミリグラムしか含有されていないうえに、一カプセルにつき数ドルもする。わたしたちに必要なのはもっと安くて効果の高い代用薬である。

栄養サプリメントとして販売されているアミノ酸カルノシンは、体を刺激してテロメラーゼの発現をうながす。魚油を原料とするオメガ3脂肪酸も、テロメアの長さを維持する働きがあるとされている。アシュワガンダ、バコパ、ノゲシといった薬草は、スパイスのクルクミンや赤ワインに含まれるレスベラトロールとおなじ作用が期待できる。しかし、これらをすべていっぺんに摂取しても、テロメアの短縮をとめることはできない。テロメアの長さを安全かつ安価に維持する画期的テクノロジーはまだ発見されていない。この分野の最先端に位置しているシエラ・サイエンス社は、培養細胞のなかの何百何千の分子をふるいにかけ、テロメラーゼ発現を生みだす能力を探している。

その一方で、さまざまな実験はテロメラーゼによる若返りを約束しつつ、わたしたちを愚弄しつづけている。ハーヴァード大学のある研究室のマウスには、遺伝子操作によってテロメラーゼがオン／オフできる化学スイッチがつけられている。このスイッチをオフにすると、マウスの体の老化がどんどん加速していき、脳は収縮し、感覚がなくなっていく。スイッチをオンにすると、これらのマウスはいくつかの点で若返る――もっとも顕著なのは、脳の再生と、失われた感覚の回復である。スペイン国立がん研究センターのマリア・ブラスコが行なった実験[13]では、TA-65がマウスに測定可能な効果をもたらし、そこそこの効能があることが立証された。同研究所で行なわれたべつの実験では、遺伝子操作したウイルスを使って大人のマウスにテロメラーゼの余分なコピーを挿入すると、より長生きした。これは有望そうであると同時に不可解でもある。なぜなら、実験用マウスは（人間とはちがって）たくさんのテロメラーゼを持っており、彼らの老化はテロメアとは無関係だと考えられているからだ。アメリカの起業家たちは臨床試験の制限が緩い国外のクリニックに呼びかけ、テロメラーゼを使った遺伝子治療をうける最初の被験者を有料で募集しようとしている。

この分野の研究者たち（および、できれば新薬を使いたいと思っている一般人）が歯がゆい思いをしているのは、研究に出資している営利目的の企業が、研究成果を秘密にしていることだ。大きな製薬会社は研究プロジェクトをたいてい厚いベールで覆っている。わたしはテロメア研究の第一人者と目されている人たちと個人的に話をし、テロメラーゼ活性剤はどの程度の水準に達しているのか質問したことがあるが、彼らは本気で「わからない」と答えていた。インターネットでは「規制のない中国では、無謀な臨床実験が行なわれているのではないか」という噂《うわさ》がささやかれている。T・A・サイエンス社は自社の主力商品がどんな成分からつくられているか公表しようとしないし、アイサジェニックス社は同社のプロダクトBの成分を何十もリストアップしているが、そのうちのいくつかはテロメラーゼとはまったく関係がない。シエラ・サイエンス社は他社が販売している何百ものハーブ系サプリメントや化学物質の効果のブラインドテストを行なっているが、サンプルは識別コードが書かれただけの黒い箱に入っており、人類の寿命を延ばすための競争が行なわれていることしかわからない。

## 異時性並体結合——ヴァンパイア治療法

外科手術がまだ新技術だった一九世紀、医師たちは二匹の動物を結合することができることを発見した。これは人工的に結合した双子であり、接合部の静脈や動脈はつながっている。そのため、二匹の動物の体内にはおなじ血液が循環していることになる。

それ以前にも、接ぎ木の技術は何世紀も研究と実践がつづけられていた。ポーランドの昆虫学者であるステファン・カペッチにつづき、一九三〇年代には英国の昆虫学者ヴィンセント・ウィグルズワースが、昆虫の幼虫の頭を切断し、同様に頭を切断した幼虫とパラフィン蠟《ろう》を使ってつなどことで、一匹の昆虫からべつの昆虫へと移転可能なホルモンが脱皮の原因となることを立証した。ウィグルズワースは不気味な体の接合を「並体結合」と呼んだ。「異時性」とは単純に、結合した昆虫の年齢が違っていることを指す。

こうした実験は一九五〇年代にクライヴ・マッケイによって復活した。[14] カロリー制限が長寿につながることを発見したあのマッケイである。こうした研究の意義が長いあいだきちんと認識されてこなかったのは、おそらく実験そのものがあまりにも不気味だったせいだろう。

二〇〇〇年代のはじめ、ハーヴァード大学を卒業したばかりの大学院生のカップルが、スタンフォード研究所のトム・ランドー教授の研究チームに参加した。こうして、若いマウスと老いたマウスの並体結合実験が、生化学的な分析に供されることになった。マイク・コンボイとイリーナ・コンボイの熱意と専門技術のおかげで、研究はいま大きな盛りあがりを見せている。コンボイ夫妻をはじめとする研究所メンバーの最初の研究では、老いたマウスの筋肉は若いマウスの血液で育てられると治りがよかった。[15] また、特殊化した幹細胞は若返りの徴候を見せ、古い幹細胞は新たに力をあたえられ、若い幹細胞のように働きはじめた。

二〇〇五年、この研究の責任者たちは大学院を卒業し、自分たちの研究所をバークレーとハーヴァードに創設した。彼らはときには力を合わせ、ときには単独で、並体結合の入った魔女の大鍋から、老人病の実際的な治療に至る道のりを、着実に前進しつづけた。

第一のステップは、「若返りは血液細胞とは――赤血球とも白血球とも――まったく関係がない」という発見だった。実際には、若返りの源は血漿《けっしょう》内のタンパク質とRNAだった。これらはホルモンとその他の化学物質で、分泌されて体を循環しており、体のさまざまな器官を統一するためのシグナルとして機能している。これらのなかには転写因子もあり、細胞核へ至る道を見つけ、染色体にしがみつき、一挙にすべての遺伝子のスイッチを（オンかオフに）切り替える。

第二のステップは、「若い動物の血漿は、老いた動物を若返らせる」と立証したことだった。スタンフォード大学のトニー・ワイス＝コレイは、遺伝子操作でアルツハイマー病を発症させたマウスでこの実験を行なった。静脈への血漿輸血は、動物の並体結合ほど侵襲的ではない。しかし、効果のいくつかは長続きせず、輸血をどれくらい頻繁にくりかえす必要があるのかは、まだよくわかっていない。若いマウスの血漿は神経の再生を促進し、アルツハイマー病を発症したマウスは記憶の一部と脳の機能の一部を取り戻す。[16] ワイス＝コレイは試験や検証の段階を一気に飛び越え、アルツハイマー病の後期にある患者にヒト血漿を輸血しようとした。しかし、長期的に考えると、これは解決法にはなりえないと誰もが同意している。若者の血漿を何度も輸血すれば老人が若返るとしても、お金がかかりすぎるし、ひとりの老人に対して若い血液提供者が非常にたくさん必要で、処置にも時間がかかる。大勢の患者には対応できず、実用的な若返りプログラムとはとてもいえない。[17]

究極的にわたしたちが知りたいのは、若者の血液のなかのどの物質に若返り効果があるかだ。同様に重要なのは、老人の血液には自己破壊につながるシグナル化学物質が含まれているため、これを除去するかブロックする必要があることだ。血液因子を除去するのは、くわえるよりもずっとむずかしいわけではない。三六四ページで説明した〝折れたキー〟テクニックを使えばいい。できることならば、老人の血液のバランスを取り戻すには少数の強力な転写因子があればいいとわかることに期待したい。

かつてわたしはイリーナ・コンボイから、「どの血液因子に若返りの効果があるかは勘で目星がついている」と聞いたことがある。トニー・ワイス＝コレイ、エイミー・ウェイジャーズ、ソウル・ヴィレダなどといった人たちも、おそらく自分自身の勘にしたがって研究をつづけているのだろう。二〇一四年、ウェイジャーズはGDF11というあまり知られていない転写因子から大きな若返り効果が得られたと書いているし、コンボイはオキシトシンというよく知られたホルモンから強力な効果を引きだしたと発言している。オキシトシンは出産、授乳、性行為などのときに活性化するものだが、コンボイはこの化学物質が筋肉の再生と回復をうながすことを発見したのだ。GDF11は成長分化因子で、筋肉のほかにも、神経や血管の再生をうながす。AMPキナーゼと呼ばれるエネルギー酵素も加齢とともに失われるので、増強すれば効果が見られるかもしれない。[18] ただし、GDF11にはすでに疑問が呈されている。というのも、GDF11は形質転換成長因子ベータ（TGF－β）の一形態であり、実際には成長をうながすよりも抑制作用のほうが大きいと考えられるからだ。こうした議論は活発で、数年のうちには上流の水源である血液因子が突きとめられるかもしれない。

NF－kBは血液から除去すべき炎症シグナルである。年をとるにつれて多くなりすぎるシグナルには、このほかに黄体形成ホルモンや卵胞刺激ホルモンがある。このふたつのホルモンは女性の生殖サイクルに関係があり、ひねくれたことに、閉経後にどっと分泌されて破滅的な老化促進効果をもたらす。コルチゾールはストレス・ホルモンで、老化とともに過剰に発現する。生殖活動後のサケが死ぬのは、主にこの毒が原因である。TGF－βはアポトーシスを促進するシグナルで、健康な細胞を殺し合わせ、その能力を徐々に低下させる。

こうしたシグナルの一部はとくに重要で、ほかのシグナルの全カスケードをコントロールする。基礎研究がその相互関係を明らかにし、運がよければ、強力な若返り効果とともにバランスを取り戻すことのできる主要な転写因子が見つかるだろう。反対に運が悪ければ、何百ものシグナルがあることがわかるかもしれない。これらのシグナルはすべて絡み合い、体の年齢状態を〝民主的に〟コントロールしており、トップに立つ少数が大勢の下の者をコントロールするようなヒエラルキーは存在していないのかもしれない。この場合、血液因子による若返りは非常に困難だということになる。

それを突きとめる方法はひとつしかない。

Column

## 輸血による若返り

アレクサンドル・ボグダーノフ（一八七三〜一九二八）はロシアの内科医で、ユートピアを夢見たボルシェヴィキでもあり、SF作家でもあった。五〇歳になったとき、ボグダーノフは体の老化症状に悩まされ、若いドナーから採取した血を自分自身や他人（そのなかにはレーニンの妹も含まれていた）に輸血して実験を行なった。一一回にわたる輸血を行なったあとで、彼は視力の向上、抜け毛の減少といった、いくつかの老化症状が緩和したと報告している。革命の同志レオニード・クラーシンも妻への手紙のなかで、「ボグダーノフは例の治療のあとで、七歳、いや、一〇歳は若返ったように見える」と書いているほどだ。しかし、一一回目の輸血に血液を提供した若い学生がマラリアにかかっており、それが原因でボグダーノフは五五歳で亡くなった。

本書を執筆している段階では、輸血による若返りのテクノロジーは有望そうに見える。ただし、基本的な技術の部分には、多くの疑問が残されたままだ。しかしすでに、野心的な治療法がフライング気味に開始されており、国外のクリニックでは年老いた実業界の大物に輸血を提供している。

## エピジェネティックな寿命時計

「プログラムされた老化」という説が正しければ、体はスケジュールどおりに崩壊していることになる。となると、「スケジュールをコントロールしているのはなにか？」という疑問が浮かびあがってくる。どこかになんらかの親時計が（場合によってはいくつか）あるはずだ。こうした生化学的な時計は、高い効力を持つ治療法の最大のターゲットである。この時計の存在さえ解明できれば、体を騙《だま》して実際よりも若いと思いこませることで、若い頃の身体機能を回復すると同時に、さまざまな病気を予防することができる。

わたしたちはすでに、生涯にわたって機能するふたつの寿命時計を発見している。細胞に老化をもたらす幹細胞のテロメアの短縮がひとつ。もうひとつは胸腺の退化で、これは免疫システムの衰弱につながる。

しかし、ほかにも寿命時計はあると信ずべきもっともな理由がある。理由のひとつは、脳や皮膚の老化は胸腺との明らかなつながりが見られないこと。もうひとつの理由は、テロメラーゼがじゅうぶんにあるにもかかわらず、老化して死ぬ動物がいることだ。たとえば、コウモリやブタや実験用マウスは、年をとってもテロメアが短くならない。

この時計はいったいどこに隠されているのか？ そして、どのように機能しているのか？ 最近、この分野の何人かの研究者が、エピジェネティクスが独自の寿命時計を構成しているのではないかという説を唱えている。[19]

わたしたちの成長と成熟は、スケジュールにのっとって計画的に進んでいく。女性は平均して一二歳で初潮を迎える。男性はだいたい一六歳で胸毛が生えはじめる。また、男女ともに、一八歳頃に四本の親知らずが生えてくる。こうしたことをわたしたちは老化とは呼ばないが、これらもまた遺伝子発現の変化によって時期が設定され、プログラムされている。こうした遺伝子発現の変化はなにが原因で起こるのか？

わたし自身は、「遺伝子発現は、それ自体が時計を持っている」という説を支持している。おそらくこの時計は、すべての時計のなかでもっとも基本的なものだろう。遺伝子発現は染色体のエピジェネティック状態によってコントロールされている。そして、これがほんとうの中枢コマンドであり、なにをすべきか体に指示を出している。とくに重要なのは、エピジェネティック状態はどのホルモンが血中を循環するかをコントロールしており、そうしたホルモンのなかには、エピジェネティック状態のコントロールとプログラムを行なう転写因子も含まれていることだ。体じゅうの細胞のエピジェネティック状態は、フィードバック・ループの一部で、それが時計の基盤かもしれない。きょうのエピジェネティック状態はどのホルモンが血中を循環するかを決定し、血液因子の一部は細胞のなかに戻り、細胞核のなかに入りこんで、あすのエピジェネティック状態をプログラムする。これがエピジェネティック時計という概念の背景にある考え方だ。これはたったひとつですべてを統一する時計で、胚の発達、幼児期の成長、性的な成熟、大人の老化などを管理している。アポトーシス、テロメラーゼ制限、免疫機能障害などは、老化プログラムのオプションとして派生的に補充されているのかもしれない。この活動はすべて、ホルモンや、RNAや、血漿中のそのほかの因子のさまざまな組み合わせと量によって調整されている。

スティーヴ・ホルヴァートはカリフォルニア大学ロサンゼルス校のコンピュータ科学者で、生物学とはまったく関係のない純粋に統計学的なアイディアを使い、体のDNAのメチル化と老化の関係を研究している。ホルヴァートはメチル化マーカーの何百もの組み合わせを見つけた。これらのマーカーの組み合わせは、驚くほどの正確さでその人の年齢を伝達する。もしかしたらホルヴァートは、老化の根本原因に迫りつつあるのかもしれない。わたしは、遺伝子発現が代謝の状態をコントロールするフィードバック・ループがあるのではないかと考えている。その一方で、代謝の状態も遺伝子発現に影響をあたえるのではないか？　これが生物体内時計の基本である。成長、発達、老化のための全時間系列は、おそらく脳のなかの神経内分泌腺から指令されているのではないか。

エピジェネティック時計仮説は、並体結合実験や、老化をコントロールする血液因子の探究と、密接に結びついている。こうした実験の初期の成功からすると、わたしたちはほんとうに運がよく、未来の見通しは明るく、たった数種類の化学物質が体の老化状態を変える力を持っているのかもしれない。

エピジェネティック時計の概念は、老化のテロメア理論とぴったり調和する。テロメラーゼはテロメアを伸ばす役割を担っているだけでなく、転写因子としての力を持っているのだ。テロメアの長さ自体は、多くの遺伝子の発現に影響力を持っていることが知られている。そこからもわかるとおり、テロメアはエピジェネティック状態の一部だと考えるのが論理的だ。

エピジェネティック時計の統一概念は、アンチエイジング薬研究の道案内となるパラダイムだとわたしは考えている。成長と老化の生物学の広い視野に立てば、これは間違っていないように思う。そして、どんな化学研究においても、楽な道を最初に試してみることは理にかなっている。エピジェネティック時計を再プログラムできるという見通しは、若返り科学の到達点へ至る早道を照らす光となるだろう。

## 第一〇章のまとめ

発明家は非常に実際的な人間だ——また、そうでなくてはならない。医療研究者たちがはっきり認識しているとおり、癌や心臓病やアルツハイマー病に関する遅々として進まない研究と較べ、人間の老化を抑えることは、たとえほんのわずかな前進しかなくても大きな影響力を持っている。たとえば、寿命時計をたった四年巻き戻すだけでも、癌の完璧な治癒よりも多くの命を救うことになるのだ[20]。研究に対する政府の優先順位は、この現実に適応する方向にゆっくりとシフトしてきている。一方、個人的な研究者やバイオ企業の一部は、そのずっと先を行っている。

研究者の一部は純粋に実利的で、うまくいくことしかやらない。彼らは体の自己破壊メカニズムを阻もうとしているが、自分たちの介入が〝自然〟であるかどうかなど頓着していないし、そのメカニズムの進化上の起源を考えたりもしない。

たとえば、老化した細胞を殺すことを考えてみよう。ジャン・ヴァン・ドゥーセンは非常に優れた生化学者だが、哲学者でも進化理論家でもない。彼は「なぜ体は自分を殺そうとする細胞に我慢しているのか？」と質問したりしない。いますべき課題に意識を集中する――まずは、こうした細胞を排除することで寿命を延ばせることを証明する。つぎに、それらの細胞にどうやってタグをつけるかという生化学的パズルを解き、罪のない傍観者を傷つけることなく、それらの細胞だけを抹殺する。マイク・コンボイとイリーナ・コンボイは、「プログラムされた老化」という疑問に答えを出そうとは考えていない。しかし、ふたりは研究の最前線に立ち、高齢者の血中シグナル分子と若者の血中シグナル分子の基本的な違いを探り当てようとしている。

老化の研究者のなかには、すでにこの本のメッセージを理解し、寿命時計のどれかひとつに的を絞っている者もいる。ビル・アンドルーズとマイケル・フォッセルはどちらも、テロメア短縮が人間の死にはっきり関係していることを理解し、テロメラーゼを使った若返りのための最先端プログラムを（べつべつに）追究している。二〇年前、グレッグ・フェイは胸腺の収縮は免疫システムの寿命時計だと気づき、以来、胸腺の再生をめざした計画を立て、臨床実験のための基礎を築きつづけている。

しかし同時に、進化論のドグマにとらわれていながら、それに気づいていない研究者もたくさんいる。最悪の例は、テロメラーゼ治療の可能性が、「テロメラーゼは癌を引き起こすかもしれない」という悪質な作り話の人質に取られていることだ。広く浸透したデマが勝手に一人歩きし、証拠などどこにもないのに、専門家グループが足の引っぱり合いをしているのである。

「体は自分が生きるために可能なかぎり最高のことをしている」「そんなに単純なはずはない」といった思いこみから自由になれば、研究への新しい道が拓けるだろう。アンチエイジング薬の未来は明るい。地平線を覆っているもっとも大きな黒雲は、エピジェネティック寿命時計であり、その暗号化された言語をわたしたちはまだ解明していない。

# 第 11 章

*chapter.11*

# 明日の地球のために

## 謎とパラドックス

本書にはふたつの大きなテーマがある。

1　自然選択はわたしたち人間の遺伝子に「死のプログラム」を巧みに組みこんだ。寿命に限りがないと、増大する人口を維持できず、生態系の崩壊を招き、絶滅に至る危険があるからだ。

2　いくらかの理解と創意工夫があれば、頭のいい人類は自然界の「死のプログラム」を打ち負かし、より長く健康的な人生を手に入れることができる。

鋭い読者ならお気づきだろうが、このふたつはまったく正反対のことをいっている。わたしたちが子供たちの子供たちのために預かっているこの限りあるエデンの園に、七〇歳の寿命を超えてまで長居しようとするのは、はたして正しいことなのか？　心優しく寛大な集団主義者でさえ、これには疑問を覚えるはずだ。

正直にいうと、すべての章のうちでもっとも思索的なこの最終章の案内役であるわたしたちも、この疑念を共有している。たった数千年前には、この惑星上の人間は、すべて合わせてもマサチューセッツ州に住める程度しかいなかった。しかし、いまでは激しく増殖して危機的な状態に陥っている。わたしたち人間は巨大な脳と優れたテクノロジーを持ち、よりよいあすを願っているが、自分たちの遺伝子のなかで進化してきた知性と同レベルの集団責任を見せたことがない。怯《おび》えた哺乳動物は祖先から老化という贈り物を受けとり、恐竜がいなくなった白亜紀後の世界を闊《かっ》歩《ぽ》し、進化してより優れたヴィジョンとより大きな脳を持つに至った。なのにわたしたち人間は、すべてをめちゃくちゃにしつづけている。

しかし、聖人ぶった説教を並べても本が売れるわけではない。そこで本書の編集者たちは、このトピックにはいっさい触れるなと命令を下した。この章は、編集者たちの目を盗んでこっそり挿入したものである。

――という冗談はさておき、わたしたちはこの矛盾を認め、これこそがアンチエイジング関係の問題のなかでいちばんむずかしいものだと考え、格闘をつづけてきた。さらに広く見れば、このパラドックスは、人間の状態を改善しようと熱望している人たち全員につきまとっている。地球の最高捕食者にまで昇りつめた人類を待っているのは破滅的な結末であることを、わたしたちは知っている。この惑星全体が人間の寄生によって単一文化になってしまった。人間はすでに地球の両極と七つの海を征服し、宇宙にまで進出しようとしている。

わたしたちはひとりひとりの人間に共感を覚え、その全員がよりよい人生を送る手助けをしたいと願う。しかしその一方で、個人の幸福とコミュニティの幸福が衝突する可能性があることもよくわかっている。当然のことながら、コミュニティが崩壊すれば、多くの個人が道連れになって命を落とす。

あまりに多くの人間があまりにも長く繁栄しつづければ、結果として生命の多様性と豊かな可能性を狭めてしまうことを、わたしたちは恐怖とともに観察してきた。熱帯多雨林は減る一方なのに、ショッピングモールはどんどん建設されている。こうした実存的なジレンマに対して、なんたることか、わたしたちは答えを持っていない。しかしこの章は、こうした答えの出ていない大いなる疑問を考察するためのものだ。

■知的生命体は存在するか？（ジョン・ロンバーグ画）

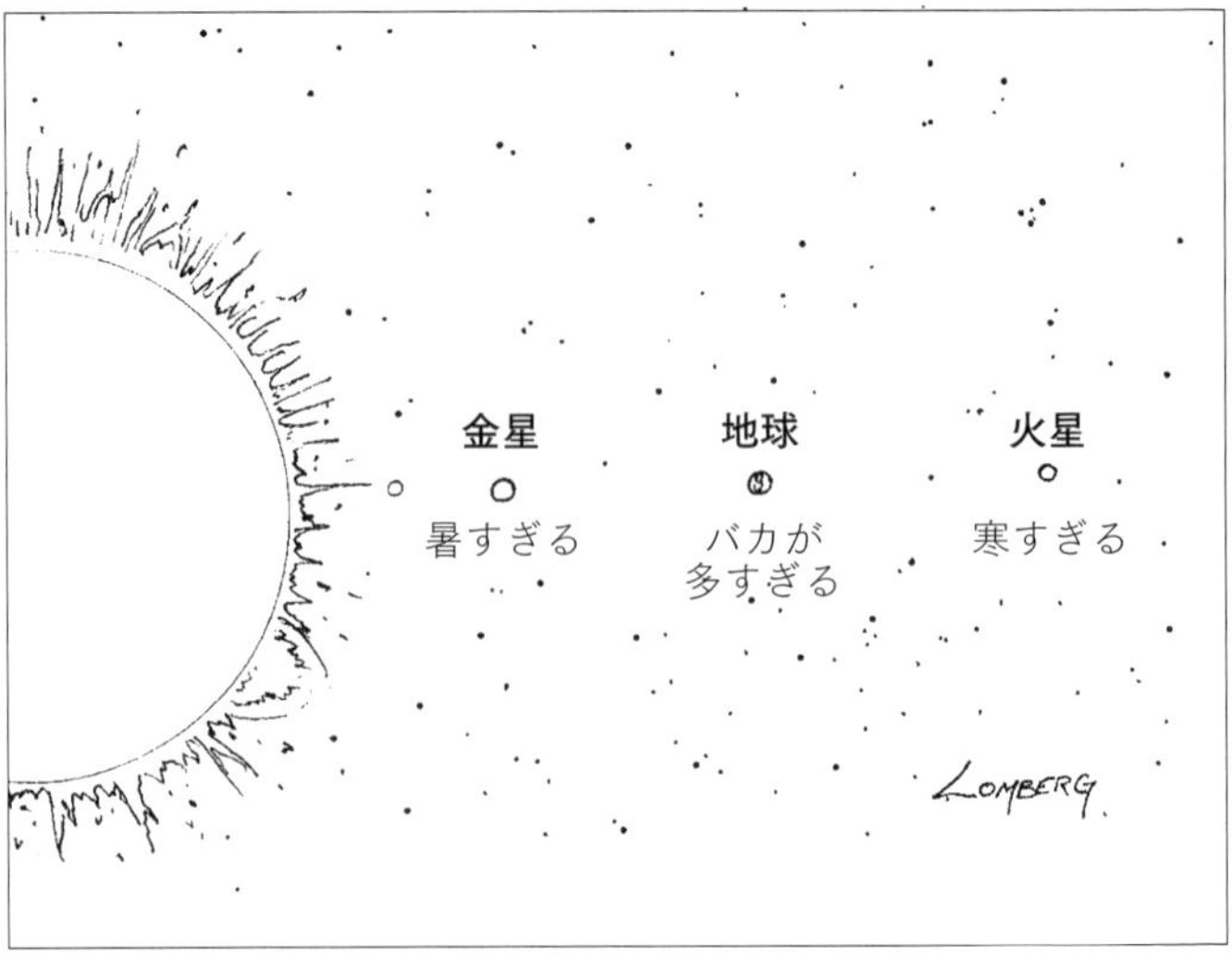

## 長寿の社会的影響

寿命延長がもたらす最大の恐怖は老人介護施設だ。寿命が長くなったとして、延びるのがもし〝人生の最終部分〟だけだとしたら？ バイパス手術や化学療法をさらにもう一度重ねて延命することでしかないとしたら？ そのときなにが起こるか、わたしたちは想像する。わたしたちはこの延びた分の寿命を、長期医療ケアをうけて過ごさねばならない。体はきちんと機能せず、人生をエンジョイすることもできない。

社会人口学者のなかには、寿命が延びることを懸念する向きもある。労働年齢層が薄くなり、介護施設や病院に入っている膨大な数の老年層を支えきれなくなってしまうからだ。

しかし、こうした社会人口学者たちは間違っている。事実、人間の寿命を延ばすためのテクノロジーは、健康な時期も延ばしているからだ。ということは、仕事ができる期間は長くなると期待できるし、さらなる生産性を発揮できるはずだ。もっとも大きな改善が期待できるのは、健康な期間と寝たきりの期間の比率だろう。わたしたちは七五歳か八〇歳、もしかしたら九〇歳まで現役で働けるようになるだろう。わたしたちはより多くの経験を積み、より長いあいだ生産性を維持し、体だけでなく脳の健康もたもつことができるようになる。なにもかもがうまくいけば、人間は賢者の種族になれる。

「寿命が延ばせるといっても、人間の力で簡単に延ばせるのは、病気で苦しむ期間だけではないか」と不安に思う必要はない。健康な人の健康を維持することのほうが、健康を害した人の体をサポートするよりも、ずっと簡単なのだ。これは現在だけでなく、未来になっても変わらないだろう。同様に、「高齢化社会では、介護施設の高齢者を支える若い働き手が足らなくなる」という考えは、そもそも誤っているのである。

Column

## 永遠の命

ギリシア神話で、暁の女神エオスは、美しいが命に限りあるティトノスと恋に落ちる。すっかり愛の虜《とりこ》となったエオスは、ティトノスがいつか死んで自分が永遠にひとりぼっちになってしまうことに絶望する。彼女はゼウスに事情を話し、ティトノスに永遠の命を授けてほしいと請う。ゼウスは願いをかなえてやる。しかしエオスは、神の資質である「永遠の若さ」をティトノスに授けてもらうのを忘れてしまう。そのため、ティトノスは最悪の運命をふたつも背負ってしまう。永遠に老いづけていく体に囚われているティトノスは、どんどん病んでいき、苦痛は増し、よぼよぼになっていくが、死ぬことはできないのだ。

## 寿命延長は人口増加につながるか？

そう、これはもちろんつながるだろう。一八〇〇年以前、人間の平均余命は何千年もほとんど変わらず、全世界の人口は抑えられていた。しかし、この二世紀のあいだ、人間の平均寿命（〇歳における平均余命）は四年で一歳の割合で増えてきた。現在の人口爆発は二〇〇年間つづいている。これは出生率の増加によるものではなく、死亡率の低下によるものだ。事実、寿命の延びは、衛生学と医療技術の進化と歩みをともにしており、そのすぐあとに出生率の低下がつづいている。人口の増加につながる死亡率の低下と出生率の低下のあいだにはタイムラグがある。現在のところ、テクノロジーがようやく導入されて平均余命が上昇した最後の大陸はアフリカである。アフリカの出生率は下がってきているが、そのスピードは破滅的な人口増加を避けられるほどではない。オルダス・ハクスリーは一九五六年の時点ですでにこれを予測していた。「その対極にある産児制限とのバランスをとることなく、〝死亡制限〟を行なったようなもので……」

人口統計革命は産業革命と並行して起こった。一八四〇年代の人間の平均寿命は、世界をリードしていたヨーロッパ諸国で四〇歳だった。二〇一四年の平均寿命は、最長寿国である日本や北欧で八三歳。実際、寿命の長さはゆっくりと、しかし着実に延びている。だから、「四年で一歳」という説明は非常に正確で、どこにも嘘《うそ》はない。

最初の一二〇年間、寿命の延びは早すぎる死が減ったことが原因だった。それから一九七〇年あたりまでは、抗生物質の使用、公衆衛生の徹底、職場の安全確保といった対策をとることで、若者の死が減ったことが大きかった。多くの人が七〇代まで生きるようになった。しかし、八〇、九〇まで生きる人はまだまだ少なかった。一般的に、期待寿命は七〇歳くらいが上限なのではないかと考えられていたし、たとえそれ以上延びるとしても、その歩みはゆっくりしたものだろうと予想されていた。

しかし、一九七〇年以来、画期的なことが起こった。人間の最高寿命は（ジェイムズ・ヴォーペルがいうように）加速度的に延びつづけたのである。さらに、人類の歴史において、七〇代、八〇代の人たちがこれほど健康的だったことはない。これこそわたしたちが望んでいたことだ。人は老いても活動的で、健康的に生活できる期間が延び、現役で働ける期間も増え、老化で衰弱する時期も遅くなり、晩年の病的状態は圧縮されてごく短くなっている。

こうして寿命が大きく延びはじめると、出産適齢期にある人間の数も着実に増えていった。このことが人口爆発を倍加させている。一九七〇年以来、平均余命の上昇は出産時期を過ぎたあとに集中していたので、人口への影響はもっとずっとわずかだった。にもかかわらず、それは間違った方向に進んでしまい、人口過剰の元凶のひとつとなっている。

## わたしたちは地球の生態系を破壊しているのか?

ありがたいことに、地球はまだ緑のままだ。しかし、わたしたち人間はこの惑星でもっとも肥沃で実り豊かな土地を自分のものにし、動植物のほとんどが棲んでいた居住空間を粉砕してきた。現在のわたしたちは、肉眼で見える生物の歴史における六度目の大絶滅イベントのまっただなかにいる。

もっとも有名な絶滅イベントは、恐竜の時代に終止符を打った六五〇〇万年前のものだ。直径一〇キロメートルと推定される隕石がメキシコ湾に落下し、地球上の種の七〇パーセントが消滅した。その爆発エネルギーは、現在地球上にある核兵器すべてを合わせたものに匹敵する。塵雲《じんうん》のせいで空は数年間にわたって暗く閉ざされた。

動物がこの地球上に現われてからの五億年のあいだに、このほかに四回の大絶滅があった。そのなかでいちばん大きかったものは「ペルム紀末絶滅イベント」と呼ばれており、五億年間のほぼ中間点である二億五〇〇〇年前に起こった。その原因についてはいまだに議論に決着がついていない。このときにはすべての種の九〇パーセントが絶滅した。なかでも海産種はその大部分が死に絶えた。脊椎動物は最初の二億五〇〇〇万年のほぼすべての期間にわたって存在していたが、その数が爆発的に増えたのはペルム紀末大量絶滅のあとだったと推定されている。

たしかに、人間の初期文明はいくつかの絶滅を引き起こした。サーベルタイガー、マンモス、ニュージーランドに生息していたモア。しかし、六度目の絶滅（エリザベス・コルバートが発表した同タイトルの本でそう命名された）は、二〇世紀に本格的にはじまった。[1] 現在の海洋の生態環境は、一〇〇年前のそれとはまったく変わっている。人類がより大きな魚を好んだせいだ。巨大な流し網は甚大な被害をもたらし、海洋のほとんどで大きな捕食動物を滅ぼした。生態系の頂点に位置する捕食動物を除去すると、その効果はさざ波のように伝わっていき、プランクトンやサンゴまで、さまざまなレベルでバランスを崩壊させてしまう。

同様に陸上でも、科学者たちがリストアップして分類するのが追いつかないほどのスピードで、さまざまな種が絶滅している。ここではドミノ効果が加速している。中枢となる種が存在しなくなると、つづく数十年のうちに生態系全体が崩壊してしまうのだ。しかし、正確にどれくらいのスピードで種が消滅しているかについては、激しい議論が戦わされている。一年に〇・〇一パーセント程度だと低く見積もっている者もいれば（右派のシンクタンクの人間）、E・O・ウィルソンのように「人新世（人間が地球の生態系や気候に大きな影響をおよぼすようになった時代）の生態系破壊の犠牲となって、今後一世紀ですべての種の半分は絶滅する」という、しっかりした根拠のある警告を発している者もいる。[2]

## 人類は地球上の生命をすべて絶滅させてしまうか？

『ガリバー旅行記』の著者ジョナサン・スイフトがもし現代に甦《よみがえ》ったら、わたしたち人間を「球形の巨獣（地球）を変えようと考えている、そこそこの経験を持ったアリのように小さな科学者」として描くことだろう。

いや、気取った表現はやめよう。

地球を全滅させる？　わたしたち人間が破壊できるほど生命は小さくないし、脆弱《ぜいじゃく》でもない。脅威を感じるべきなのは母なる地球ではない。わたしたち人類だ。生命はこれまで以上の多様性と驚くほどの創意を身につけ、最後には吠え返す。しかし、大量絶滅からの回復には、たいていの場合、数千年はかかる。地球にとって、これはほんのわずかな時間でしかない。しかし、わたしたち人類の子孫は、忍耐心を試されることになるだろう。

熱く沸騰した硫黄のなかで生きている生物もいれば、スキューバ用のタンクが破裂するほどの水圧に耐えて漆黒の海底で生きている生物もいるし、餌《えさ》などどこにもあるとは思えない地中深くで、乾いた岩に付着して生きている生物もいる。二億年前に塩類鉱床に閉じこめられた胞子が科学者によって発見され、研究室で命を取り戻した例もある。この地球上の生命をすべて抹殺するほどの力を人類が手にすることは、現時点で予見できる未来においては絶対にありえない。

しかし、わたしたちは人類の生命を支えている生態系を危険にさらすことがあるだろうか？　その可能性はじゅうぶんにある。

ここで思いきってハンドルを切り、わたしたち人間がこの生物圏の管理官になったと考えてみよう。ガイア理論の提唱者であり、地球の気候の変化が破滅的な危険をもたらすと最初に警鐘を鳴らしたジェイムズ・ラヴロックは、「わたしたち人類は、いかなるものの管理官にも向いていない」といっている。わたしたち人間はこれまで、すべてをめちゃくちゃにし、自分たちが生き残ることだけを考えてきた。この惑星を〝救う〟どころか、気づかうことさえしなかった。とんでもない勢いで繁殖してきた人間にこの青く美しい地球の管理をまかせるなど、庭の管理をヤギにまかせたり、ニワトリ小屋の管理をキツネにまかせたりするようなものだ。『森の生活』で知られるアメリカの作家ヘンリー・デイヴィッド・ソローは、ライト兄弟が登場する半世紀前に、「ありがたいことに、人間はまだ空を飛べないから、大地のように空まで荒されることはない！……わたしの目からすれば、ほとんどの人間は自然を気にかけてなどいないし、自分が生きていられるかぎり、一杯の酒のために自然の美しさを売り飛ばすだろう」と書いている。

にもかかわらず、わたしたち人間は「個体としての自分が存在しなくなるときは間近に迫っている」という不安とおなじレベルで、「集団としての人間にもおなじ運命が待ち受けている」と気づきはじめており、一部の人間は自己正当化と自己否定の呪縛から抜けだし、「この地球と人間は一蓮托生《いちれんたくしょう》なんだ」と忠告する小さな声に耳を傾けはじめている。

本書と大きく関わってくる点のひとつは、自然は（英国の詩人テニソンが書いたように）「顔が真っ赤になるほど必死になっている」わけでもなければ、（哲学者のホッブズがいったように）「万人の万人に対する戦い」をつづけているわけでもない点である。生物界は共生するグループの巨大な集合体でもあり、つねに変化をつづけるさまざまな階層のつながりで、そこではもっとも協力的なパートナーシップと集団が勝利をおさめるのである。このような勝利は短命な場合もあり、犠牲が多すぎて引き合わないことさえある。

歴史が証明しているとおり、最大限の成長と生殖にブレーキをかけると(細胞レベルにおいても個体レベルにおいても)、殺し合いを招くことがある。ここで登場するのが「黒の女王」だ。「黒の女王」は怖ろしい怪物だが、種のなかの種として、人間の生存に緊密に結びついている。なのに、この重大な発見はきちんと研究されていない。進化論の有名解説者たちに見逃され、軽視され、完全に無視されているのだ。人間生態学と人間の健康におよぼす大きな影響とともに。

## わたしたちは特別なのか?

わたしたちは老化する動物であり、生まれもっての鋭敏な知覚と感覚を備えている。見たり、聞いたりできるだけでなく、怖れや苦しみや喜びを感じることができる。そして、植物が食料を生産している生態系の頂点に君臨している。宗教原理主義者たちは、「万能の神はわたしたち人間の利益と喜びのためにこの小さな惑星を手配してくださったのだ」と考え、いい気になっている。しかし、科学的なヒューマニストとトランスヒューマニスト(科学技術の力で人間の精神的・肉体的な向上をめざす人々)は、そんなうぬぼれとは無縁だ。

生態学は「わたしたちはそれほど特別ではない」と教えてくれる。わたしたちが特別ではない理由のひとつは、過剰な成長に脆弱な点だろう。この過剰な成長からわたしたちを守るために、老化は進化してきた。生存と成長が同義語だったとき、知性はわたしたちの生存と成長を助けるために進化した。いまわたしたちは、それとおなじ知性が、生存のために成長を抑制できるかを見極める必要がある。

数十億年にわたる生命の歴史において、わたしたちが「黒の女王」と呼んでいる多面的な遺伝的プログラムが現われ、人口の増加を抑えてきた。このプログラムは暴力的なプロセスによって形づくられたもので、多くの失敗と多くの絶滅の上に成り立っている。意識とテクノロジーは、セックスや「黒の女王」と同様に、進化のスピードを上げる。しかし、失敗の苦痛——はかり知れないほど昔から自然の道具箱に入っている〝絶滅〟という道具——からわたしたちを守ってはくれない。たびかさなる失敗はうまい方法を生みだし、自然はそこからすばらしい彫刻をつくりあげる。わたしたちの遺伝子は、破滅的な損失に苦しんだりしなくても、おなじ教訓を得るはずだ。だとしたら、わたしたちの脳は遺伝子よりも頭がいいといえるだろうか？

前回の氷河期の収束とともにはじまった地質時代——いまわたしたちが生きているこの地質時代——は、「完新世」と名づけられた。しかし、人間の数とテクノロジーがあらゆる場所の生命にあたえる影響が加速度的に増大しているため、地質学者は「人新世」という呼称を考えだした。

カリフォルニア大学サンタクルーズ校のダナ・ハラウェイは、人間の組織はかならず罪を犯すものだと主張し、「罪新世」と呼ぶのがより正確だと主張した。[3] ハラウェイは「種と種の関係」「コミュニティ」「喜び」「長期的に安定していくはずだった生態系に人間が移住してきたせいで変化を強いられた生物に対して、わたしたち人間が負っている責任」などの重要性を研究している。最終的に彼女は、「わたしたちがいま回帰すべきなのは、ゆるやかな成長と、家長制社会より前の自然な生活と、そしてなによりも人生そのものである」と結論を下した。ハラウェイはふざけてＨ・Ｐ・ラヴクラフトの怪奇小説を引用し、わたしたちは罪新世（Capitalocene）から邪神世（Chthulucene）――ギリシア神話における地下の神々（Chthonic）とおなじ語源――へと移行する必要があるといっている。要するに、人間のための時代ではなく、わたしたちを支えている居住環境――またの名を地球――のための時代にすべきだということだ。

デイヴィッド・スローン・ウィルソン（序章でも紹介したわたしの恩師）は、生物の多くは人間よりもずっとしっかり協力し合っていると書き、その例として、ハチやアリといったおなじみの生き物だけでなく、小エビ、サンゴ群体、ハダカデバネズミなどを挙げている。民主主義は人間同士の協調を特徴づけるものだ。人間以外の種でとくに社会性が高い生物は、フルタイムで子供を産んでいるたった一匹の女王のために自分の遺伝子を犠牲にする、繁殖能力のない労働者のコロニーを持っている。人間のユニークさは、協力の条件を交渉できる点にある。これはフェアで公明正大だ。人間の労働者のモチベーションを、働きアリのモチベーションと較べることは、従業員持ち株制度で会社の株を持っている従業員のモチベーションを、奴隷のモチベーションと較べるようなものだ。ウィルソンによれば、生物圏の歴史においてもっとも手ごわい競争相手はもっとも自由でもっとも民主的な人間社会だという。

わたしたちは基本的にこれに同意し、西欧社会における民主主義は、アメリカ合衆国の恥ずべき例に導かれて衰えつつあると指摘しておこう。代議政治はいまやただのうわべでしかなく、実際の中身は巨大な独裁主義的官僚政治へと劣化し、巨大企業群のいいなりになっている。省エネルギー問題、環境問題、野生動物保護問題などは、一般投票者の関心の中心である。しかし、現在の選挙制度はこうした重要事項が優先されない方向に偏向している。その一方で、政府はわたしたちの孫の金を注ぎこみつづけている——銀行救済と、地球を汚染する企業への助成金と、戦争と戦争と戦争に！

ふと気づけば、わたしたちは過激な利己主義思想から予測できる道を、猛スピードで進んでいる。誰もが「自己の利益を追求するのは自由だ」という神話を信じて働いているが、システムは簡単に裏をかかれ、巨大なスケールで騙《だま》す人間たちはとてつもない財産を築き、ルールに従っている大多数の人たちにはわずかなチャンスさえない。

共有地の悲劇は全世界で重くのしかかってくる。人類は環境汚染による「生態系破壊＝自殺」への道から逃れることができないだろう。しかし、もし希望があるとしたら、それは民主主義のなかにある。

## 人口のゼロ成長——人類の長期的未来は、成長のない未来である

人間は恐竜とおなじくらい長く生存するつもりなのか？　恐竜は二億年にわたってこの地球を支配した。急激な成長の論理によれば、もしわたしたちが人口の増加を一世紀につき〇・〇〇〇一パーセントに落としたとしても——これは近年の人口増加率の一〇〇万分の一でしかない——わたしたちの歴史が二億年に届くずっとまえに、人類の生物量は観測可能な宇宙の大部分を埋めつくしてしまうだろう。しかしこれは、「長期的な生存は人口の安定なくしてありえない」という明白な事実を、数学的に面白おかしく説明したにすぎない。必要なのはＺＰＧ＝人口のゼロ成長だ。

## 老化のない世界

アメリカの作家カート・ヴォネガットは、短篇集『バゴンボの嗅ぎタバコ入れ』に収録されている「2BR02B」（トゥー・ビー・オア・ノット・トゥー・ビーと発音する）という作品で、老化がまったくなくなった世界を描いている。タイトルは連邦終止局（公共の自殺幇助《ほうじょ》機関）の電話番号を示している。人口を安定させるため、誰かが死なければ出産は許されていない。老化がなく、病気になる人間もほとんどいないので、誰かが死ぬのは、事故か、新生児殺しか、自殺しかない。この物語に登場する画家は二〇〇歳だが、三五歳にしか見えない。彼は病院の壁画を描いているときに、これから三つ子の父親になろうとしている男が、自分自身と、産科医長と、壁画のモデルとしてその場にいた女性を殺すのを目撃する。三つ子の父親が二人の人間を殺して自殺したのは、妻の父親を殺したくなかったからだ。これから祖父になろうとしていた妻の父親は、三つ子のうちのひとりに「席を譲る」ために自分が死ぬつもりだった。三人の人間が死んだおかげで、三つ子が全員生まれても人口は維持されることになった。画家が制作しているのは社会派リアリズムの壁画で、人口が安定した社会を象徴した庭園を描いたものだった。作品のラストで、自らも自殺を決意した画家は、小説のタイトルになっている番号に電話をかける。「ありがとうございます」と、連邦終止局の町営ガス室の受付係が応える。「あなたのお申し出を、あなたのシティと国と惑星に代わって感謝いたします。でもそれ以上に、将来の世代はあなたに心から感謝するでしょう」

## わたしたちはそれを未来と呼ぶ。なぜなら、なにが起こるかはわからないからだ

「未来」という言葉には、前方に向かって広がっているイメージがある。しかし、ホピ語〔アリゾナ州北東部のホピ族の言語〕をはじめとするいくつかの言語における「未来」は、「～の背後に」という意味の前置詞とともに使われる。過去は記憶を通して見ることができるが、未来は不明瞭で、未知のものであり、自分の背後にあるも同然だからだ。

わたしたちは未来を見ることができない。しかし、見ようとする努力をとめることはできない。古典的なあやまちは、未来を予測するにあたって、過去にあったことに引きずられすぎることだ。わたしたちは大変動――ゲームのルールを変えてしまうような崩壊――を予見することができない。オーブリー・デ・グレイやレイ・カーツワイルのような予言者は、まったく正反対のことを信じさせようとしている。しかし、ひとつだけ確信を持っていえることがある。「未来は過去とは似ていない」し、そうした崩壊がどんなものかを予測するだけでは意味がないということだ。

未来――この魔法の言葉は巨大で、希望に満ち、恐怖をかきたてる。未来はわたしたちの現在の行動や態度次第で変わってくるが、それがどのように変わるかを見極めるのは腹立たしいほどむずかしい。老化への理解が増すにつれ、賭け金もそれにしたがって上がっている。もはや人間には説明できないほど速く変化している社会組織において、寿命を延ばすことにどんな意味があるのか、わたしたちは心から知りたいと思う。

過去における前向きさと豊かさは、未来における前向きさと豊かさを暗示している。人類や世

界の終局的な運命を語る終末論は、これまで宗教の領域だったが、これからはもっと広い層の人間が向き合うべきだろう。

　下のグラフのポイントは、横軸の対数目盛りにある。いちばん左の一〇〇億年が、中央の一〇〇万年や、右端の一〇年とおなじ幅になっていることに着目してほしい。重要な転機がどんどん速く訪れるようになっているわけだ。カーツワイルは「歴史の加速はわたしたちが生きているあいだに頂点に達する」と主張し、それがどんな形を描くかが見えるとまでいっている。人間の知性と機械の知性は、今後の数十年で融合する運命にあり、大きく拡散してこの宇宙を支配するというのだ。

　カーツワイルのいう「シンギュラリティ＝技術的特異点」とは、機械が新しい機械を設計・製作できるようになる段階のこ

■人類発生前後の進化

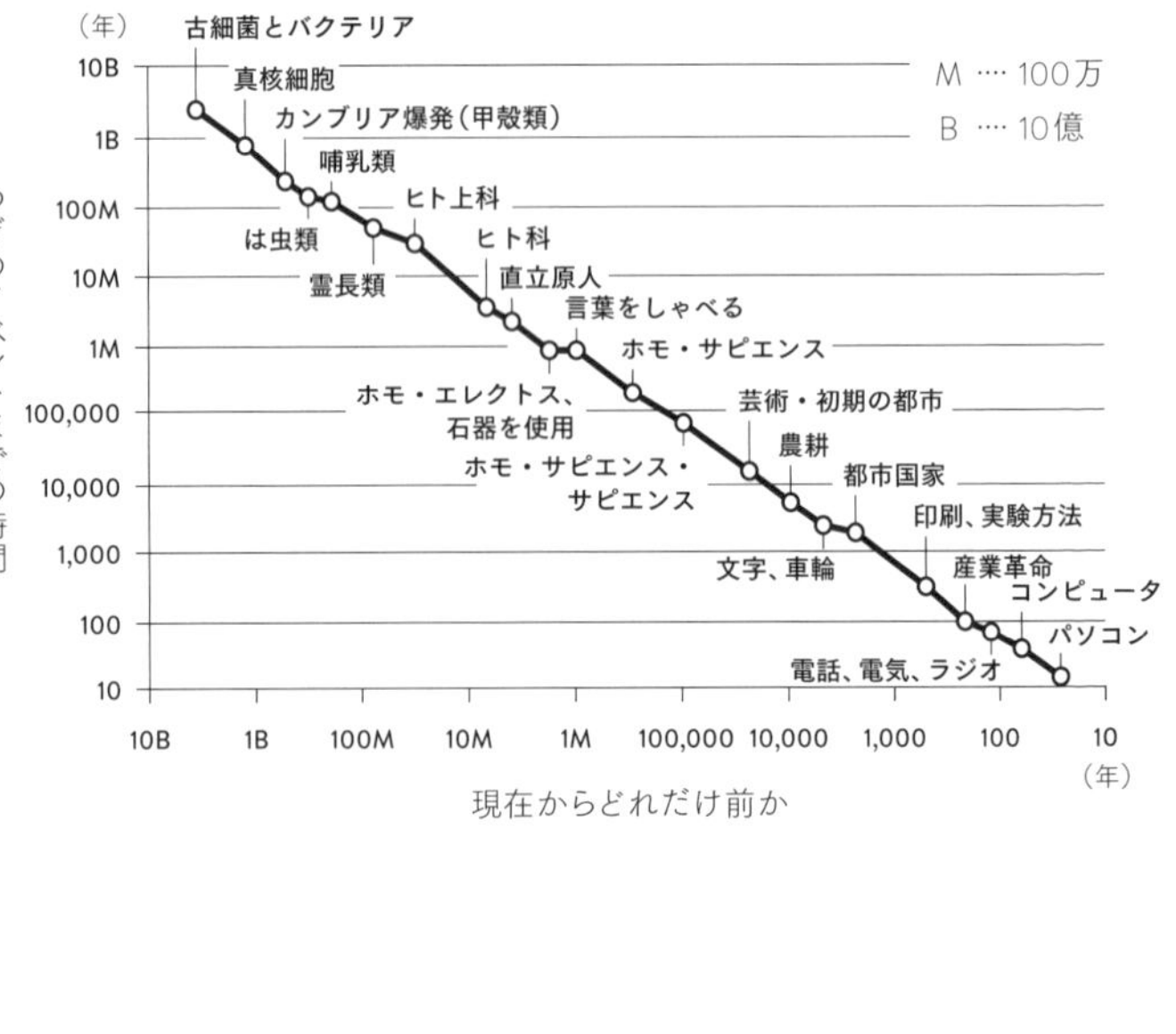

とで、新しい機械は世代を追うごとにどんどん高度なものになっていく。こうして、きわめてスピードの速い新しい新しい進化がはじまり、これまではただの夢だったことが実現する。

一世代前、カーツワイルは三つの人工知能テクノロジーのパイオニアだった。この三つ——楽音合成（シンセサイザー）、光学式文字読み取り装置（OCR）、音声認識——はすでに製品化されている。現在、カーツワイルはグーグル社の開発総指揮者として働いている。彼は癌を克服したことでも知られ、寿命延長の支持者としても有名である。

わたしたちはさまざまなタイプの情報テクノロジーにおいて、急激な進歩を遂げた。さらに、いまやすべてのテクノロジーは、実質的に情報テクノロジーになっている。こうした趨《すう》勢《せい》をすべて統合すれば、わたしたちはそう遠くない未来に、シンギュラリティに到達することができると予言できる。

シンギュラリティに達すれば、テクノロジーの変化のペースがとてつもなく速くなり、その衝撃があまりにも大きいため、人間の生活はまったく変容し、後戻りはできなくなる。わたしたちは生物学を再プログラムし、究極的にはそれを超越することができる。その結果もたらされるものは、わたしたち人間とテクノロジーの密接な融合である。

「そのような劇的な変化のあとで、わたしたちはまだ人間なのか」と質問するコメンテーターがいる。こうした傍観者たちの頭にある人間という概念は、人間の持つ限界に基づいている。しかし、わたしにとっての人間とは、その限界を超えていこうとする——そしてそれに成功する——種である。わたしたちには、地平線を広げていく能力がある。そしてこの能力は、直線的に伸びていくのではなく、幾何級数的に広がっていくのだ。わたしたちの前には、急激な変化が実現する劇的な世紀が待っているのである。[4]

——レイ・カーツワイル

## 一〇〇〇年

本書の第二章で、わたしたちは「老化とは年を追うごとに死亡率が増加することだ」という保険計理人による老化の定義を紹介した。老化がなければ、死亡率は決して上昇しない。しかし、ゼロになるというわけではない。

現代の西欧社会において、二〇歳のときの死亡率はほぼ一〇〇〇分の一である。一九歳の若者は一〇〇〇分の九九九の確率で二〇歳の誕生日を迎えられるわけだ。ということは、もし老化がなければ、病気や自動車事故や自殺といった不慮の出来事で命を落とす確率は、何歳になってもずっと一〇〇〇分の一のままだということだ。すると、この若者の余命は一〇〇〇年だということになる。

アンチエイジング薬に期待できる最大の効果は、余命一〇〇〇年という理想に到達することである。期待寿命がこれを超えることはあるだろうか？　答えはイエスだ。しかし、生体臨床医学の力でそれは実現できない。わたしたちは交通の安全や、職場の安全、自殺を防ぐための社会的な取り組み、ケロッグ＝ブリアン不戦条約*の完全な法的実施などに目を向ける必要がある。

## 簡単に答えの出る問題もある

「アンチエイジング薬がもたらす個人的な利益と集団的なリスクのどちらを選ぶか」という問題は、たしかに答えを出すのがむずかしい。しかし、それと密接に関連したふたつの問題は、答えがきわめて明白だ。むずかしい問題と格闘するまえに、まずは簡単にできることに取り組もう。

第一にわたしたちは、この地球にいまよりずっと負担をかけずに生きることができる。わたしたち人間はリサイクル、リユース、省エネなどの大いなる可能性を開発しはじめたばかりだ。邪悪な産業奨励策は、エネルギー抽出や使い捨て経済に助成金を支給しつづけている。これは言い訳のしようもない。エネルギーや資材の保存は環境に優しいだけでなく、ずっと安上がりなのである（この件に関してもっと知りたいという方には、エイモリー・B・ロビンスとロッキーマウンテン研究所の著作をお勧めしておく）。

第二に、世界は「より小さな家族の文化」に向かって進んでいかなくてはならない。出産の奨励はすでにその有用性を失って久しいが、実際にはいまだに広く行なわれている。原理主義的な宗教はすべて多産を奨励している。アメリカを筆頭に、西欧の諸国では、子供がいる夫婦は税制上の優遇措置がうけられる。この惑星では人口が増えすぎているにもかかわらず、ドイツ、日本、ロシア、イタリア、台湾では、子供をつくると助成金が支給される。アメリカの最貧困層の一〇代の少女にとっては、未婚の母になることが生活に必要最低限の収入を得る唯一の方法になって

＊この歴史の一断面をご存じない読者は、調べてみるといいだろう。サイモンとガーファンクルが登場する四〇年前、世界は戦争を終わらすことに同意したことがあるのだ。

いる。こうした政策は遠い昔からつづいている宗教的伝統や、成長なくしてやっていけない資本主義、人種差別などによって説明することができる——しかし、これはどれも言い訳にならない。移民や養子縁組の代わりに出産を奨励することは、ただの無責任でしかない。

アフリカをはじめとする国では、大きな効果が期待できる産児制限プログラムが地道に行なわれている。家族の大きさの意識を変えるために、ラジオやテレビの人気番組を利用しているのである。その過程で、彼らは女性に力をあたえ、コミュニティにおける地位向上を進めてきた。「ポピュレーション・メディア・センター」と「ポピュレーション・コミュニケーションズ」はどちらも小さな非営利団体で、わずかな予算で何十年もこの仕事をつづけている。

## 交響曲のように、ふたたび冒頭へ

いつの日か自分がこの世から消えてしまうことに怯えた幼い少年が、両親のベッドにもぐりこむ——本書はそんな描写からはじまった。そしていま、わたしは自問してみる。「まだまだ満足できないくらい、自分は人生を愛しているか？」と。もしくは、「自分は死ぬのが怖くたまらないか？　死ぬことを考えずに、できるだけ避けていたいか？」と。

数年前、わたしはアンチエイジング科学研究の同僚でもある友人に、「ぼくは幼い頃からずっと死に怯えつづけてきたんだが、それって度を超しているんだろうか？　それともよくあることなのかな？」と質問してみた。友人は、「そういう恐怖をかかえてるのはきみだけじゃないよ」と答えた。寿命延長の研究をしている人たちのあいだでは、死に対する過剰な恐怖がよくあることなのは、誰もが知っている秘密なのだという。

## フロイトと進化論

フロイトが成人したのは、ポスト・ダーウィンの第一世代が登場した頃だった。もちろん、フロイトも進化論については知っていた。人間の「無意識の動機」に対するフロイトの理解は、そのほとんどが「増殖と自己保存のために進化した脳」という考えとぴったり合致している。

しかし、晩年のフロイトの研究は、タナトス（死の欲動）の発見と記録を契機に、興味深い転機を迎えた。フロイトの初期の研究の（いわば）ゴリ押しなところは、ダーウィンの心理学観と無理なく調和していたが、タナトスの場合はいささか話がちがっていた。当初、フロイトはタナトスのことを、自分の患者たちに見られる「古いトラウマをくりかえそうとする抑えがたい欲望」「過去にあった恐ろしい出来事を思い出させるシチュエーションを再現すること」と説明していた。何年もあとになってから、フロイトはこれを「〝塵より生まれた〟わたしたちは、内なる無生命の絶えざる力によって、命のない状態＝土へと引き寄せられる」というテーマとともに一般化した。

フロイトの考えがどう発展していったかを検証した学者たちは、フロイトが引用した数々の例は、死に引き寄せられるという説を正当化するものではないと強調している。しかし、フロイト自身の人生に目を向ければ、フロイトの考えがどこからきたものであるかは明らかだろう。フロイトは口腔癌の手術で顎を失ったあとも、何年間も毎日タバコを丸一箱吸いつづけた。癌の苦痛が耐えられないものになると、八三歳のときに、主治医に過量のモルヒネを投与してもらって自殺した。死の欲動理論を詳細に説明するときにフロイトの頭にあったのは、自分自身の内省だったのではないか。自分の学説を学会に受け入れてもらうためにいくつもの戦いをくりかえし、長い研究生活に疲れ果てていたのではないか。彼はナチスが自分の著作を焼くのを目にし、最晩年はロンドンに亡命した。おそらく、このときには長い眠りにつく準備ができたと感じていたのだろう。

こんにち、長く充実した人生を送った老人が「もう死んでもいい」と口にするとき、わたしたちは悲しみを感じこそすれ、驚きはしない。これはフロイトのタナトスの祖先である「ダーウィンの死の欲動」の発露なのではないだろうか?

---

なら、わたしが老化と死に興味を持っているのはそれゆえなのか? 死に対する恐怖が唯一の理由なのか?

じつのところ、自分でもよくわからない。しかし、一九九六年に寿命延長の研究をはじめ、自分の研究の成果を人生の選択に反映させるようになって以来、わたしがふたつの祝福を手にしたことはほんとうだ。

小さいほうの祝福は、より健康的で活動的になり、さらなる活力と精力と柔軟性を手に入れ、同年齢のほかの人たちよりも持久力があることだ。これはわたしの遺伝子と生活環境と個人的な努力が組み合わさってもたらされたものだが、この三つの要素の比重を定量化する気はさらさらない。

大きいほうの祝福は、恐怖のとばりが消えたことだ。左の肩の上にいつものしかかっていた恐怖が——ことあるごとにわたしの意識をとらえて気力を削いできた恐怖が——もはやつきまとわなくなったのである。わたしはあたりを探し、いまや悪鬼が自分の記憶の影に消えているのに気がついた。いつの日かまた戻ってくることがあるかもしれないが、すくなくともいまは、どこか遠い場所にいる。

哲学者のスティーヴン・ケイヴは（その著作とTEDxで）、死というむずかしいテーマに明確な洞察を提供してきた。[5] 彼はわたしたちに、意図的な自己欺瞞《ぎまん》は自然の一部であり、そのもっとも顕著な例が死の否定であることを教えてくれる。歴史的に見て、人間は以下の四つのタイプの物語に慰めを見出す。

1　不老不死の霊薬の話
2　死後の世界や生まれ変わりの話
3　体が朽ち果てても生きつづける不滅の魂の話
4　思想や作品として永遠に残る過去の遺産の話

過去において、人は魔法や錬金術やさまざまな宗教的伝統のなかに、死という受け入れがたい運命からの解放を探し求めた。あなたやわたしは一八世紀の啓蒙運動の伝統を受け継いでいるから、おなじ解放を科学に求める。自分自身を欺《あざむ》く必要はやはり強く、科学は過去の信仰システムのどれよりも説得力がある。

わたしにとって興味深いのは、自分の心理を分析してみると、科学を通じて長寿を追い求めたことに、不合理ながら恐怖を鎮める効果があった点だ。わたしは自分の努力のおかげで寿命が一〇年延びたと信じているし、寿命を延ばすテクノロジーがもうすぐ実用可能になるという根拠もあるから、科学の進歩によってもう一〇年、いやもう数十年長生きできるかもしれないと考えている。逆説的なのは、真夜中に震えながら母のベッドにもぐりこんだ三歳のときよりも、あらゆる意味でいまの自分のほうが死に近いというのに、いまのほうが虚無はずっと遠くにあることだ。

紀元前四世紀、エピクロスは後世のわたしたちに「死を怖れるのは不合理だ」という教えを残した。「わたしがここにいるかぎり、死はここにいない——そして、死がやってきたとき、わたしはもうここにいない」。これとおなじ考えを、ヴィトゲンシュタインは二〇世紀式にこう表現した。

死は人生の出来事ではない。死を人は経験することがない。永遠とは、はてしなく時間がつづくことではなく、無時間のことであると理解するなら、現在のなかで生きている者は、永遠に生きている。私たちの生は、私たちの視野に境界がないのとまったく同様に、終わりがない。

——ヴィトゲンシュタイン『論理哲学論考』（丘沢静也訳／光文社）

しかし、三歳のときのわたしはこの言葉に安らぎを得られなかったし、いまでも得ることができない。わたしの役に立ったのは、死の恐怖に対する進化論的な理解だった。死の恐怖がどこからきて、どう力を誇示するかを理解することだった。思うに、死の恐怖は（この場合にかぎっては）利己的遺伝子理論ですっかり説明がついた。死への激しい嫌悪の情はわたしたちの代謝のなかに植えこまれており、その嫌悪の情の基盤である遺伝子そのものを保存するのを助け、そうした遺伝子が次世代へと伝達される可能性を高める。恐怖はアドレナリンの急激な分泌によって引き起こされる。恐怖から生まれる切迫感は、命の危険が迫ったときにわたしたちを守るように進化してきた。いざというときのために余分な力を蓄えておき、命が危険にさらされたらすべてを忘れて戦うようにプログラムされているのだ。

　死の恐怖のためのホルモンの基盤は動物のなかで進化したが、まだ長期的な未来を理解するまでには発達していない。動物はいつか起こる死を認識しておらず、身に迫った危険から逃れるために有用なエネルギーとモチベーションが必要なときにだけ、短期的に恐怖が湧きあがってくる。しかし、現代の人間には、認識による原初的な恐怖が拡散している。恐怖は低レベルだが継続的に存在し、左肩に乗った悪魔となっている。ケイヴがいうように、「これはわたしたちにかけられた呪いであり、高度な知性を持ったことへの代償」なのである。慢性的な状態としての恐怖は適応を助けるものではない——助けることなどまったくない。いつか死ぬことを意識して生きることは、崇高な努力をうながすことにつながるが、恐怖をかかえて生きることは体を麻痺《まひ》させてしまう。恐怖が運んでくるホルモンと感情は、ジャングルにおいては適応を助けるが、現代文化のコンテクストにおいては意味がない。

　死から逃れることはできない。しかしたぶん、恐怖からは逃れられるだろう。

# 原注

## はじめに


1 Johnson, T.E., *Increased life- span of age-1 mutants in Caenorhabditis elegans and lower Gompertz rate of aging*. Science, 1990. 249(4971):p. 908–912.

2 Johnson, T.E., P.M. Tedesco, and G.J. Lithgow, *Comparing mutants, selective breeding, and transgenics in the dissection of aging processes of Caenorhabditis elegans*. Gnetica, 1993. 91(1–3): p. 65–77.

3 Stearns, S.C., *The Evolution of Life Histories*. 1992, Oxford; New York: Oxford University Press. xii, p. 249.

4 Guarente, L., and C. Kenyon, *Genetic pathways that regulate ageing in model organisms*. Nature, 2000. 408(6809): p. 255–262.

5 Wilson, D.S., *The new fable of the bees: multilevel selection, adaptive societies, and the concept of self interest*. Evolutionary Psychology and Economic Theory, Advances in Austrian Economics, ed. Roger Koppl, vol. 7, 2004,Amsterdam, Elsevier Ltd., p. 201–220.

6 Margulis, L., *Origin of evolutionary novelty by symbiogenesis*. Biological Evolution: Facts and Theories: A Critical Appraisal 150 Years After “The Origin of Species.” Rome: Gregorian and Biblical Press, 2011. 312: p. 107–114.

7 Woese, C.R., *A new biology for a new century*. Microbiology and Molecular Biology Reviews, 2004. 68(2): p. 173–186.


## 序章　幼い頃からの不安と妄想が、いまのわたしをつくるまで


1 Ames, B., *Dietary carcinogens and anticarcinogens: Oxygen radicals and degenerative diseases*. Science, 1983. 221(4617): p. 1256–1264.

2 Ames, B.N., R. Magaw, and L.S. Gold, *Ranking possible carcinogenic hazards*. Science, 1987. 236(4799): p. 271–280.

3 Weindruch, R., *Caloric restriction and aging*. Scientific American, 1996. 274(1): p. 46–52.

4 Maynard Smith, J., *Group selection*. The Quarterly Review of Biology, 1976. 51: p. 277–283.

5 Berreby, D., *Enthralling or exasperating: select one*, in *New York Times*. 1996.

6 Mitteldorf, J., and D.S. Wilson, *Population viscosity and the evolution of altruism*. Journal of Theoretical Biology, 2000. 204(4):p. 481–496.


## 第１章　あなたは車ではない――体に〝ガタ〟はこない


1 Kirkwood, T., *Evolution of aging*. Nature, 1977. 270: p. 301–304.

2 Schneider, E.D., and D. Sagan, *Into the Cool: Energy Flow, Thermodynamics, and Life*, 2006. Chicago: University of Chicago Press.

3 Orgel, L.E., *The maintenance of the accuracy of protein synthesis and its relevance to ageing*. Proceedings of the National Academy of Sciences, 1963. 49: p. 517–521.

4 Harley, C.B., et al., *Protein synthetic errors do not increase during aging of cultured human fibroblasts*. Proceedings of the National Academy of Sciences, 1980. 77(4): p. 1885–1889.

5 Harman, D., *Aging: a theory based on free radical and radiation chemistry.* The Journals of Gerontology, 1956. 11(3): p. 298–300.
6 De Grey, A.D., *The Mitochondrial Free Radical Theory of Aging.* 1999, Austin, TX: Springer/Landes, p. 212.
7 ATBC, *The effect of vitamin E and beta carotene on the incidence of lung cancer and other cancers in male smokers. The Alpha- Tocopherol, Beta Carotene Cancer Prevention Study Group.* The New England Journal of Medicine, 1994. 330(15): p. 1029–1035.



## 第2章　肉体の遍歴——老化のさまざま

1 Hamilton, W.D., *The moulding of senescence by natural selection.* Journal of Theoretical Biology, 1966. 12(1): p. 12–45.
2 Vaupel, J.W., et al., *The case for negative senescence. Theoretical Population Biology,* 2004. 65(4): p. 339–351.
3 Jones, O.R., et al., *Diversity of ageing across the tree of life.* Nature, 2014. 505(7482): p. 169–173.
4 Sussman, R., C. Zimmer, and H.U. Obrist, *The Oldest Living Things in the World.* 2014, Chicago: University of Chicago Press.
5 Stoppenbrink, F., *Der Einflul herabgesetzter Ernlihrung auf den histologischen Bau der Siilwasser- tricladen.* Zeitschrift fur Wissenschaftliche Zoologie, 1905. 79: p. 496–574.
6 Bavestrello, G., C. Suommer, and M. Sara, *Bi- directional conversion in Turritopsis nutricula.* Sci. Mar., 1992. 56(2–3): p. 137–140.
7 Beck, S., *Growth and retrogression in larvae of Trogoderma glabrum 1. Characteristics under feeding and starvation.* Annals of the Entomological Society of America, 1971. 64: p. 149–155.
8 Martinez, D.E., *Mortality patterns suggest lack of senescence in hydra.* Experimental Gerontology, 1998. 33(3): p. 217–225.
9 Mitteldorf, J., and C. Goodnight, *Post- reproductive life span and demographic stability.* Oikos Journal, 2012. 121(9): p. 1370–1378.

## 第3章　拘束衣を着せられたダーウィン——現代の進化論を俯瞰する

1 Peck, J.R, *Sex causes altruism. Altruism causes sex. Maybe.* Proceedings of the Royal Society of London, Series　B: Biological Sciences, 2004. 271(1543): p. 993–1000.
2 Bell, G., *The Masterpiece of Nature: The Evolution and Genetics of Sexuality,* 1982. Berkeley: University of California Press, p. 635.
3 Dawkins, R., *The Selfish Gene.* 1976, Oxford: Oxford University Press.
4 Dobzhansky, T., *Nothing in biology makes sense except in the light of evolution.* 1973.
5 Wynne- Edwards, V., *Animal Dispersion in Relation to Social Behaviour.* 1962, Edinburgh: Oliver & Boyd.
6 Williams, G., *Adaptation and Natural Selection.* 1966, Princeton: Princeton University Press.
7 Darwin, C., *On the Origin of Species by Means of Natural Selection, or the Preservation of Favoured Races in the Struggle for Life.* 1859, London: John Murray.
8 Engels to Pyotr Lavrov in London. Written: Nov. 12–17, 1875; Transcription/Markup:

Brian Baggins; Online Version: Marx/Engels Internet Archive (marxists.org) 2000. https://www.marxists.org/archive/marx/works/1875/letters/751117-ab.htm.

9 Fisher, R.A., *The Genetical Theory of Natural Selection.* 1930, Oxford: Clarendon Press. xiv, p. 272.

111 10 Morris, D., *The Naked Ape.* Life, 1967. 63(25): p. 94–108.

## 第4章　老化の理論と理論の老化

1 Weismann, A., et al., *Essays Upon Heredity and Kindred Biological Problems.* 2d ed. 1891, Oxford: Clarendon Press. 2 v.

2 Medawar, P.B., *An Unsolved Problem of Biology.* 1952, London: Published for the college by H. K. Lewis. p. 24.

3 Edney, E.B. and R.W. Gill, *Evolution of senescence and specific longevity.* Nature, 1968. 220(5164): p. 281–282.

4 Bonduriansky, R., and C.E. Brassil, *Senescence: rapid and costly ageing in wild male flies.* Nature, 2002. 420(6914): p. 377.

5 Rose, M., *Laboratory evolution of postponed senescence in Drosophila melanogaster.* Evolution, 1984. 38(5): p. 1004–1010.

6 Williams, G., *Pleiotropy, natural selection, and the evolution of senescence.* Evolution, 1957. 11: p. 398–411.

7 Rose, M.R., *Laboratory evolution of postponed senescence in Drosophilia melanogaster.* Evolution, 1984. 35(5): p. 1008–09

8 Leroi, A., A.K. Chippindale, and M.R. Rose, *Long- term evolution of a genetic life- history trade- off in Drosophila: The role of genotype- byenvironment interaction.* Evolution, 1994. 48: p. 1244–1257.

9 Promislow, D.E., et al., *Age- specific patterns of genetic variance in Drosophila melanogaster. I. Mortality.* Genetics, 1996. 143(2): p. 839–848.

10 Tatar, M., et al., *Age- specific patterns of genetic variance in Drosophila melanogaster. II. Fecundity and its genetic covariance with age- specific mortality.* Genetics, 1996. 143(2): p. 849–858.

11 Kirkwood, T., *Evolution of aging: how genetic factors affect the end of life.* Nature, 1977. 270: p. 301–304.

12 Vaupel, J.W., et al., *The case for negative senescence.* Theoretical Population Biology, 2004. 65(4): p. 339–351.

13 Finch, C.E., *Longevity, Senescence and the Genome.* 1990, Chicago: University of Chicago Press.

14 Ricklefs, R.E., and C.D. Cadena, *Lifespan is unrelated to investment in reproduction in populations of mammals and birds in captivity.* Ecology Letters, 2007. 10(10): p. 867–872.

15 Beeton, M., G.U. Yule, and K. Pearson, *On the correlation between duration of life and the number of off spring.* The Royal Society of London Proceedings B, 1900. 65: p. 290–305.

16 Grundy, E., and O. Kravdal, *Reproductive history and mortality in late middle age among Norwegian men and women.* American Journal of Epidemiology, 2008. 167(3): p. 271–279.

17 McArdle, P.F., et al., *Does having children extend life span? A genealogical study of parity and longevity in the Amish.* Journals of Gerontology. Series A: Biological Sciences and

Medical Sciences, 2006. 61(2): p. 190–195.
18 Perls, T.T., L. Alpert, and R.C. Fretts, *Middle- aged mothers live longer.* Nature, 1997. 389(6647): p. 133.
19 Mitteldorf, J., *Demographic evidence for adaptive theories of aging.* Biochemistry, 2009. 77 (7): p. 726–728.
20 Westendorp, R.G. and T.B. Kirkwood, *Human longevity at the cost of reproductive success.* Nature, 1998. 396(6713): p. 743–746.
21 Mitteldorf, J., *Female fertility and longevity.* Age (Dordr), 2010: p. 79–84.
22 McCay, C., M. Crowell, and L. Maynard, *The effect of retarded growth upon the length of life span and upon the ultimate body size.* Nutrition, 1935. 5(3): p. 155.
23 Walford, R.L., et al., *Calorie restriction in biosphere 2: alterations in physiologic, hematologic, hormonal, and biochemical parameters in humans restricted for a 2- year period.* Journals of Gerontology. Series A: Biological Sciences and Medical Sciences, 2002. 57(6): p. B211–24.
24 Holloszy, J.O., and L. Fontana, *Caloric restriction in humans. Experimental Gerontology,* 2007. 42(8): p. 709–712.
25 Mattison, J.A., et al., *Impact of caloric restriction on health and survival in rhesus monkeys from the NIA study.* Nature, 2012.
26 Colman, R.J., et al., *Caloric restriction reduces age- related and all- cause mortality in rhesus monkeys.* Nature Communications, 2014. 5.
27 Shanley, D.P., and T.B. Kirkwood, *Calorie restriction and aging: a life- history analysis.* Evolution: International Journal of Organic Evolution, 2000. 54(3): p. 740–750.
28 Mitteldorf, J., *Can experiments on caloric restriction be reconciled with the disposable soma theory for the evolution of senescence?* Evolution: International Journal of Organic Evolution, 2001. 55(9): p. 1902–1905; discussion 1906.
29 Austad, S., *Why We Age.* 1999, New York: Wiley.
30 Luckey, T.D., *Nurture with ionizing radiation: a provocative hypothesis.* Nutrition and Cancer, 1999. 34(1): p. 1–11.
31 Jolly, D., and J. Meyer, *A brief review of radiation hormesis.* Australasian Physical & Engineering Sciences in Medicine, 2009. 32(4): p. 180–187.
32 Calabrese, E.J., *Toxicological awakenings: the rebirth of hormesis as a central pillar of toxicology.* Toxicology and Applied Pharmacology, 2005. 204(1): p. 1–8.

## 第 5 章　老化が若かった頃——複製老化

1 Lane, N., *Life Ascending: The Ten Great Inventions of Evolution.* 2010: Profile Books.
2 McFadden, J., and J. Al- Khalili, *Life on the Edge: The Coming of Age of Quantum Biology.* 2015, New York: Crown.
3 Hoyle, F., and C. Wickramasinghe, *Lifecloud: The Origin of Life in the Universe.* 1978, London: Dent, p. 1.
4 Crick, F.H., and L.E. Orgel, *Directed panspermia. Icarus,* 1973. 19(3): p. 341–346.
5 Agladze, K., V. Krinsky, and A. Pertsov, *Chaos in the nonstirred Belousov– Zhabotinsky reaction is induced by interaction of waves and stationary dissipative structures.* 1984.
6 Dyson, F.J., *Origins of Life.* 1985, Cambridge: Cambridge University Press.

7 Wilson, D.S., *Introduction: multilevel selection theory comes of age.* The American Naturalist, 1997. 150(s1): p. S1- S21.

8 Mitteldorf, J., *Aging Is a Group-Selected Adaptation.* 2016, Boca Raton, Florida: Taylor & Francis.

9 Wilson, E.O., *The Social Conquest of Earth.* 2012, New York: W.W. Norton & Company.

10 Clark, W.R., *Sex and the Origins of Death.* 1998, Oxford: Oxford University Press, p. 208.

11 Clark, W.R., *A Means to an End: The Biological Basis of Aging and Death.* 1999, New York; Oxford: Oxford University Press, xv, p. 234.

12 Hayflick, L., and P.S. Moorhead, *The serial cultivation of human diploid cell strains.* Experimental Cell Research, 1961. 25(3): p. 585–621.

13 Strehler, B.L., *Time, Cells and Aging.* 1977, New York: Academic Press, p. 41.

14 Lange, T., V. Lundblad, and E.H. Blackburn, *Telomeres.* Cold Spring Harbor Monograph Series. 2005.

15 Cawthon, R.M., et al., *Association between telomere length in blood and mortality in people aged 60 years or older.* Lancet, 2003. 361(9355): p. 393–395.

16 Rode, L., B.G. Nordestgaard, and S.E. Bojesen, *Peripheral blood leukocyte telomere length and mortality among 64, 637 individuals from the general population.* Journal of the National Cancer Institute, 2015. 107(6).


## 第6章　老化がさらに若かった頃――アポトーシス


1 Fabrizio, P., et al., *Superoxide is a mediator of an altruistic aging program in Saccharomyces cerevisiae.* The Journal of Cell Biology, 2004. 166(7): p. 1055–1067.

2 Bosco, L., et al., *Apoptosis in human unfertilized oocytes after intracytoplasmic sperm injection.* Fertility and Sterility, 2005. 84(5): p. 1417–1423.

3 Mitteldorf, J., *Telomere biology: cancer firewall or aging clock?* Biochemistry, 2013. 78(9): p. 1054–1060.

4 Marzetti, E., and C. Leeuwenburgh, *Skeletal muscle apoptosis, sarcopenia and frailty at old age.* Experimental Gerontology, 2006. 41(12): p. 1234–1238.

5 Behl, C., *Apoptosis and Alzheimer's disease.* Journal of Neural Transmission, 2000. 107(11): p. 1325–1344.

6 Pistilli, E.E., J.R. Jackson, and S.E. *Alway, Death receptor- associated proapoptotic signaling in aged skeletal muscle.* Apoptosis, 2006. 11(12): p. 2115–2126.

7 Morita, Y., and J.L. Tilly, *Oocyte apoptosis: like sand through an hourglass.* Developmental Biology, 1999. 213(1): p. 1–17.

8 Su, J.H., et al., *Immunohistochemical evidence for apoptosis in Alzheimer's disease.* Neuroreport, 1994. 5(18): p. 2529–2533.


## 第7章　自然のバランス――人口のホメオスタシス


1 Slobodkin, L.B., *How to be a predator.* American Zoologist, 1968. 8(1): p. 43–51.

2 Williams, G., *Adaptation and Natural Selection.* 1966, Princeton: Princeton University Press.

3 Wynne- Edwards, V., *Animal Dispersion in Relation to Social Behaviour.* 1962, Edinburgh: Oliver & Boyd.

4 Wilder, L.I., *On the banks of plum creek*. Little House. Vol. 4. 1937, New York: Harper & Bros.
5 Yoon, C.K., *Looking back at the days of the locust*. New York Times. 2002.
6 Luckinbill, L., *Coexistence in laboratory populations of Paramecium aurelia and its predator Didinium nasutum*. Ecology, 1973. 54(66): p. 1320–1327.
7 Klein, D.R., *The introduction, increase, and crash of reindeer on St Matthew Island*. Journal of Wildlife Management, 1968. 32(2): p. 350–367.
8 Begon, M., C.R. Townsend, and J.L.Harper, *Ecology: From Individuals to Ecosystems*. 2005, New York: Wiley- Blackwell,p. 752.
9 Schrodinger, E., *What Is Life? : With Mind and Matter and Autobiographical Sketches*. 1944, Cambridge: Cambridge University Press.
10 Gilpin, M.E., *Group Selection in Predator- Prey Communities*. 1975, Princeton: Princeton University Press.
11 Mitteldorf, J., *Chaotic population dynamics and the evolution of aging: proposing a demographic theory of senescence*. Evolutionary Ecology Research, 2006. 8: p. 561–574; and Mitteldorf, J., and J. Pepper, *Senescence as an adaptation to limit the spread of disease*. Journal of Theoretical Biology, 2009. 260(2): p. 186–195; and Mitteldorf, J., and C. Goodnight, *Post- reproductive life span and demographic stability*. Oikos Journal, 2012. 121(9): p. 1370–1378.



## 第8章　全員が一気に死ぬことがなくなる——黒の女王の策略

1 Mitteldorf, J., *Chaotic population dynamics and the evolution of aging: proposing a demographic theory of senescence*. Evolutionary Ecology Research, 2006. 8: p. 561–574.
2 Hekimi, S., J. Lapointe, and Y. Wen, *Taking a "good" look at free radicals in the aging process*. Trends in Cell Biology, 2011. 21(10): p. 569–576.
3 Mitteldorf, J., *Chaotic population dynamics and the evolution of aging: proposing a demographic theory of senescence*. Evolutionary Ecology Research, 2006. 8: p. 561–574.
4 Stead, D.G., *The Rabbit in Australia*. 1935, Sydney: Winn.
5 Hardin, G., *The tragedy of the commons*. Science, 1968. 162: p. 1243–1248.
6 Woese, C.R., *Interpreting the universal phylogenetic tree*. Proceedings of the National Academy of Sciences, 2000. 97(15): p. 8392–8396.
7 Wagner, G.P., and L. Altenberg, *Complex adaptations and the evolution of evolvability*. Evolution, 1996. 50(3): p. 967–976.

## 第9章　長生きをするには

1 Knoll, J., *The striatal dopamine dependency of life span in male rats. Longevity study with (-) deprenyl*. Mechanisms of Ageing and Development, 1988. 46(1): p. 237–262; see also: Kitani, K., et al., *Dosedependency of life span prolongation of F344/DuCrj rats injected with (-) deprenyl*. Biogerontology, 2005. 6(5): p. 297–302.
2 Harrison, D.E., et al., *Rapamycin fed late in life extends lifespan in genetically heterogeneous mice*. Nature, 2009. 460(7253): p. 392–395.
3 Diener, E., and M.Y. Chan, *Happy people live longer: subjective well- being contributes to the health and longevity*. Applied Psychology: Health and Well- Being, 2011. 3(1): p. 1–43.

4 Atkins, R.C., *Dr. Atkins' Diet Revolution.* 1972, New York: Bantam.

5 Sears, B., *The Zone: Revolutionary Life Plan to Put Your Body in Total Balance for Permanent Weight Loss.* 1995, New York: HarperCollins.

6 Taller, H., *Calories Don't Count.* 1961, New York: Simon & Schuster, p. 192.

7 Bannister, C.A., et al., *Can people with type 2 diabetes live longer than those without? A comparison of mortality in people initiated with metformin or sulphonylurea monotherapy and matched, non-diabetic controls.* Diabetes, Obesity and Metabolism, 2014. 16(11): p. 1165–1173.

8 Guerrero- Romero, F., et al., *Oral magnesium supplementation improves insulin sensitivity in non- diabetic subjects with insulin resistance. A double- blind placebo- controlled randomized trial.* Diabetes & Metabolism, 2004. 30(3):p. 253–258; see also: Rodriguez-Moran, M., and F. Guerrero- Romero, *Oral magnesium supplementation improves insulin sensitivity and metabolic control in type 2 diabetic subjects a randomized double- blind controlled trial.* Diabetes Care, 2003. 26(4): p. 1147–1152.

9 Walford, R.L., *The 120- Year Diet.* 1988, New York: Pocket Books.

10 Pletcher, S.D., *The modulation of lifespan by perceptual systems.* Annals of the New York Academy of Sciences, 2009. 1170(1): p. 693–697.

11 Lee, C., et al., *Fasting cycles retard growth of tumors and sensitize a range of cancer cell types to chemotherapy.* Science Translational Medicine, 2012. 4(124): p. 124ra27-124ra27.

12 Longo, V.D., and M.P. Mattson, *Fasting: molecular mechanisms and clinical applications.* Cell Metabolism, 2014. 19(2): p. 181–192.

13 Kaiser, J., *Will an aspirin a day keep cancer away?* Science, 2012. 337(6101): p. 1471–1473.

## 第10章　老化の近未来

1 Zook, E.C., et al., *Overexpression of Foxn1 attenuates age- associated thymic involution and prevents the expansion of peripheral CD4 memory T cells.* Blood, 2011. 118(22): p. 5723–5731.

2 Baker, D.J., et al., *Clearance of p16Ink4a- positive senescent cells delays ageing- associated disorders.* Nature, 2011. 479(7372): p. 232–236.

3 Anisimov, V.N., and V.K. Khavinson, *Peptide bioregulation of aging: results and prospects.* Biogerontology, 2010. 11(2): p. 139–149.

4 D' Andrea, M.R., *Add Alzheimer's disease to the list of autoimmune diseases.* Medical Hypotheses, 2005. 64(3): p. 458–463.

5 Fahy, G.M., *Apparent induction of partial thymic regeneration in a normal human subject: a case report.* Journal of Anti- Aging Medicine, 2003. 6(3): p. 219–227.

6 Baati, T., et al., *The prolongation of the lifespan of rats by repeated oral administration of [60] fullerene.* Biomaterials, 2012. 33(19): p. 4936–4946.

7 Davis, C.T., et al., *ARF6 inhibition stabilizes the vasculature and enhances survival during endotoxic shock.* The Journal of Immunology, 2014. 192(12): p. 6045–6052.

8 Zhu, W., et al., *Interleukin receptor activates a MYD88- ARNOARF6 cascade to disrupt vascular stability.* Nature, 2012. 492.7428 (2012): p. 252–255.

9 Rode, L., B.G. Nordestgaard, and S.E. Bojesen, *Peripheral blood leukocyte telomere length*

*and mortality among 64,637 individuals from the general population.* Journal of the National Cancer Institute, 2015. 107(6).

10 Fossel, M., *Reversing Human Aging.* 1997, New York: Harper Collins.

11 West, M.D., *The Immortal Cell.* 2003, New York: Doubleday, p. 244.

12 Baur, J.A., et al., *Telomere Position Effect in Human Cells.* Science, 2001. 292(5524): p. 2075–2077.

13 Bernardes de Jesus, B., et al., *The telomerase activator TA-65 elongates short telomeres and increases health span of adult/old mice without increasing cancer incidence.* Aging Cell, 2011. 10(4): p. 604–621.

14 McCay, C.M., et al., *Parabiosis between old and young rats.* Gerontology, 1957. 1(1): p. 7–17.

15 Conboy, I.M., et al., *Rejuvenation of aged progenitor cells by exposure to a young systemic environment.* Nature, 2005. 433(7027): p. 760–764.

16 Katcher, H., *Studies that shed new light on aging.* Biochemistry (Moscow), 2013.

17 Villeda, S.A., et al., *Young blood reverses age- related impairments in cognitive function and synaptic plasticity in mice.* Nature Medicine, 2014.

18 Katsimpardi, L., et al., *Vascular and neurogenic rejuvenation of the aging mouse brain by young systemic factors.* Science, 2014. 344(6184): p. 630–634.

19 Johnson, A.A., et al., *The role of DNA methylation in aging, rejuvenation, and age- related disease.* Rejuvenation Research, 2012. 15(5): p. 483–494; and Rando, T.A., and H.Y. Chang, *Aging, rejuvenation, and epigenetic reprogramming: resetting the aging clock.* Cell, 2012. 148(1): p. 46–57; and Mitteldorf, J., *How does the body know how old it is? Introducing the epigenetic clock hypothesis.* Biochemistry (Moscow), 2013. 78(9):p. 1048–1053.

20 Goldman, D.P., et al., *Substantial health and economic returns from delayed aging may warrant a new focus for medical research.* Health Affairs, 2013. 32(10): p. 1698–1705.



## 第11章　明日の地球のために

1 Kolbert, E., *The Sixth Extinction: An Unnatural History.* 2014, New York: Henry Holt and Company.

2 Wilson, E.O., *The Meaning of Human Existence.* 2014, New York: Liveright Publishing.

3 Haraway, D., *Staying with the Trouble: Making Kin in the Chthulucene.* 2016, Durham: Duke University Press, forthcoming.

4 Kurzweil, R., *Human life: the next generation.* New Scientist, 2005. 24: p. 32–37.

5 Cave, S., Immortality: *The Quest to Live Forever and How It Drives Civilization.*2012, New York: Crown.

【マ】



【ヤ】



【ラ】



【ワ】

# 索引

# 訳者あとがき

この本は人間の老化にスポットライトを当てた画期的な研究の書である。本書はまず、思わず「へぇー」と驚かずにはいられない意外な知識と情報に満ちている。もしあなたが、「生物はすべて老いていくわけではなく、老化しない生物もいるどころか、時間の経過とともに若返っていく生物までいる」と聞いたら？　「若さを保つ効果があるといわれる抗酸化サプリにはそもそも効果がないどころか、身体に悪影響さえある」と知ったら？　誰もが「ウソでしょ？」と思うのではないだろうか。しかし、これらの事実はどれもしっかりした裏づけがあるのだ。

ただしこうした話を理解するには、まず基本中の基本を押さえておく必要がある。それは「老化のメカニズムはいまだに解明されていない」という単純な事実だ。それどころか、老化と密接に関係のある生物進化のメカニズムも、じつはまだ解明されていない。「ダーウィンの進化論」「ネオダーウィニズム」「利己的遺伝子」といった言葉は誰もが知っているはずで、なんとなく「進化の謎はもう解かれているのでは？」と錯覚している人も多いかもしれないが、進化論の本を読めばはっきり書いてあるとおり、それはまったくの誤解なのである。

こうした「老化」や「進化」の謎に新たな光を当て、従来の理論に疑問を呈したのが本書だ。これがいかに重要なことか、おわかりだろうか？　たとえば、現在大きな注目を集めているアンチエイジングを考えてみてほしい。いま提唱されているさまざまなアンチエイジング法は、当然のことながら、どれも従来の老化理論に基づいている。しかし、その肝心な老化理論が間違っているとしたら、そうしたアンチエイジング法はすべて的はずれだということになる。事実、本書の著者ミッテルドルフはそう主張しているのだ。

そう聞くと気になるのは「著者はどんな人なのか？」という点だろう。本書の著者ミッテルドルフは理論生物学者だが、もともとは天文物理学者だったという異色の経歴を持つ人物。なかには「そんな人の理論が信用できるのか？」と思う方もいるかもしれない。しかし、生物学界の主流に属していないことが、この人の最大の武器なのである。学界はどうしても官僚的になりがちであり、研究者は自分の名誉と利益を守るために自説を曲げようとしない。それが老化の謎の解明を妨げているとミッテルドルフは主張する。事実、本書で提唱される新理論は、官僚的な学界からは生まれ得なかったものだろう。もうひとつ重要なのは、ミッテルドルフが老化を研究しはじめた動機が、たんなる科学的好奇心などではない点だ。幼い頃から死ぬのが怖くてたまらなかったという彼は、さまざまなアンチエイジング法を実践してきた健康オタクで、老化研究の目的もあくまで「自分が長生きをするため」であり、その探究心を名誉や利益への欲で曇らされることはいっさいない。ある意味、これほど信頼できる人物もいないといっていい。

そのミッテルドルフをサポートしたのが共著者のドリオン・セーガン。『コスモス』『コンタクト』などの著作で有名な天文学者カール・セーガンの息子である。本書の主著者ミッテルドルフは独自の理論を持っているが、本の内容自体はおかしなバイアスがかかったものではない。実際、ミッテルドルフは自分の理論を説明するために、まずは従来の老化理論をわかりやすく丁寧に解説しており、本書は「老化科学の最前線」としても読むことができる。本書に推薦文をお寄せくださった生物学者の福岡伸一氏は「各方面に目配りのきいた面白い本ですね」とおっしゃっていたというが、そうした目配りやバランス感覚がしっかりしているのは、多数の科学解説書を発表してきたセーガンの存在が大きいと考えていいだろう。

では、ミッテルドルフが提唱する斬新な老化理論とはどんなものなのか？　紙幅の関係上詳しく解説はできないので、ここでは「現在の生物進化理論の主流である個体選択という考え方に異を唱え、これまでは〝ありえない〟と却下されてきた集団選択の理論を導入したもの」とだけ申しあげておこう。これは決してトンデモ理論の類いではなく、自然界を観察して得られた数々のエビデンスから導きだされたものであることは、本書を読めば納得いただけると思う。もちろん本書は人間の老化に関するものだから、読者のなかには「どういうアンチエイジング法が有効なのか？」という点に興味のある方も多いはずだ。そうした読者のためには、著者の推奨する方法が第九章にまとめられている。ただし、本書はお手軽なハウツー本ではないから、内容を通読したうえで、みなさんご自身が最善と思われる方法を選択していただきたい。著者ミッテルドルフは自分の命と健康を真剣に見つめている。読者のみなさんも、自分の命と健康を守るため、安易な情報や通説に流されず、本書を手がかりにして「老化の真実」をつかんでいただきたい。

本書の翻訳にあたっては専門家のチェックとアドバイスを仰いだが、もし事実誤認があれば、それはひとえに訳者の責任である。また、本書の翻訳にあたっては、集英社インターナショナルの佐藤信夫氏と土屋ゆふ氏および校正の鋤柄美幸氏と中神直子氏のお世話になった。ここに記して感謝する次第である。ほんとうにありがとうございました。

矢口誠

著者

## ジョシュ・ミッテルドルフ

Josh Mitteldorf

理論生物学者。ペンシルヴェニア大学で博士号を取得。ウェブサイトAgingAdvice.orgを運営し、ScienceBlog.comの週刊欄に寄稿している。マサチューセッツ工科大学、ハーヴァード大学、カリフォルニア大学バークレー校など、さまざまな大学で研究および指導を行っている。2018年4月から中国科学院北京生命学研究所教授に就任。

## ドリオン・セーガン

Dorion Sagan

生物学者、環境保護哲学者。全米科学アカデミー会員。リン・マーギュリスと共著『生命とはなにか』『ミクロコスモス』『性の起源』など24冊が、十数の言語に翻訳されている。『ナチュラル・ヒストリー』『スミソニアン』『ワイアード』『ニュー・サイエンティスト』『ニューヨーク・タイムズ』などの雑誌に寄稿している。

訳者

## 矢口 誠

Makoto Yaguchi

1962年生まれ。慶應義塾大学文学部卒業。翻訳家。主な訳書にアダム・ファウアー『数学的にありえない』（文春文庫）、トレイシー・ウイルキンソン『バチカン・エクソシスト』（文春文庫）、L・P・デイヴィス『虚構の男』（国書刊行会）、ロバート・I・サットン『マル上司、バツ上司』（講談社）等がある。



装丁

新井大輔

協力

伊集院 壮

# 若返《わかがえ》るクラゲ 老《お》いないネズミ 老化《ろうか》する人間《にんげん》

CRACKING THE AGIGNG CODE


2018年10月31日　第1刷発行

著者　ジョシュ・ミッテルドルフ
　　　ドリオン・セーガン

訳者　矢口誠《やぐちまこと》

発行者　椛島良介

発行所　集英社インターナショナル
〒101-0064
東京都千代田区神田猿楽町1-5-18
電話　03-5211-2630

発売所　株式会社 集英社
〒101-8050
東京都千代田区一ツ橋2-5-10
電話　読者係　03-3230-6080
　　　販売部　03-3230-6393（書店専用）

印刷所　大日本印刷株式会社

製本所　ナショナル製本協同組合





ISBN978-4-7976-7354-8　C0045